ILLUSTRATED MILITARY WEAPONS

세계의 병기 대도해

우에다 신
上田信

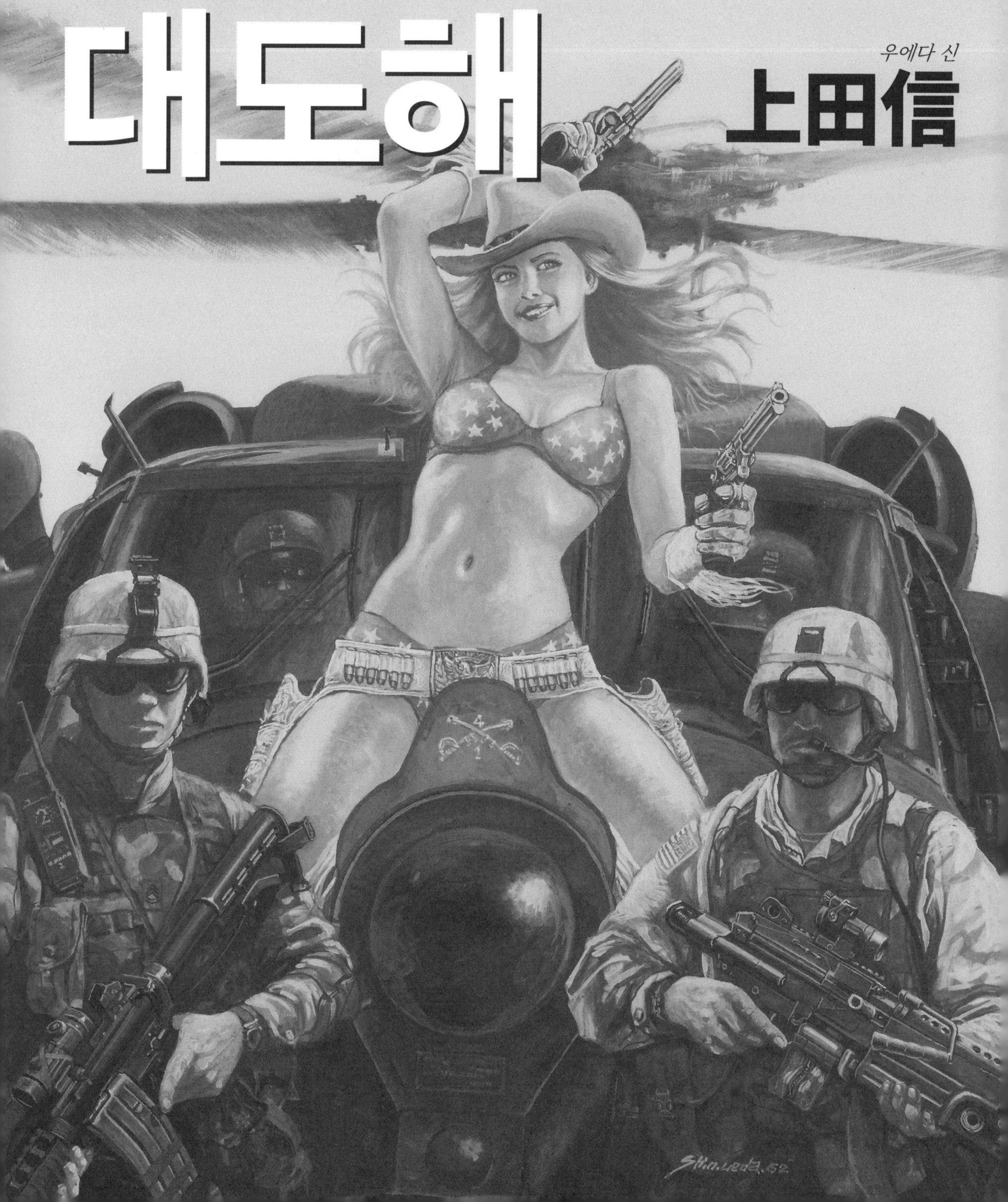

서문

이 책은 월드포토프레스사의 『월간 컴뱃매거진』에 1988년부터 연재 중인 도해 시리즈, '밀리터리 컬렉션'을 테마별로 픽업하여 수정, 가필하여 재구성한 것입니다. 이 시리즈가 연재 개시 이래 370회를 넘는 장수작이 된 것은 독자 여러분들의 응원과 지지 덕분입니다.

이 시리즈는 전에 그린 애로우 출판사에서 「대도해. 세계의 무기 1, 2권」이란 이름의 단행본으로 나왔지만 2권이 간행된 지도 10년 이상 지났기에 '3권은 나오지 않습니까?'라는 문의가 이어지고 있었습니다. 그래서 속편으로 완성한 것이 이 책입니다. 전작들이 무기와 장비 등을 중심으로 소개하는 방식이었다면 이번 책은 하나의 테마를 정한 뒤, 관련된 것들을 모아서 구성한 방식입니다.

속표지의 일러스트는 영화 '지옥의 묵시록'의 한 장면에 등장했던 플레이메이트와 이라크에서 활동 중인 미군 병사의 조합입니다. 항상 딱딱한 밀리터리 메카만 그리고 있어서, 가끔은 부드러운 곡선의 미녀를 담고 싶어지거든요.

필자가 주업인 무기 및 군용 차량, 군용, 함정 등 소위 '밀리터리' 일러스트레이션 등을 그릴 때, 유의하는 것 중 하나가 대상을 정확하게, 그간 그려지지 않았던 부분들도 그려내는 것입니다. 이를 위한 자료 수집과 취재는 작품 제작의 '생명'이기도 하고 또 가능한 한 실물을 접하는 것은 매우 중요하다고 생각합니다.

구미에서는 무기와 밀리터리의 분야에 대한 생각이 일본과는 크게 다릅니다. 이른바 역사의 한 부분으로 간주하여 컬렉션 또는 취미로서의 '문화'가 확립되어 있습니다. 영국에서는 매년 'World&Peace Show'라는 세계 최대 규모의 밀리터리 행사가 개최되고 있어 이전에 여기에 갔던 분으로부터 '대단한 이벤트다. 우에다 씨도 가면 2~3년치 소재 걱정을 날려버릴 만한 취재를 할 수 있을 거야'라는 이야기를 들었습니다. 그 이후로 꼭 한번 가보고 싶었는데 마침내 2008년에 이 행사에 참가할 수 있게 되었습니다.

중세 이탈리아의 화가, 보티첼리가 그린 '비너스의 탄생'의 부분사진. 개인적인 작품을 할 때는 회화나 만화에 등장하는 히로인을 리얼하게 그리는 것을 좋아한다.

막상 가보니 그 곳은 밀리터리 팬들의 '원더랜드'더군요. 필자가 지금까지 그리던 무기와 병사들이 실제로 출현한 세계였어요. 독일군, 미군, 영국군으로 분장한 참가자들이 각각 캠프를 치고 컬렉터들이 자신이 소유한 탱크와 군용 차량을 달리게 하며 하루에 한 번씩 공포탄으로 모의전을 벌이는 곳입니다.

게다가 전 유럽의 밀리터리 샵들이 매장을 내서는 장갑차량까지 상품으로 내놓는, 그야말로 나오지 않은 것이 없다할 정도로 물건이 넘치는 그런 곳이더군요. 이벤트동안 사실적인 풍경과 압도적인 양에 놀란 채, 취재를 한다기보다는 그저 이벤트 회장을 돌아다니면서 바라보고 지낸 며칠이었습니다.

이러한 실물을 볼 기회가 있을 때마다 내가 생각하기는 그것을 바탕으로 정확하고 충실히 그리는 데 그치지 않고 진짜를 접하고 알게 된 질감과 존재감이랄까 그런 분위기까지도 일러스트 속에 재현하겠다는 것입니다. 구미의 콜렉터나 마니아는 면허가 있으면(거기에 경제적 여유가 있다면), 총, 포는 물론이고, 전차 같은 장갑차량까지

'로봇과 미술' 전에 자극받아 예전에 그렸던 건담 작품에 손을 대서 완성시킨 아 바오아 쿠 전투. 지옹에 다리를 달아준 것은 모빌슈츠라는 것을 일목요연하게 표현하기 위해서다.

2008년 처음으로 세계 최대 규모의 밀리터리 이벤트 'The War&Peace Show'에 가봤다. 실물이 그대로 전시되어 꿈같은 며칠간이었다.(사진 4점)

고향인 아오모리에서 개최한 개인전의 안내장. 그림은 독일군 '4호 전차'다.

저자의 최근 모습, 2010년에 신설한 작업실에서. 작업 공간은 배로 늘어났다지만, 주위는 여전히 자료서적으로 넘쳐나고 있다.

도 실물로 소유할 수 있다는 것은 부럽더군요. 저자도 자료로서, 소장품으로서 군장품과 장비를 모으고 있는데, 그 대부분은 벽장에 넣어둔 채로 일에 직접 필요한 자료의 책이 늘어나면서 컬렉션은 점점 안으로 밀려들어가고 있습니다. 지난해에 일자리를 넓은 곳으로 옮긴 것을 기회로 컬렉션도 정리해야겠다고 생각하고 있습니다만, 종이 상자 속의 물건들은 아직 손대지 않고 있으니 컬렉터 자격 상실 상태입니다. 하지만 이들이 빛을 볼 수 있도록, 현재 '제2차 세계대전 당시 세계의 군복'을 1권의 책으로 정리하고 싶다고 생각하고 제작에 착수한 상태입니다.

저자는 그동안 타미야, 반다이, 아오시마 등등 많은 업체에서 전차, 항공기, 군인, 로봇이나 캐릭터 같은 프라모델의 패키지용 일러스트를 그려왔는데 본래, 프라모델이라는 상품의 일부였던 일러스트가 최근 '박스 아트'로 불리며 독립된 회화 작품으로 주목받게 된 것은 이 분야에서 일을 하고 있는 입장에선 너무나 기쁜 일입니다.

2006년에 시즈오카에서 열린 박스 아트 전에서는 저자의 작품도 소개되었으며 나아가 2010년에는 고향인 아오모리 현립 미술관에서 열린 '로봇과 미술'라는 기획전에 아울러, 동현 출신 일러스트레이터로 '우에다 신의 일러스트 세계, 밀리터리, 캐릭터에서 도해까지'라는 개인전을 개최했습니다. 뜻밖의 형태로 고향에서 지금까지 제 일의 일부를 선보이게 되었고 많은 지역의 친구들, 지인들께서도 찾아주셨습니다. 일러스트레이터라는 '상업 화가'가 미술관에서 개인전을 연다는 것은 기대 이상의 기쁨이며, 개최에 힘써주신 관계자, 즐겨주신 관람자 분들께 새삼 감사인사를 드립니다.

이 개인전 기간 중 방문하셨던 분으로부터 "그 박스 아트가 처음 만들어 본 프라모델이었습니다."라거나 "컴뱃 바이블의 일러스트를 참고로 길리 슈츠(저격병 등이 사용하는 개인용 위장복)를 자작했습니다."라거나, 쇼와 40년대 후반에 발행된, 내가 일러스트를 그린 독일군 군장 해설서를 "지금도 소중하게 가지고 있습니다."라는 이야기를 들었습니다. 모두 30~40대들이신 분들께 그런 말을 듣고 보니, 저자도 꽤 오랫동안 일을 해왔음을 재차 실감하게 되었습니다.

최근 사회와 주변의 기술 혁신은 일러스트레이션의 세계도 예외가 아니라서 컴퓨터 그래픽(CG)은 그림 제작의 유력한 수단이 되어 있고 이를 이용하여 제작하는 젊은 세대도 늘고 있습니다. 계속 손 그림 그리기를 하는 저자도 최근에는 자주 그 차이를 질문받기도 합니다. 확실히 도면에서 3차원화한 정확한 형태의 재현 등 CG특유의 기법이 있긴 합니다만 손으로 직접 그린 그림으로 표현하는 중량감이나 박진감은 아직 CG에 지지 않습니다.

앞으로도 '아날로그 아저씨'일 저자는 유명한 예술가의 구호를 빌어 '손 그림 그리기는 폭발적이다!'라는 뜨거운 마음을 일러스트 속에서 표현하고 싶다고 생각합니다.

2011년 12월 / 우에다 신

목차

01 리볼버의 역사를 만든 파이오니어

화약의 힘으로 탄을 발사하는 총이 등장한 시기는 14세기 말이다. 총의 역사에서 가장 큰 기술 혁신은 점화에 뇌관을 쓰는 금속 약협탄을 사용하는 약실식 장전 기구를 채용하면서 구현된 연발 사격을 꼽을수 있다. 하나의 총에 복수의 탄을 장전, 연발 사격을 가능하게 하자는 아이디어 자체는 17세기경부터 나타났지만, 새뮤얼 콜트가 퍼커션 록 방식의 점화 기구를 채용한 리볼버(회전식 탄창) 권총을 등장시킨 19세기에나 본격적으로 실용화되었고, 이후 갖가지 리볼버식 권총이 등장했다. 여기서는 리볼버의 여명기부터 그 진화 과정을 더듬어본다.

■ 초기의 리볼버

스냅하운스
(영국/1680년경)
6연발

엘리샤 콜리어(영국/1818년) 플린트록 리볼버 .44구경 5연발
개발자는 미국인이지만 영국에서 특허를 취득했다.
플린트 록 방식으로 탄이 든 (실린더식) 탄창을 손으로 돌린다.

페퍼박스 리볼버
(영국/1800년)
.47구경 7연발

달링 4연발
페퍼박스
(미국/1836년)
.30구경

콜트 프로모션
(1835년)
.36구경 6연발

콜트가 리볼버 특허를
취득한 시험작.

미국에서 특허를 취득한 최초의 퍼커션 록 방식 권총. 페퍼박스는 약실이 그대로 총열로 이어지는 다연장식이라 총구가 후추통처럼 보인다는 의미로 붙은 이름이다.

앨런 6연발
페퍼박스
(아메리카/1837년) .31구경

앨런사는 더블액션의 특허를 보유, 미국에서 페퍼박스의 대명사가 되었다.

아담스(영국/1855년)
.44구경 5연발, 더블액션 콜트의 특허가 인정되지 않던 유럽에서는 더블액션이 일찍부터 등장했는데, 그 가운데 최초로 실용화된 모델이다.

크기도 적당하고 저렴한 페퍼박스는 호신용으로 미국 서부에서는 대량으로 판매되었지만 명중률이 나빠서 콜트의 리볼버가 대량 생산되자 수요가 사라졌다.

코크런 터렛식 권총 (1837년)
.40구경 7연발 수동

실린더의 축이
수직으로 장착되며,
격발 공이는 아랫면
에 달려 있다.

새비지 네이비 리볼버 (1861년)
.36구경 6연발

레버식 싱글액션 리볼버 권총으로 8자 모양의 방아쇠 중 아래쪽 당기면 해머가 일어나고 실린더가 뒤로 당겨지며 돌아간다. 이후 8자 내부의 위쪽 구멍에 있는 작은 방아쇠를 당기면 탄이 발사된다.

월치 네이비 리볼버 (1860년)
.36구경 12연발

해머와 방아쇠가 2개씩 있어 1개의 약실에 2발의 탄을 발사할 수 있는 기구를 장착했다.

페텐길 아미 리볼버 (1858년)
.44구경 6연발

해머 내장 특허를 가진
더블액션 리볼버.

전방점화공

후방점화공

장약

탄자

■ 콜트 vs S&W

리볼버 시장에서는 콜트와 S&W 양사가 대표적 업체로, 장기간 경쟁 모델을 출시했지만
근대 리볼버의 시기에 진입한 이후에는 S&W가 우위를 점하는 듯 하다.

퍼커션 리볼버

퍼커션은 미국 육군
채용 이후 남북 전
쟁으로 수요가 폭
증하여 콜트를 거대
업체로 성장시켰다.

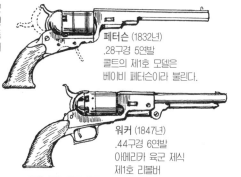

페터슨 (1832년)
.28구경 5연발
콜트의 제1호 모델은
베이비 페터슨이라 불린다.

워커 (1847년)
.44구경 6연발
아메리카 육군 제식
제1호 리볼버

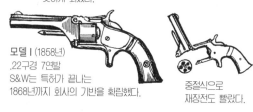

S&W가 연근 모양의 리볼빙 실린더에 대한 특허를 취득한
결과 다른 메이커들은 구식 퍼커션 리볼버 밖에 제조하지
못하게 되었다.

모델 I (1858년)
.22구경 7연발
S&W는 특허가 끝나는
1868년까지 회사의 기반을 확립했다.

중절식으로
재장전도 빨랐다.

메탈 카트리지식 리볼버

군용으로 개발된 메탈 카트
리지식 리볼버. 싱글액션 리
볼버의 최고 걸작.

**콜트 싱글액션 아미
(SAA)**
(1872년)
.45구경 6연발

윈체스터 라이플과 탄을 공유하는 총으로,
민간 시장에서도 폭발적인 매출을 올렸다.

스콧필드 (1870년)

.44구경
(미군용은 .45구경)
6연발

군용 모델로 개발한
모델 3은 러시아가
대량 구입했다.

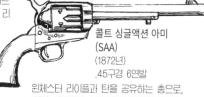

미군에서는 구조가 복잡하고 고장이 많다
는 이유로 제식 무기에서 제외했다.

라이트닝 (1877년)
.41구경 6연발
콜트사 최초의 더블액션.

32DAC (1880년)
.32구경 5연발
메탈 카트리지 최초의
더블액션 리볼버.

■ 근대 리볼버

38 세이프티 해머리스 (1887년)
.38구경 5연발
그립에 세이프티가 설치되고
해머를 프레임 안에 수납한
모델이다.

M1889네이비 (1889년)
.38구경 6연발

스윙 아웃식
리볼버

코브라 (1950년)
.38구경 6연발
프레임을 알루미늄
합금제로 제작한 경량 모델.

이름 그대로 S&W사
최초의 스윙아웃식 모델.

핸드 이젝터 (1894년)
.38구경 6연발
예전부터 S&W는
군용보다 경찰용으로
널리 사용된다.

트루퍼 (1953년)
.357 매그넘 6연발.
콜트 최초의 매그넘 리볼버

윈체스터와
공동으로 개발한
신형탄 .357 매그넘을
사용하는 매그넘 리볼버의
선배격 모델

하이웨이 패트롤맨
(1954년)
.357 매그넘 6연발

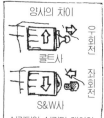

양사의 차이

콜트사 — 우회전

S&W사 — 좌회전

실린더와 실린더 래치의
작동방법에 차이가 있다.

M60 치프 스페셜
(1965년)
녹이 슬지 않는
스테인리스를 사용한 최초의
리볼버다.

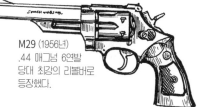

M29 (1956년)
.44 매그넘 6연발
당대 최강의 리볼버로
등장했다.

02 최강을 목표로 한 리볼버들

모든 총기는 장탄량, 발사속도, 사거리, 위력 등 그 성능을 향상시키기 위한 연구의 산물이다. 리볼버에서는 장탄량를 늘리기 위한 탄창의 연구, 사거리 증가를 위한 총열의 연장, 위력 증대를 위한 총탄의 대형화 등을 거쳤는데, 이 과정에서 제작된 리볼버들은 권총이라는 소형 무기의 범주를 벗어나거나, 기발하지만 그 실용성이 의심스러운 경우도 있었다. 여기에서는 이 독특한 리볼버들을 소개한다.

■ 대량장전

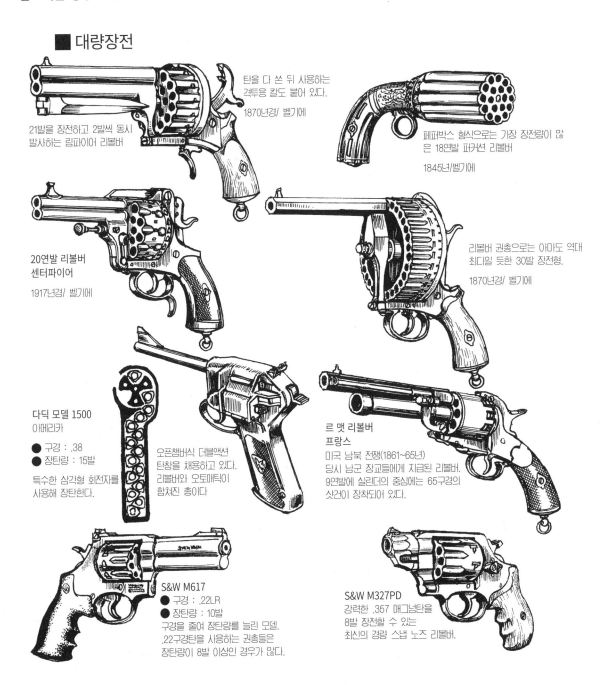

탄을 다 쓴 뒤 사용하는 격투용 칼도 붙어 있다.

1870년경/ 벨기에

21발을 장전하고 2발씩 동시 발사하는 림파이어 리볼버

페퍼박스 형식으로는 가장 장전량이 많은 18연발 퍼커션 리볼버

1845년/벨기에

20연발 리볼버 센터파이어

1917년경/ 벨기에

리볼버 권총으로는 아마도 역대 최대일 듯한 30발 장전형.

1870년경/ 벨기에

다딕 모델 1500
아메리카

● 구경 : .38
● 장탄량 : 15발

특수한 삼각형 회전자를 사용해 장탄한다.

오픈챔버식 더블액션 탄창을 채용하고 있다. 리볼버와 오토매틱이 합쳐진 총이다.

르 맷 리볼버
프랑스

미국 남북 전쟁(1861~65년) 당시 남군 장교들에게 지급된 리볼버. 9연발에 실린더의 중심에는 65구경의 샷건이 장착되어 있다.

S&W M617

● 구경 : .22LR
● 장탄량 : 10발

구경을 줄여 장탄량를 늘린 모델. .22구경탄을 사용하는 권총들은 장탄량이 8발 이상인 경우가 많다.

S&W M327PD

강력한 .357 매그넘탄을 8발 장전할 수 있는 최신의 경량 스냅 노즈 리볼버.

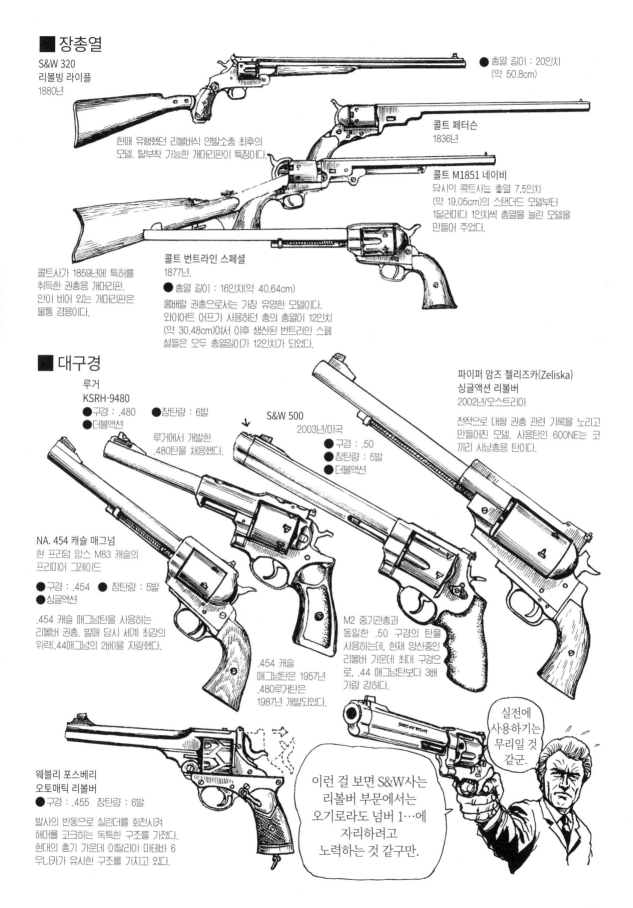

■ 장총열

**S&W 320
리볼빙 라이플
1880년**

한때 유행했던 리볼버식 연발소총 최후의 모델. 탈부착 가능한 개머리판이 특징이다.

● 총열 길이 : 20인치 (약 50.8cm)

**콜트 페터슨
1836년**

콜트 M1851 네이비

당시이 콜트사는 총열 7.5인치 (약 19.05cm)의 스탠더드 모델부터 1달러마다 1인치씩 총열을 늘린 모델을 만들어 주었다.

**콜트 번트라인 스페셜
1877년.**

● 총열 길이 : 16인치(약 40.64cm)

롱배럴 권총으로서는 가장 유명한 모델이다. 와이어트 어프가 사용하던 총의 총열이 12인치 (약 30.48cm)여서 이후 생산된 번트라인 스페셜들은 모두 총열길이가 12인치가 되었다.

콜트사가 1859년에 특허를 취득한 권총용 개머리판. 안이 비어 있는 개머리판은 물통 겸용이다.

■ 대구경

**루거
KSRH-9480**

● 구경 : .480
● 더블액션
● 장탄량 : 6발

루거에서 개발한 .480탄을 채용했다.

**S&W 500
2003년/미국**

● 구경 : .50
● 장탄량 : 5발
● 더블액션

**파이퍼 암즈 첼리즈카(Zeliska)
싱글액션 리볼버
2002년/오스트리아**

전적으로 대형 권총 관련 기록을 노리고 만들어진 모델. 사용탄인 600NE는 코끼리 사냥총용 탄이다.

NA. 454 캐슬 매그넘

현 프리덤 암스 M83 캐슬의 프리미어 그레이드

● 구경 : .454   ● 장탄량 : 5발
● 싱글액션

.454 캐슬 매그넘탄을 사용하는 리볼버 권총. 발매 당시 세계 최강의 위력(.44매그넘의 2배)을 자랑했다.

.454 캐슬 매그넘탄은 1957년 .480루거탄은 1987년 개발되었다.

M2 중기관총과 동일한 .50 구경의 탄을 사용하는데, 현재 양산중인 리볼버 가운데 최대 구경으로, .44 매그넘탄보다 3배 가량 강하다.

**웨블리 포스베리
오토매틱 리볼버**

● 구경 : .455   장탄량 : 6발

발사의 반동으로 실린더를 회전시켜 해머를 코크하는 독특한 구조를 가졌다. 현대의 총기 가운데 이탈리아 마테바 6 우니카가 유사한 구조를 가지고 있다.

이런 걸 보면 S&W사는 리볼버 부문에서는 오기로라도 넘버 1…에 자리하려고 노력하는 것 같구만.

실전에 사용하기는 무리일 것 같군.

03 소형 권총의 대명사 델린저

제작자 헨리 델린저의 이름을 딴 소형 권총은 1825년에 등장했다. 출시 이후 미국 서부에서 호신용으로 애용되었으며, 이후에 복수의 메이커에서 동종의 권총이 '델린저'라는 이름으로 등장했지만, 미국에서 델린저 하면 레밍턴 더블 델린저를 가리키며, 지금도 여전히 끊이지 않는 인기를 자랑한다.

필라델피아 델린저
(델린저스 델린저)

- 구경 : .44구경 퍼커션
- 장탄량 : 1발
- 전장 : 11.5cm

1865년 링컨 대통령 암살 사건에서 흉기로 사용된 델린저다.

델린저는 크기가 작아 여성의 가터벨트 등에도 끼워둘 수 있다.

레밍턴 델린저

베스트 포켓 피스톨
- 구경 : .22구경/.41구경 림파이어
- 장탄량 : 1발
- 전장 : 14cm

1865~88년 사이에 2만 5,000정 이상 생산되었다.

더블 델린저
- 구경 : .41구경 림파이어
- 장탄량 : 상하 2연발
- 전장 : 12.4cm

델린저의 대명사이와 같은 모델.
1866~1935년 간 1만 5,000정을 생산했으며, 이후에도 유럽에서 복제품이 생산되었다.

엘리엇 델린저
- 구경 : .41구경 림파이어
- 장탄량 : 1발
- 전장 : 12.1cm

1967~88년까지 약 1만 정이 생산되었다.

라이더 매거진 델린저
- 구경 : .32구경 림파이어 엑스트라 숏
- 장탄량 : 5발
- 전장 : 14.6cm

총열 밑에 위치한 탄창에 5발을 장전한다.
해머 앞에 있는 노리쇠를 움직여 장전한다.

RG델린저 (독일)
- 구경 : .22구경

프런티어 모델 (독일)
- 구경 : .22구경

5총열형

엘리어트 포켓 리피터
- 구경 : .32구경
- 전장 : 13cm

4총열형

반지모양 방아쇠가 특징으로 이 반지모양 방아쇠를 당겨 발사한다.

지그재그 델린저
- 구경 : .22구경
- 전장 : 10.8cm

총열이 회전하는 6연발식이다.

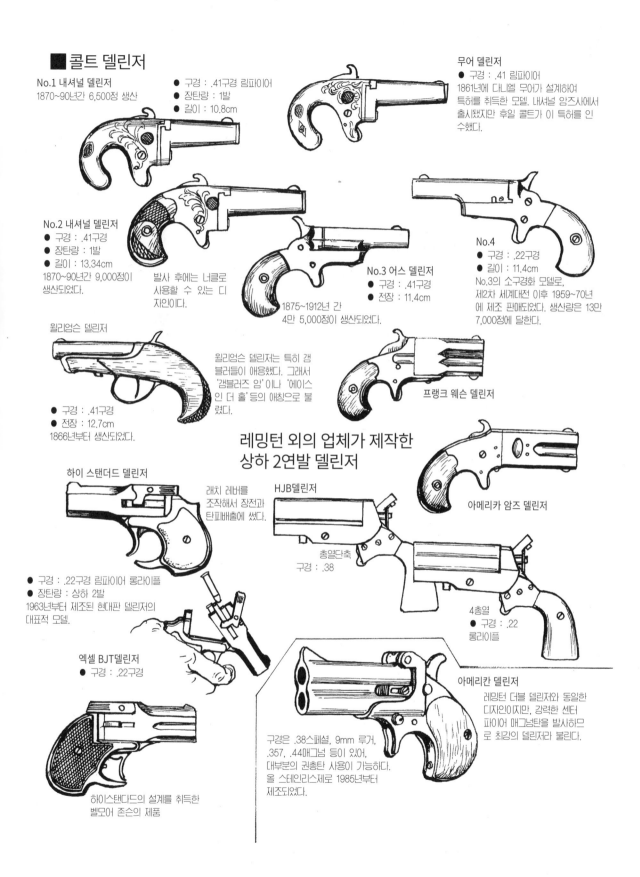

■ 콜트 델린저

No.1 내셔널 델린저
1870~90년간 6,500정 생산

- 구경 : .41구경 림파이어
- 장탄량 : 1발
- 길이 : 10.8cm

무어 델린저
- 구경 : .41 림파이어

1861년에 다니엘 무어가 설계하여 특허를 취득한 모델. 내셔널 암즈사에서 출시됐지만 후일 콜트가 이 특허를 인수했다.

No.2 내셔널 델린저
- 구경 : .41구경
- 장탄량 : 1발
- 길이 : 13.34cm

1870~90년간 9,000정이 생산되었다.

발사 후에는 너클로 사용할 수 있는 디자인이다.

No.3 어스 델린저
- 구경 : .41구경
- 전장 : 11.4cm

1875~1912년 간 4만 5,000정이 생산되었다.

No.4
- 구경 : .22구경
- 길이 : 11.4cm

No.3의 소구경화 모델로, 제2차 세계대전 이후 1959~70년에 제조 판매되었다. 생산량은 13만 7,000정에 달한다.

윌리엄슨 델린저

윌리엄슨 델린저는 특히 갬블러들이 애용했다. 그래서 '갬블러즈 암'이나 '에이스 인 더 홀'등의 애칭으로 불렸다.

- 구경 : .41구경
- 전장 : 12.7cm

1866년부터 생산되었다.

프랭크 웨슨 델린저

레밍턴 외의 업체가 제작한 상하 2연발 델린저

하이 스탠더드 델린저

래치 레버를 조작해서 장전과 탄피배출에 썼다.

HJB델린저

총열단축
구경 : .38

아메리카 암즈 델린저

- 구경 : .22구경 림파이어 롱라이플
- 장탄량 : 상하 2발

1963년부터 제조된 현대판 델린저의 대표적 모델.

4총열
- 구경 : .22
롱라이플

엑셀 BJT델린저
- 구경 : .22구경

하이스탠더드의 설계를 취득한 벨모어 존슨의 제품

아메리칸 델린저

레밍턴 더블 델린저와 동일한 디자인이지만, 강력한 센터 파이어 매그넘탄을 발사하므로 최강의 델린저라 불린다.

구경은 .38스페셜, 9mm 루거, .357, .44매그넘 등이 있어, 대부분의 권총탄 사용이 가능하다. 올 스테인리스제로 1985년부터 제조되었다.

04 미국의 정신을 구현한 명총

피스메이커는 1873년에 등장한 콜트 싱글액션 아미(S.A.A) .45구경의 별명이다. 피스메이커는 '평화를 만드는 사람'이라는 의미로, 이 별명은 미국 서부 개척 시대 변방의 개척자들이 지니고 있던, 힘으로 치안을 유지한다. 자신이 정의와 질서를 구현한다는 생각에서 유래한 것이다. 피스메이커는 120년간 생산되어서 종류도 많으며 연구서도 많이 나왔지만, 여기에서는 사용탄의 차이를 기준으로 세부적 차이를 그려보았다. 또한 생산 시기에 따라 1~4세대나 연대로도 구분해봤다.

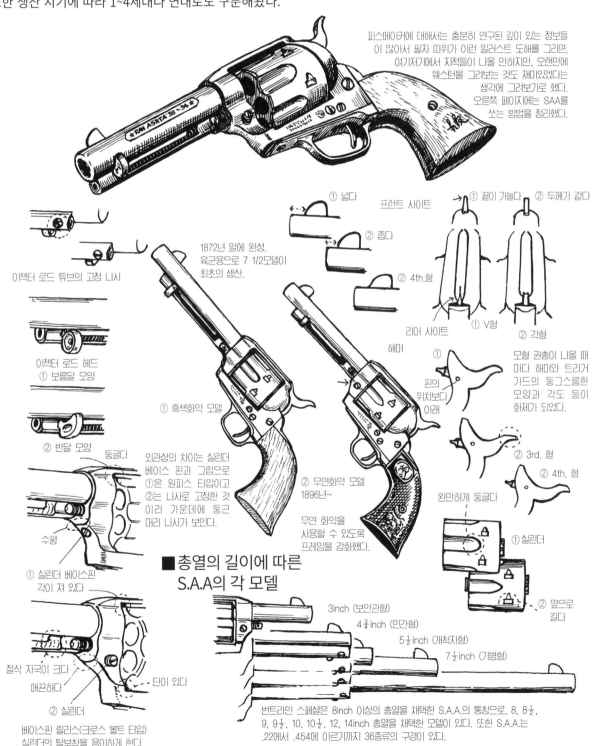

■권총 쏘는 법

크로스 드로우

몸에 딱 붙어
방해되지 않도록
하는 시법.
카우보이들이
이런 스타일이다.

스탠다드 드로우

멕시코 국경 인근에서
만들어진 홀스터가
표준이 되면서
이 시법도 기준으로
자리잡았다.

**트위스티드
드로우
(역수 사격)**

일명 기병 사격.
왼쪽 허리에
기병도를
매야 하므로
이런 스타일이
되었다.

숨겨 쏘기

겨드랑이에 매는
숄더 홀스터에서
총을 뽑아 발사한다.
갬블러들이 사용했다.

패닝 샷

발사속도를
올리기 위해
손바닥으로
해머를 일으키며
연속 사격한다.
명중률은
기대할 수 없다.
명인은 1초 정도면
6발을 모두 쐈다.

보더 시프트

권총 2자루를 연이어 쏜다.
오른손 권총의 탄을
모두 쐈을 때 왼손의
권총을 돌려 던져
쏘는 기술로,
12발을 연속으로
발사하는 곡예사격이다.

트리거는
잡아당긴 상태다.

트리플 샷

오른손 엄지

왼손 엄지

왼손 새끼손가락

3발을 연속으로 쏜다.
자동 소총의 3연사 기구처럼
순간적으로 연속 발사하고,
총알 절반을 남기는 방식이다.

■홀스터의 종류

현재 가장 일반적인 건벨트로
알려진 유형이다.

올드 웨스턴

루프 홀스터라고도
불리는 유형으로,
벨트에 따라 회전시켜
에비탄이 항상
앞으로 오도록 한다.

무비 건벨트

퀵 드로우

빠른 사격을 위해 고안되었으
며, 실수로 발을 쏘지
않도록 각도를 줘서 멘다.

스위블 샷

홀스터 째로
상대를 향해
쏜다.

컬리 빌 스핀

권총을 상대에게
주는 척하면서
돌려서 잡고
쏘는 비겁한
사격 방법이다.

로드 에이전트 스핀

총을 반 회전시키고
그 반동으로 해머를
일으켜 거꾸로 쏜다.
이 또한 비겁한 사격
이다.

건 플레이는 이 외에도 많다.
S.A.A. 모델 암이 1자루 있다면 여러가지 재미를 즐길 수 있다.

05 다양한 무기로 치러졌던 남북 전쟁

19세기 미국은 북부와 남부 각 주 사이에 산업 기반의 차이와 노예 제도의 존폐에 기인한 대립이 심화되었고, 1860년에 노예 제도의 폐지를 주장하는 링컨이 대통령 취임하자 남부 7개 주가 연방에서 이탈하여 독자적인 나라를 만들며 연방 자체가 분열되었다. 미국 남북전쟁은 노예제도를 온존하려는 남부를 연방으로 복귀시키기 위해 시작된 전쟁으로, 1861~1865년간, 4년에 걸쳐 전쟁을 치렀다. 이 전쟁에서 남군과 북군은 2천회 이상 회전을 치르며 양군 도합 62만 명의 전사자를 내는 격전 끝에 북군이 승리하여 미국의 분열은 저지되었다. 전쟁기간 동안 양측에서 대량의 무기가 제조되었지만, 그래도 수요를 맞추지 못해 유럽 각국에서 각종 무기를 수입했다.

■ 권총

양군 모두 제식 권총이 없었고, 가장 많이 사용된 권총은 콜트제 44구경 리볼버였다. 남군에서도 콜트의 카피를 제조하여 사용했다. 다음으로 많이 이용된 권총은 레밍턴의 제품이었다.

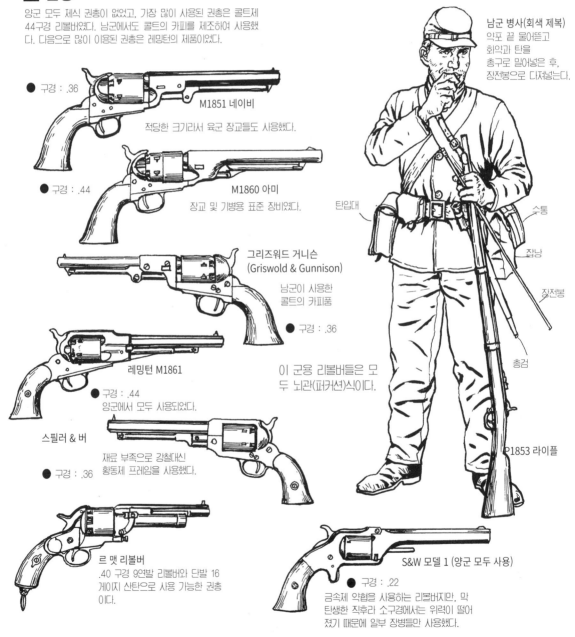

● 구경 : .36

M1851 네이비

적당한 크기라서 육군 장교들도 사용했다.

● 구경 : .44

M1860 아미

장교 및 기병용 표준 장비였다.

그리즈워드 거니슨
(Griswold & Gunnison)

남군이 사용한 콜트의 카피품

● 구경 : .36

레밍턴 M1861

● 구경 : .44
양군에서 모두 사용되었다.

스필러 & 버

재료 부족으로 강철대신 황동제 프레임을 사용했다.

● 구경 : .36

르 맷 리볼버

.40 구경 9연발 리볼버와 단발 16 게이지 산탄으로 사용 가능한 권총이다.

이 군용 리볼버들은 모두 뇌관(퍼커션)식이다.

남군 병사(회색 제복)
약포 끝 물어뜯고 회약과 탄을 총구로 밀어넣은 후, 장전봉으로 다져넣는다.

탄입대

수통

잡낭

장전봉

총검

P1853 라이플

S&W 모델 1 (양군 모두 사용)

● 구경 : .22

금속제 약협을 사용하는 리볼버지만, 막 탄생한 직후라 소구경에서는 위력이 떨어졌기 때문에 일부 장병들만 사용한다.

북군의 제식 소총은 M1861이었지만 남군 또한 노획한 동형 소총을 사용했다. 양군 모두
주력은 M1861, 영국에서 수입한 P1853이었다. 그밖에 오스트리아, 프랑스, 벨기에 등에서
강선식 머스켓 총을 다수 수입했다.

스프링필드 M1842
.69구경 활강식 머스켓.
초기의 북군 병사의 장비.

스프링필드 M1861
.58구경 강선식 머스켓

엔필드 P1853(영국에서 수입)
.577구경이지만 .58구경의 실탄도
사용할 수 있었다.

북군 기병
스펜서 카빈에 튜브형 탄창
을 밀어넣고 있다.

북군 병사
(푸른 제복)

수통

뇌관 파우치

꽃을대로 탄을
다져넣고 뇌관
을 끼우고 해
머를 잡아당겨
발사한다.

잡낭

총검

스펜서용 탄창

권총

세이버

엔필드 카빈
(남군 사용)
P1853소총을
축소한 모델.

스펜서 카빈
●구경 : .56
림파이어식 실탄을
사용하는 7연발 기병총

제복 디자인과 장비 등은
양군 모두 비슷했지만,
제복의 색깔이 달라
식별은 용이하다.

머스켓 총은 총구로 장전하고 뇌관으로 발사했다. 활강식
소총에서는 구형 탄약을 사용했지만 강선식 소총은 미니
에탄을 사용해 사거리와 명중률이 현격히 향상되었다.

샤프스 M1855카빈
연발은 아니지만
후장식이다
●구경 : .577

06 특수 임무를 위한 비밀병기

은닉 무기 자체는 그리 새롭지 않다. 과거, 닌자가 휴대하는 수리검 등 투척무기의 후계자로 총기 분야에서도 남몰래 소지할 수 있도록 소형화하고 위장한 '권총'이 개발되었다. 특히 각국이 비밀 정보기관에 의한 조직적인 정보 활동을 하게 된 20세기 이후에 스파이나 특수 임무 요원이 휴대하는 호신용 혹은 공격용으로 다양한 특수총 아이디어가 제안되어 왔다. '특수'무기로 구분된다면 대게 비밀리에 은닉할수 있고 사용법 역시 통상적인 무기와 다르다. 절체절명의 위기에 빠졌을 때, 어떻게든 살아남거나 최후의 수단을 필요로 하는 자들의 상황을 상상하면서 고안된 결과물이 이 특수 권총들이다.

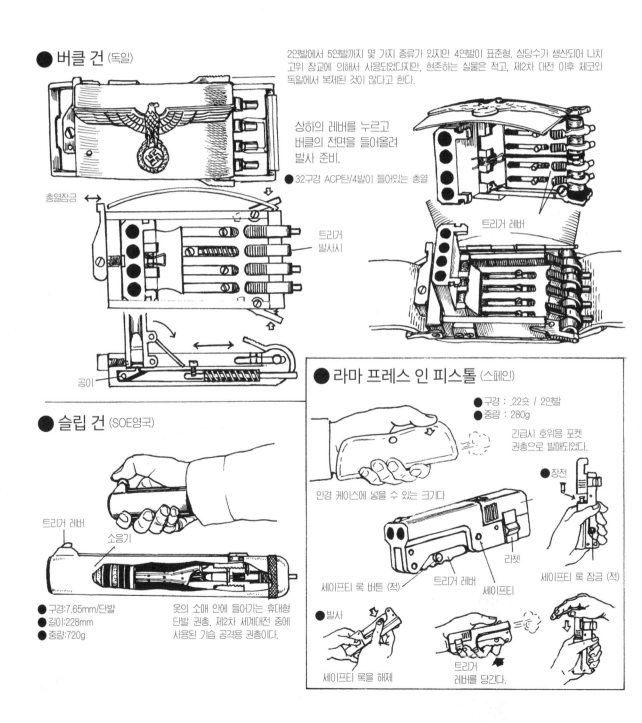

● 버클 건 (독일)

2연발에서 5연발까지 몇 가지 종류가 있지만 4연발이 표준형. 상당수가 생산되어 나치 고위 장교에 의해서 사용되었다지만, 현존하는 실물은 적고, 제2차 대전 이후 체코와 독일에서 복제된 것이 많다고 한다.

상하의 레버를 누르고 버클의 전면을 들어올려 발사 준비.

● 32구경 ACP탄/4발이 들어있는 총열

총열잠금

트리거 레버

트리거 발사시

공이

● 슬립 건 (SOE영국)

트리거 레버

소음기

● 구경:7.65mm/단발
● 길이:228mm
● 중량:720g

옷의 소매 안에 들어가는 휴대형 단발 권총. 제2차 세계대전 중에 사용된 기습 공격용 권총이다.

● 라마 프레스 인 피스톨 (스페인)

● 구경 : .22숏 / 2연발
● 중량 : 280g

긴급시 호위용 포켓 권총으로 발매되었다.

안경 케이스에 넣을 수 있는 크기다

● 장전

라쳇

세이프티 록 버튼 (적)   트리거 레버   세이프티

세이프티 록 잠금 (적)

● 발사

세이프티 록을 해제   트리거 레버를 당긴다.

● 트로이카 (KGB)

3발 카트리지

배터리

● 청산 튜브 발사기

유리 캡슐에 충진된 청산을
근거리에서 상대방에게 쏳아낸다.
전기 발화 방식 3연발

청산 튜브

손에 감출만한 크기로 핸들
을 잡아 장약을 발화시키면
캡슐을 파괴하며 청산가스
를 발사한다.

● 볼펜형

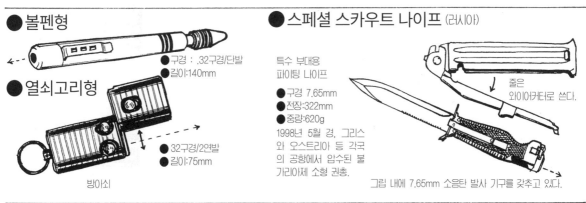

● 구경 : .32구경/단발
● 길이:140mm

● 열쇠고리형

● 32구경/2연발
● 길이:75mm

방아쇠

● 스페셜 스카우트 나이프 (러시아)

특수 부대용
파이팅 나이프

● 구경 7.65mm
● 전장:322mm
● 중량:620g

1998년 5월 경, 그리스
와 오스트리아 등 각국
의 공항에서 압수된 불
가리아제 소형 권총.

줄은
와이어커터로 쓴다.

그립 내에 7.65mm 소음탄 발사 기구를 갖추고 있다.

● 나이프피스톨 (중국)

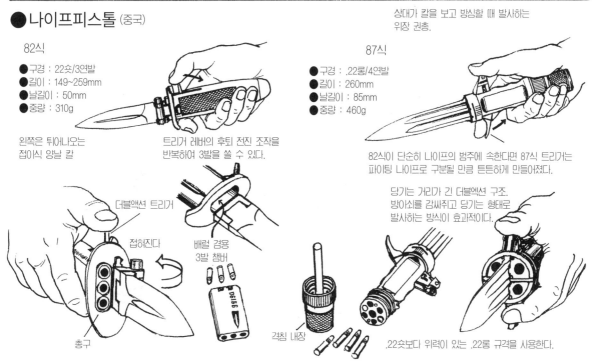

82식

● 구경 : 22숏/3연발
● 길이 : 149~259mm
● 날길이 : 50mm
● 중량 : 310g

왼쪽은 튀어나오는
접이식 양날 칼

트리거 레버의 후퇴 전진 조작을
반복하여 3발을 쏠 수 있다.

더블액션 트리거

접혀진다

배럴 겸용
3발 챔버

격침 내장

총구

상대가 칼을 보고 방심할 때 발사하는
위장 권총.

87식

● 구경 : .22롱/4연발
● 길이 : 260mm
● 날길이 : 85mm
● 중량 : 460g

82식이 단순히 나이프의 범주에 속한다면 87식 트리거는
파이팅 나이프로 구분될 만큼 튼튼하게 만들어졌다.

당기는 거리가 긴 더블엑션 구조.
방아쇠를 감싸쥐고 당기는 형태로
발사하는 방식이 효과적이다.

.22숏보다 위력이 있는 .22롱 규격을 사용한다.

참고 자료 : '언더그라운드 웨폰' (토코이 마사미)

07 제2차 세계대전의 군용 리볼버

근대의 권총에는 리볼버(탄창 회전식 권총)와 오토매틱(자동 권총), 두 가지 형식이 있다. 리볼버는 구조가 비교적 간단하고 안전하고 견고하며, 탄의 장전여부를 쉽게 알 수 있는 점, 오토매틱은 상대적으로 경량에 장탄량이 많고 발사속도가 높은 점이 장점으로 꼽힌다. 양자의 이점은 오랫동안 논의의 대상이 되었으며, 군용 권총 분야에서는 제1차 세계대전 전후부터 오토매틱이 주류가 되었다. 그러나 리볼버의 이점을 좋게 평가하여 군용 권총으로 채용하던 나라도 적지 않다. 특히 영국군은 제2차 세계대전 전 기간에 걸쳐 리볼버를 주력 권총으로 썼다. 이 장에서는 군용으로 채용된 각국의 리볼버를 소개한다.

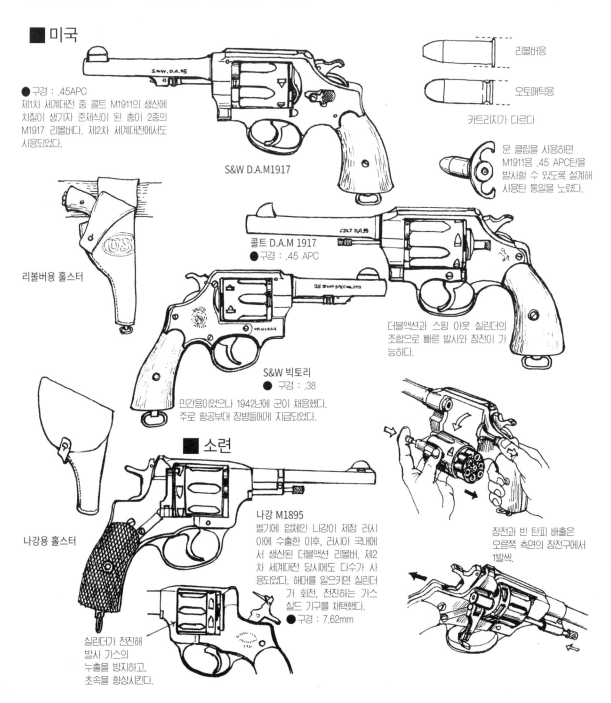

■ 미국

● 구경 : .45APC
제1차 세계대전 중 콜트 M1911의 생산에 차질이 생기자 준제식이 된 총이 2종의 M1917 리볼버다. 제2차 세계대전에서도 사용되었다.

S&W D.A.M1917

리볼버용 홀스터

콜트 D.A.M 1917
● 구경 : .45 APC

리볼버용

오토매틱용

카트리지가 다르다

문 클립을 사용하면 M1911용 .45 APC탄을 발사할 수 있도록 설계해 사용탄 통일을 노렸다.

더블액션과 스윙 아웃 실린더의 조합으로 빠른 발사와 장전이 가능하다.

S&W 빅토리
● 구경 : .38

민간용이었으나 1942년에 군이 채용했다. 주로 항공부대 장병들에게 지급되었다.

■ 소련

나강용 홀스터

나강 M1895
벨기에 업체인 나강이 제정 러시아에 수출한 이후, 러시아 국내에서 생산된 더블액션 리볼버. 제2차 세계대전 당시에도 다수가 사용되었다. 해머를 일으키면 실린더가 회전, 전진하는 가스 실드 기구를 채택했다.
● 구경 : 7.62mm

실린더가 전진해 발사 가스의 누출을 방지하고, 초속을 향상시킨다.

장전과 빈 탄피 배출은 오른쪽 측면의 장전구에서 1발씩.

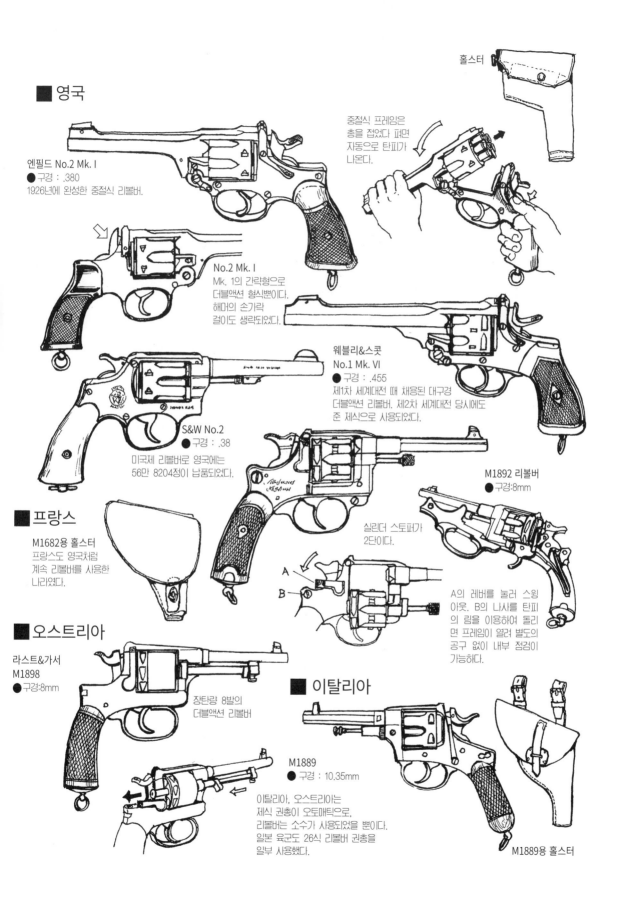

홀스터

■ 영국

엔필드 No.2 Mk. I
● 구경 : .380
1926년에 완성한 중절식 리볼버.

중절식 프레임은 총을 접었다 펴면 자동으로 탄피가 나온다.

No.2 Mk. I
Mk. 1의 간략형으로 더블액션 형식뿐이다. 해머의 손가락 걸이도 생략되었다.

웨블리&스콧 No.1 Mk. VI
● 구경 : .455
제1차 세계대전 때 채용된 대구경 더블액션 리볼버. 제2차 세계대전 당시에도 준 제식으로 사용되었다.

S&W No.2
● 구경 : .38
미국제 리볼버로 영국에는 56만 8204정이 납품되었다.

■ 프랑스

M1682용 홀스터
프랑스도 영국처럼 계속 리볼버를 사용한 나라였다.

M1892 리볼버
● 구경:8mm

실린더 스토퍼가 2단이다.

A
B

A의 레버를 눌러 스윙 아웃. B의 나사를 탄피의 림을 이용하여 돌리면 프레임이 열려 별도의 공구 없이 내부 점검이 가능하다.

■ 오스트리아

라스트&가서 M1898
● 구경:8mm

장탄량 8발의 더블액션 리볼버

■ 이탈리아

M1889
● 구경 : 10.35mm

이탈리아, 오스트리아는 제식 권총이 오토매틱으로, 리볼버는 소수가 사용되었을 뿐이다. 일본 육군도 26식 리볼버 권총을 일부 사용했다.

M1889용 홀스터

08 재평가되고 있는 군용 권총

현대군의 주력 화기는 돌격소총으로, 제2차 세계 대전 이후 유동적인 기동전을 주체로 하는 지상 전투에서 권총의 위상은 급속히 줄어들었다. 그러나 대 테러전, 제압 작전 중 근접 전투 등의 상황에서는 권총의 유용성이 일정한 평가를 받았고, 동시에 부무장으로도 주목받아 각국이 신형 권총을 채용하게 되었다. 이 장에는 유럽 국가를 중심으로 한 업체들의 오토매틱 군용 권총을 소개한다.

FN 하이 파워
(벨기에)
현재 가장 많은 군대가 채용하고 있는 싱글액션식 대형 권총이다. 오리지널은 1935년에 완성된, 군용으로는 세계 최초로 13발 탄창을 채택한 권총으로, 벨기에는 물론, 제2차 세계 대전 당시 독일군도 사용했으며, 종전 이후에는 영국이 L9A1으로 제식 채용하고 이후 많은 영연방 국가를 시작으로 여러 국가에서 군용으로 채용했다.

마크 3
● 구경 : 9mm x 19
● 장탄량 : 13+1발
중량 : 910g
싱글액션

토카레프나 마카로프를 현재도 제식 권총으로 쓰는 나라는 많다. M1911A1도 많은 군대에서 사용 중이다.

FEG P9R (헝가리)
● 더블액션
● 구경 9mm x 19
● 장탄량 : 14+1발
● 중량 : 1,000g
하이파워는 각국에서 라이센스 및 카피 제품의 생산이 이뤄지고 있다.

MP443 아미
(러시아)
● 구경 9mm x 19
● 장탄량 : 17+1발
● 중량 : 1,000g
● 더블액션
클러치 피스톨로 구분되는 제식 권총.

92식 권총
(중국)
● 구경 : 9mm x 19
● 장탄량 : 15+1발
● 중량 760g

토카레프 TT1933 (구소련)
● 구경 : 7.62mm x 25
● 장탄량 : 8+1발
● 중량 : 815g
● 싱글액션

마카로프 PM (구소련)
● 구경 : 9mm x 19
● 장탄량 : 13+1발
● 중량 : 800g
● 더블액션

68식 권총 (북한)
● 구경 : 7.62mm x 25
● 장탄량 : 8+1발
● 중량 : 795g
● 싱글액션
토카레프를 기반으로 개발한 북한산 권총.

대우 DP51 (한국)
● 구경 : 9mm x 19
● 장탄량 : 13+1발
● 중량 : 800g
패스트 액션이라는 독특한 방식을 사용하는 권총.

발터 P1 (독일)
● 구경 : 9mm x 9
● 장탄량 : 8+1빌
● 중량 : 865g
● 더블액션
P-38의 근대화 모델.

베레타 92FS (이탈리아)
● 구경 : 9mm x 19
● 장탄량 : 15+1발
● 중량 : 945g
● 더블액션
이탈리아군 제식 권총인 베레타 M1951
을 베이스로 개발되어 미군의 제식 권총
으로 채택된 군용 대형 권총이다. 프랑
스군도 채용했다.

미군 제식명 : M9
프랑스군 제식명 : SAMAS-G1

미국이 베레타 M92FS를 채용하면서
현대의 대형 군용 권총은 구경 9mm,
더블액션, 장탄량이 많은 더블 칼럼
(복렬) 탄창 등이 표준화 되었다.

베레타 1951 (이탈리아)
● 구경 : 9mm x 19
● 장탄량 : 8+1발
● 중량 : 935g
● 싱글액션
이탈리아군 외에 이스라엘과 이집트,
이라크 등 중동 국가에서 채택했다.

H&K P8 (독일)
● 구경 : 9mm x 19
● 장탄량 : 15+1발
● 중량 : 720g
● 더블액션
독일군의 신형 제식 권총

● 구경 : 9mm x 19
● 장탄량 : 17+1발
● 중량 : 705g
● 더블액션
강화 플라스틱을 다수 사용한
최초의 대형 군용 권총.

글록 17 (오스트리아)
오스트리아군 외에 약 50개국
에서 채택했다.

Gz 75 (체코)
● 구경 : 9mm x 19
● 장탄량 : 15+1발
● 중량 : 1,000g
● 더블액션

자우어&존 P220 (독일)
● 구경 : 9mm x 19
● 장탄량 : 9+1발
● 중량 : 830g
● 더블액션
스위스와 일본에서 제식 채용.

IMI 제리코 941 (이스라엘)
● 구경 : 9mm x 19
● 장탄량 : 16+1발
● 중량 : 1,090g
● 더블액션

WIST 94
(폴란드)
● 구경 : 9mm x 19
● 장탄량 : 16+1발
● 중량 : 730g
● 더블액션

MAB 15 (프랑스)
● 구경 : 9mm x 19
● 장탄량 : 15+1발
● 중량 : 1,250g
● 더블액션

라마 82 (스페인)
● 구경 : 9mm x 19
● 장탄량 : 15+1발
● 중량 : 1,100g
● 더블액션

GMB ADCOM
코브라
(파키스탄)
● 구경 : 9mm x 19
● 장탄량 : 14+1발
● 중량 : 850g
● 싱글액션
토카레프를 베이스로 개발된
대형 권총

마뉘렝 PP (프랑스)
● 구경 : 7.62mm x 17
● 장탄량 : 8+1발
● 중량 : 680g
● 더블액션

발터 PP를 프랑스에
서 라이센스 생산한
모델.

참고자료 : '현대 군용 권총 도감' (토쿠마 서점), '군용총기사전(개정판)'

09 군용 권총의 베스트셀러 콜트 거버먼트

콜트의 반자동 권총은 그 원형인 M1900이 등장한 이후 개량을 거듭, M1911A1(콜트 거버먼트)로 완성되었다. .45 ACP급 대구경 탄 채택으로 달성한 높은 위력과 고장이 적은 견고한 구조가 특징으로, 제2차 세계대전이 끝날 때까지 200만정 이상이 생산되었다. 전후에도 미국은 물론 구 서방 각국의 군대에서도 널리 사용된 역사적으로 특필할 만한 군용권총의 하나다.

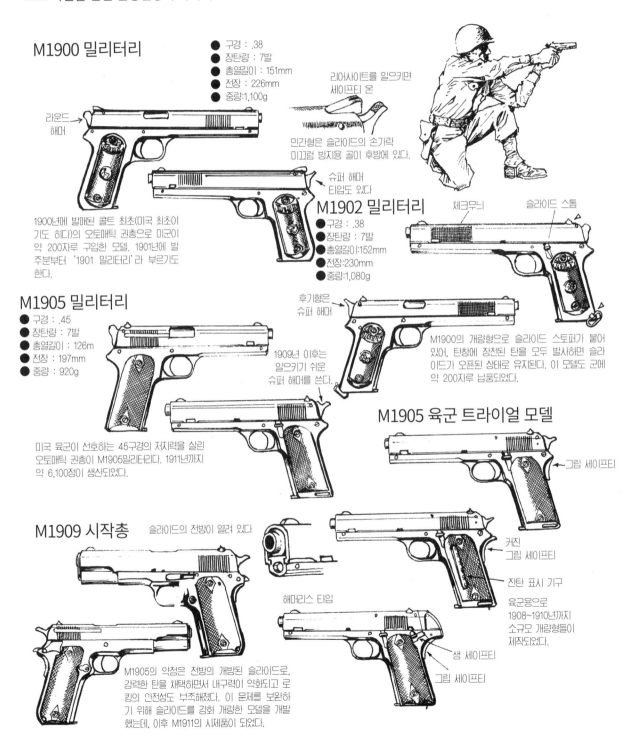

M1900 밀리터리
- 구경 : .38
- 장탄량 : 7발
- 총열길이 : 151mm
- 전장 : 226mm
- 중량 : 1,100g

라운드 해머

리어사이트를 일으키면 세이프티 온

민간형은 슬라이드의 손가락 미끄럼 방지용 골이 후방에 있다.

슈퍼 해머 타입도 있다

1900년에 발매된 콜트 최초(미국 최초이기도 하다)의 오토매틱 권총으로 미군이 약 200자루 구입한 모델. 1901년에 발주분부터 '1901 밀리터리'라 부르기도 한다.

M1902 밀리터리
- 구경 : .38
- 장탄량 : 7발
- 총열길이 : 152mm
- 전장 : 230mm
- 중량 : 1,080g

체크무늬

슬라이드 스톱

후기형은 슈퍼 해머

M1900의 개량형으로 슬라이드 스토퍼가 붙어 있어, 탄창에 장전된 탄을 모두 발사하면 슬라이드가 오픈된 상태로 유지된다. 이 모델도 군에 약 200자루 납품되었다.

M1905 밀리터리
- 구경 : .45
- 장탄량 : 7발
- 총열길이 : 126m
- 전장 : 197mm
- 중량 : 920g

1909년 이후는 일으키기 쉬운 슈퍼 해머를 쓴다.

미국 육군이 선호하는 45구경의 저지력을 살린 오토매틱 권총이 M1905밀리터리다. 1911년까지 약 6,100정이 생산되었다.

M1905 육군 트라이얼 모델

그립 세이프티

M1909 시작총

슬라이드의 전방이 열려 있다

커진 그립 세이프티

잔탄 표시 기구

육군용으로 1908~1910년까지 소규모 개량형들이 제작되었다.

해머리스 타입

샘 세이프티

그립 세이프티

M1905의 약점은 전방의 개방된 슬라이드로, 강력한 탄을 채택하면서 내구력이 약화되고 로킹의 안전성도 부족해졌다. 이 문제를 보완하기 위해 슬라이드를 강화 개량한 모델을 개발했는데, 이후 M1911의 시제품이 되었다.

M1911
- 구경 : .45
- 장탄량 : 7발
- 총열길이 : 126mm
- 전장 : 211mm
- 중량 : 1,070g

제1차 세계 대전 후 미군 기병 부대는 M1911의 개선 방안을 제출했다.

콜트의 M1911세미 오토매틱 권총(시제)은 1906~07년 미국 육군 신형 제식권총 채용시험에 채택되어, 1911년 3월 29일부터 'U.S. .45 M1911 반자동 권총'이라는 명칭으로 납품 되었다. 콜트 거버먼트는 이렇게 탄생했다.

두터운 프런트 사이트에, 리어 사이트의 조준 홈의 폭도 넓어져 조준하기 쉬워졌다.

해머 스퍼의 폭을 가늘고 짧게 하고 그립 세이프티 후방의 튀어나온 부분을 더 크게 만들었다. 이 개량으로 사수는 보다 재빠르고 정확하게 권총을 잡을 수 있고, 사격시에도 총을 쥔 손의 엄지와 집게손가락을 부상당하는 경우가 사라졌다.

부상

트리거가 짧아지면서 프레임 릴리프가 삭제되어 손가락이 트리거를 쉽게 잡아당길 수 있게 되었다.

M1911A1
- 구경 : .45
- 장탄량 : 7발
- 총열길이 : 127mn
- 전장 : 216mm
- 중량 : 1,100g

해머 스퍼를 길게 제작해 일으키기 쉽게 하고, 그립 세이프티를 연장하여 손을 확실히 보호하도록 배려했다.

그립 전체에 체크 무늬가 들어있는 메인 스프링 하우징은 아치형으로 변경되고 체커도 들어가서 그립감이 확실해졌다.

개량된 M1911은 1926년 5월 17일에 M1911A1으로 제식 채용되어 1927년부터 본격 양산되었다. 제2차 세계대전에서는 다량의 권총이 필요하며 콜트사 이외에도 미국 내 3개 제조사가 생산하게 되었다. 이들은 각인과 세부 부품에 차이를 보인다.

콜트 슈퍼 .38
- 구경 : .38
- 장탄량 : 7발
- 총열길이 : 127mm
- 전장 : 215mm
- 중량 : 1,100g

외형과 치수는 M1911A1과 동일하지만 .38슈퍼 탄을 사용하는 중구경 대형 세미 오토 피스톨. 소량이 영국군 특수 부대 등에서 사용되었다.

콜트 에이스
- 구경 : .22
- 장탄량 : 7발
- 총열길이 : 127mm
- 전장 : 217mm
- 중량 : 1,100g

M1911A1의 훈련용으로, 크기는 그대로 유지하고 구경만 줄인 모델. 1931년에 등장했다. 탄약이 22구경이지만 45구경과 같은 반동을 얻을 수 있도록 약실이 개조되었다.

콜트 커맨더
- 구경 : .45
- 장탄량 : 7발
- 총열길이 : 108mm
- 전장 : 197mm
- 중량 : 750g

M1911A1의 소형 경량화 모델. 1949년에 출시됐지만 경량화한 프레임의 내구성에 문제가 있다. 명칭은 커맨더지만 정작 군에는 채택되지 않았다.

- 슬라이드 스톱
- 원핸드 그립
- 투핸드 그립

10 지금도 애용되는 거버먼트

오랫동안 미국을 비롯한 여러 나라에서 사용되던 콜트 거버먼트도 구식화를 피할 수는 없어서 1980년대 경부터는 신형 권총에 그 자리를 내주고 군용 권총 일선에서 물러났다. 그러나 그 높은 실적과 신뢰성 덕에 45구경을 사랑하는 사람들(주로 미국인들)의 열렬한 지지는 시들지 않고 있다. 게다가 1986년에 제조 특허가 끝나면서 원산지인 미국의 업체뿐만 아니라 세계 각국 메이커에서 수많은 복제품이 등장하고 있다. 여기서는 콜트 거버먼트의 카피 가운데 45구경 풀사이즈 모델들을 모아 보았다.

트리거 홀의
차이에도 주목

**콜트 시리즈 70
골드 컵 내셔널 매치**
8+1발
거버먼트의 최고봉으로서
콜트에서 판매했으며, 많
은 커스텀 건의 베이스 모
델이 되었다.
트리거 홀

**콜트 모델
거버먼트 Mk.
IV 시리즈 80**
8+1발
콜트사의 최종 출시형.

**스프링필드
아머리 TRP**
7+1발
FBI에서 일부 채용.
트리거 홀

킴버 TLE/RL II
7+1발
택티컬 계는
레일이 표준이다.
LAPD SWAT도
이 모델을 채용하고 있다.

**레스베어 모델
스팅어**
7+1발
레스베어는 거버먼트
시리즈의 배리에이션이 많다.

**데토닉스 모델
9-11-01**
8+1발
컴팩트 무장으로 유명하지만
표준형도 적지 않다.

S&W SW1911
8+1발
콜트사의 경쟁사도
거버먼트를 제작했다.

**미첼 암즈 모델
시그니처 시리즈 M1994**
12+1발

**록 리버 암즈
스탠더드 마치**
8+1발

SIG GSR (독일)
8+1발
S&W사에 이어
유럽 최대의 메이커도
거버먼트를 제조했다.

**카스피안 모델
팬텀 F-16L**
13+1발
TRP모델이 일부
델타 팀에 채용되었다.

AMT 하드볼러 III
7+1발
콜트 사보다 먼저
스테인리스를 채용한
권총이다.

컴뱃 슈팅에서 압도적인 인기를 자랑하는 거버먼트 시리즈는 여러 나라에서 카피 모델을 만들고 있다.
커스텀 건 회사나 개인이 커스텀한 거버먼트 역시 많다.

사파리 암즈
모델 G1사파리
7+1발

덴 웨슨
모델 DW
포인트맨-세븐

STI 이글 5.1
12+1발
플라스틱 프레임이다.

페터 슈탈
모델 트로피 마스터
(독일)
7+1발

마라바 ATP
(이탈리아)
14+1발

윌슨 컴뱃
택티컬 엘리트
7+1발

파라 오디넌스
컴패니언 P14 45LDA
(캐나다)
14+1발
더블액션

발트로 M1998A1
(이탈리아)
8+1발
미국에서는 레스베어사가
동명의 브랜드로 판매했다.

탄폴리오
위트니스 1911
(이탈리아)
이탈리아에서도
컴뱃 슈팅은 한창이다.

듀락스 DAC 1911
(캐나다)
스포츠 사격용 롱 배럴형.

A스타
M1911 PL (스페인)
13+1발
도산한 스타와 아스트라의
사원들이 만든 회사다.

라마 막시 L/F
(스페인)
7+1발
M1911A1의 발전형.

그리폰
M1911A1컴뱃
(남아공)
7+1발
커맨더의 카피

SPS
모델 DC커스텀
6인치 총열 (스페인)
13+1발

토러스
모델 PT1911 (브라질)
9mm 베레타를
빈번히 카피했던 회사로,
거버먼트도 발매했다.

BUL 트랜스마크
풀M5 스테인리스
(이스라엘)
14+1발
그립프레임이 플라스틱제다

노린코
모델 1911A1(중국)
7+1발
풀 카피판을 군용으로
제작하고 있다.

암스코 모델
1911A2 45P (필리핀)
8+1발
필리핀은 오래 전부터
거버먼트를 카피해왔다.

※국명이 없는 것은 미국 국내 업체.

참고 자료 : '현대 피스톨 도감' (도쿠마 문고) 월간 'Gun', 월간 '암즈 매거진', 월간 '컴뱃 매거진',

11 현용 권총을 대표하는 SIG시리즈

SIG(Schweizerische Industrie-Gesellschaft : 스위스 공업 회사)와 독일 자우어(Sauer) 양사의 공동 개발에 의해 완성된 SIG자우어 모델 P220 시리즈는 군용이나 경찰용으로 설계된 대구경 세미 오토매틱 더블액션 권총이다. 스위스군의 제식 권총이던 P210에는 절삭가공이 많이 사용되어 제조가 어렵고, 가격도 비쌌다. 하지만 이후 등장한 P220은 비용 절감을 위해 프레스 가공 등 생산성을 고려한 공법을 대폭 도입했다. P220을 기본 설계로 각각의 니즈에 적합한 여러 모델이 제품화되어 있다. 유럽 각국과 미국, 심지어 일본도 채용하고 있는 현용 군용 권총의 대표적인 모델이다.

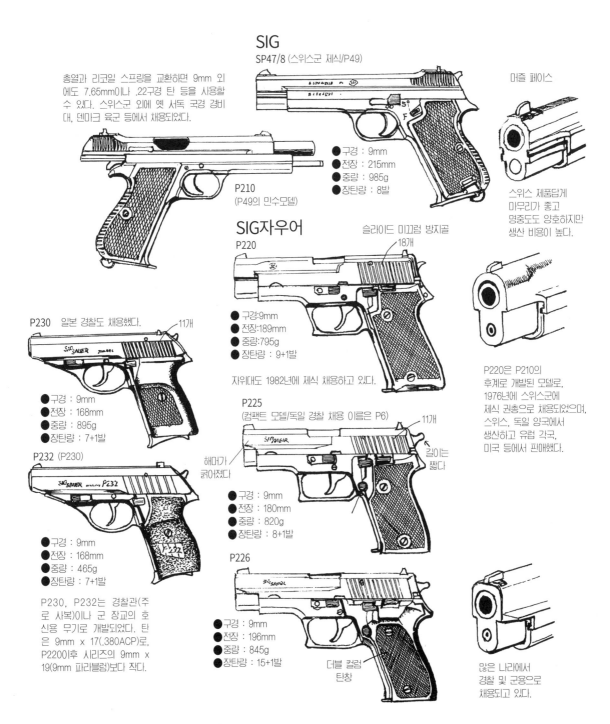

SIG
SP47/8 (스위스군 제식/P49)

총열과 리코일 스프링을 교환하면 9mm 외에도 7.65mm이나 .22구경 탄 등을 사용할 수 있다. 스위스군 외에 옛 서독 국경 경비대, 덴마크 육군 등에서 채용되었다.

- 구경 : 9mm
- 전장 : 215mm
- 중량 : 985g
- 장탄량 : 8발

P210
(P49의 민수모델)

머즐 페이스

스위스 제품답게 마무리가 좋고 명중도도 양호하지만 생산 비용이 높다.

SIG자우어

P220

슬라이드 미끄럼 방지골 18개

- 구경 : 9mm
- 전장 : 189mm
- 중량 : 795g
- 장탄량 : 9+1발

자위대도 1982년에 제식 채용하고 있다.

P220은 P210의 후계로 개발된 모델로, 1976년에 스위스군에 제식 권총으로 채용되었으며, 스위스, 독일 양국에서 생산하고 유럽 각국, 미국 등에서 판매했다.

P230 일본 경찰도 채용했다.

11개

- 구경 : 9mm
- 전장 : 168mm
- 중량 : 895g
- 장탄량 : 7+1발

P225
(컴팩트 모델/독일 경찰 채용 이름은 P6)

11개

해머가 굵어졌다

길이는 짧다

- 구경 : 9mm
- 전장 : 180mm
- 중량 : 820g
- 장탄량 : 8+1발

P232 (P230)

- 구경 : 9mm
- 전장 : 168mm
- 중량 : 465g
- 장탄량 : 7+1발

P230, P232는 경찰관(주로 사복)이나 군 장교의 호신용 무기로 개발되었다. 탄은 9mm x 17(.380ACP)로, P220이후 시리즈의 9mm x 19(9mm 파라블럼)보다 작다.

P226

- 구경 : 9mm
- 전장 : 196mm
- 중량 : 845g
- 장탄량 : 15+1발

더블 컬럼 탄창

많은 나라에서 경찰 및 군용으로 채용되고 있다.

SIG자우어 모델은 P220을 바탕으로 다양한 구경의 여러 파생형이 만들어졌다.
소형화한 모델, 장탄량를 늘린 모델 등 많은 변종이 있다.

12 스파이의 필수 아이템 '소음권총'

'007'시리즈 등 스파이가 활약하는 영화와 드라마에 자주 등장하는 것이 사일런서 피스톨, 이른바 소음권총이다. '사일런서(Silencer)'는 일반적으로 소리를 없애주는 기계를 의미하는 '소음기'로 번역되지만, 현실적으로는 권총 급에서도 발사음(총성)의 완전한 소거는 불가능하다. 그리고 어떤 총이든 소음기만 장착한다고 발사음이 감소되지는 않으며, 총성을 억제하기 위한 전용 서프레서 총열과 약장탄(장약을 줄인 전용탄)을 사용해야 발사음 감소 효과를 누릴 수 있다.

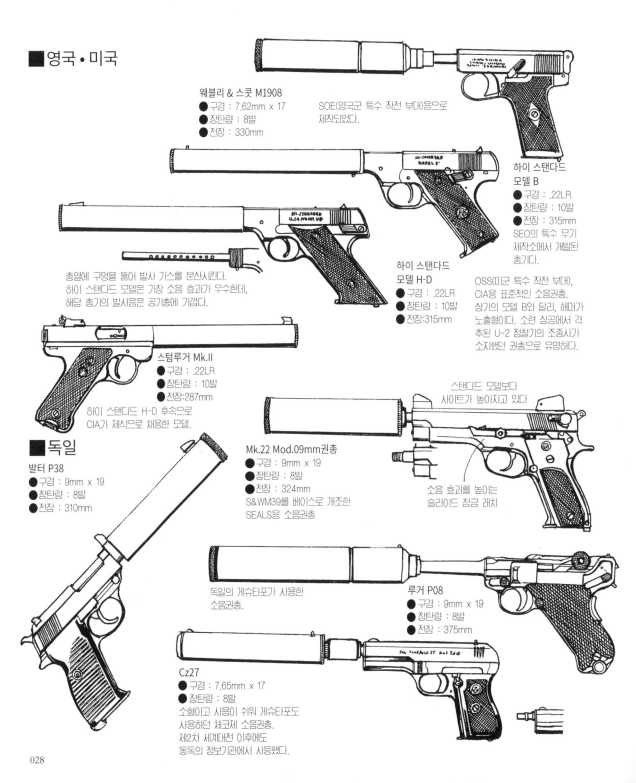

■영국·미국

웨블리 & 스콧 M1908
● 구경 : 7.62mm x 17
● 장탄량 : 8발
● 전장 : 330mm

SOE(영국군 특수 작전 부대)용으로 제작되었다.

하이 스탠다드 모델 B
● 구경 : .22LR
● 장탄량 : 10발
● 전장 : 315mm
SEO의 특수 무기 제작소에서 개발된 총기이다.

하이 스탠다드 모델 H-D
● 구경 : .22LR
● 장탄량 : 10발
● 전장:315mm

총열에 구멍을 뚫어 발사 가스를 분산시킨다. 하이 스탠다드 모델은 가장 소음 효과가 우수한데, 해당 총기의 발사음은 공기총에 가깝다.

OSS(미군 특수 작전 부대), CIA용 표준적인 소음권총. 상기의 모델 B와 달리, 해머가 노출형이다. 소련 상공에서 격추된 U-2 정찰기의 조종사가 소지했던 권총으로 유명하다.

스텀루거 Mk.II
● 구경 : .22LR
● 장탄량 : 10발
● 전장:287mm

하이 스탠디드 H-D 후속으로 CIA가 제식으로 채용한 모델.

Mk.22 Mod.09mm권총
● 구경 : 9mm x 19
● 장탄량 : 8발
● 전장 : 324mm
S&WM39를 베이스로 개조한 SEALS용 소음권총

스탠다드 모델보다 사이트가 높아지고 있다

소음 효과를 높이는 슬라이드 잠금 래치

■독일

발터 P38
● 구경 : 9mm x 19
● 장탄량 : 8발
● 전장 : 310mm

독일의 게슈타포가 사용한 소음권총.

루거 P08
● 구경 : 9mm x 19
● 장탄량 : 8발
● 전장 : 375mm

Cz27
● 구경 : 7.65mm x 17
● 장탄량 : 8발
소형이고 사용이 쉬워 게슈타포도 사용하던 체코제 소음권총. 제2차 세계대전 이후에도 동독의 정보기관에서 사용했다.

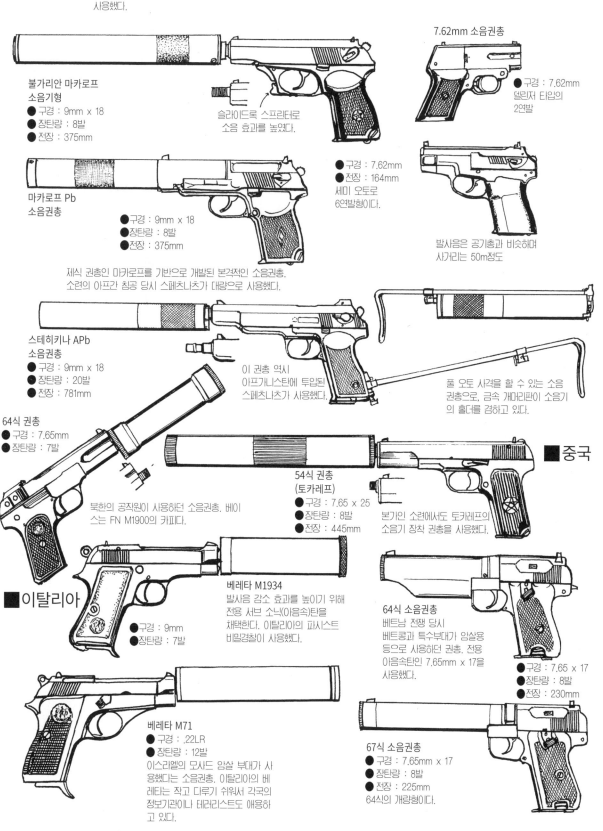

■소련

GPU(소련 비밀 경찰)이나 KGB용으로 많은 특수 무기가 연구 개발되었으며, 그 과정에서 소음권총도 다수 제작되었다. 잠입 작전에는 서방 장비도 많이 사용했다.

7.62mm 소음권총
- 구경 : 7.62mm
- 델린저 타입의 2연발

불가리안 마카로프 소음기형
- 구경 : 9mm x 18
- 장탄량 : 8발
- 전장 : 375mm

슬라이드로 스프링터로 소음 효과를 높였다.

- 구경 : 7.62mm
- 전장 : 164mm
세미 오토로 6연발형이다.

마카로프 Pb 소음권총
- 구경 : 9mm x 18
- 장탄량 : 8발
- 전장 : 375mm

제식 권총인 마카로프를 기반으로 개발된 본격적인 소음권총. 소련의 아프간 침공 당시 스페츠나츠가 대량으로 사용했다.

발사음은 공기총과 비슷하며 사거리는 50m정도

스테히키나 APb 소음권총
- 구경 : 9mm x 18
- 장탄량 : 20발
- 전장 : 781mm

이 권총 역시 아프가니스탄에 투입된 스페츠나츠가 사용했다.

풀 오토 사격을 할 수 있는 소음 권총으로, 금속 개머리판이 소음기의 홀더를 겸하고 있다.

64식 권총
- 구경 : 7.65mm
- 장탄량 : 7발

54식 권총 (토카레프)
- 구경 : 7.65 x 25
- 장탄량 : 8발
- 전장 : 445mm

■중국

북한의 공작원이 사용하던 소음권총. 베이스는 FN M1900의 카피다.

본가인 소련에서도 토카레프의 소음기 장착 권총을 사용했다.

■이탈리아

베레타 M1934
발사음 감소 효과를 높이기 위해 전용 서브 소닉(이음속)탄을 채택한다. 이탈리아의 파시스트 비밀경찰이 사용했다.

- 구경 : 9mm
- 장탄량 : 7발

64식 소음권총
베트남 전쟁 당시 베트콩과 특수부대가 암살용 등으로 사용하던 권총. 전용 이음속탄인 7.65mm x 17을 사용했다.

- 구경 : 7.65 x 17
- 장탄량 : 8발
- 전장 : 230mm

베레타 M71
- 구경 : .22LR
- 장탄량 : 12발
이스라엘의 모사드 암살 부대가 사용했다는 소음권총. 이탈리아의 베레타는 작고 다루기 쉬워서 각국의 정보기관이나 테러리스트도 애용하고 있다.

67식 소음권총
- 구경 : 7.65mm x 17
- 장탄량 : 8발
- 전장 : 225mm
64식의 개량형이다.

13 SMG의 걸작 톰슨

톰슨의 첫 모델 M1919는 '서브머신건(SMG)'이라는 이름이 붙은 최초의 총이다. 1920년대에 양산 모델이 등장한 뒤에도 지속적으로 개량되어 제2차 세계대전 당시엔 톰슨 M1이 미국군의 주력 SMG로 활약했다

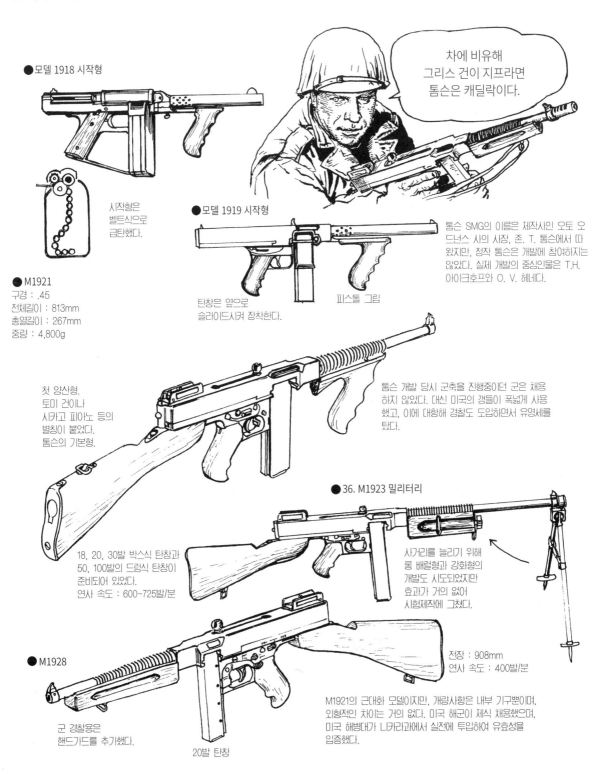

● 모델 1918 시작형

시작형은
벨트식으로
급탄했다.

● M1921
구경 : .45
전체길이 : 813mm
총열길이 : 267mm
중량 : 4,800g

첫 양산형.
토미 건이나
시카고 피아노 등의
별칭이 붙었다.
톰슨의 기본형.

18, 20, 30발 박스식 탄창과
50, 100발의 드럼식 탄창이
준비되어 있었다.
연사 속도 : 600~725발/분

차에 비유해
그리스 건이 지프라면
톰슨은 캐딜락이다.

● 모델 1919 시작형

탄창은 옆으로
슬라이드시켜 장착한다.

피스톨 그립

톰슨 SMG의 이름은 제작사인 오토 오드넌스 사의 사장, 존. T. 톰슨에서 따왔지만, 정작 톰슨은 개발에 참여하지는 않았다. 실제 개발의 중심인물은 T.H. 아이크호프와 O. V. 헤네다.

톰슨 개발 당시 군축을 진행중이던 군은 채용하지 않았다. 대신 미국의 갱들이 폭넓게 사용했고, 이에 대항해 경찰도 도입하면서 유명세를 탔다.

● 36. M1923 밀리터리

사거리를 늘리기 위해
롱 배럴형과 강화형의
개발도 시도되었지만
효과가 거의 없어
시험제작에 그쳤다.

전장 : 908mm
연사 속도 : 400발/분

● M1928

군 경찰용은
핸드가드를 추가했다.

20발 탄창

M1921의 근대화 모델이지만, 개량사항은 내부 기구뿐이며,
외형적인 차이는 거의 없다. 미국 해군이 제식 채용했으며,
미국 해병대가 니카라과에서 실전에 투입하여 유효성을
입증했다.

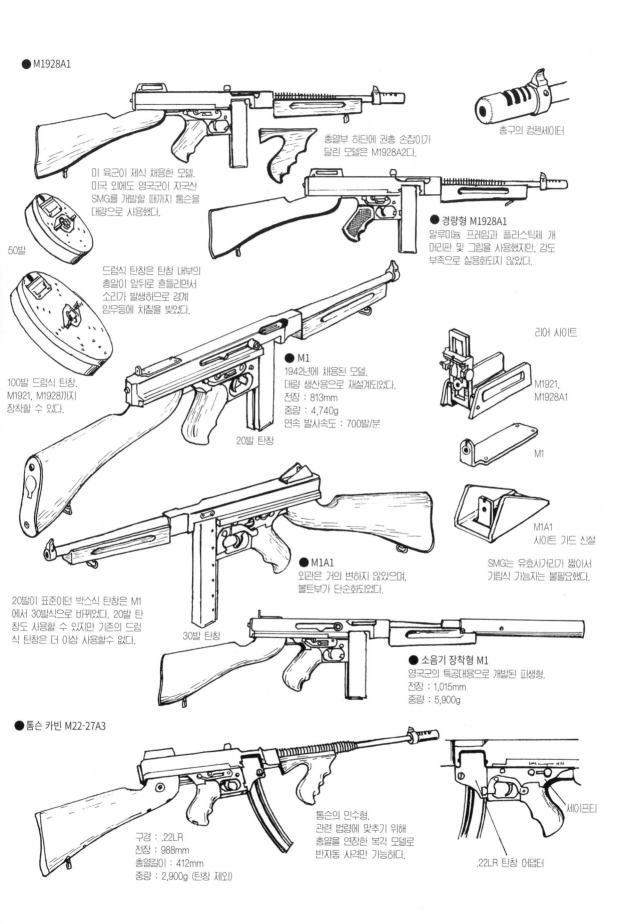

● M1928A1

미 육군이 제식 채용한 모델. 미국 외에도 영국군이 자국산 SMG를 개발할 때까지 톰슨을 대량으로 사용했다.

총열부 하단에 권총 손잡이가 달린 모델은 M1928A2다.

총구의 컴펜세이터

● 경량형 M1928A1
알루미늄 프레임과 플라스틱제 개머리판 및 그립을 사용했지만, 강도 부족으로 실용화되지 않았다.

50발

드럼식 탄창은 탄창 내부의 총알이 앞뒤로 흔들리면서 소리가 발생하므로 경계 임무등에 지질을 빚었다.

100발 드럼식 탄창. M1921, M1928까지 장착할 수 있다.

● M1
1942년에 채용된 모델. 대량 생산용으로 재설계되었다.
전장 : 813mm
중량 : 4,740g
연속 발사속도 : 700발/분

20발 탄창

리어 사이트

M1921, M1928A1

M1

M1A1
사이트 가드 신설

SMG는 유효사거리가 짧아서 기립식 가늠자는 불필요했다.

● M1A1
외관은 거의 변하지 않았으며, 볼트부가 단순화되었다.

20발이 표준이던 박스식 탄창은 M1에서 30발식으로 바뀌었다. 20발 탄창도 사용할 수 있지만 기존의 드럼식 탄창은 더 이상 사용할수 없다.

30발 탄창

● 소음기 장착형 M1
영국군의 특공대용으로 개발된 파생형.
전장 : 1,015mm
중량 : 5,900g

● 톰슨 카빈 M22-27A3

톰슨의 민수형. 관련 법령에 맞추기 위해 총열을 연장한 보각 모델로 반자동 사격만 가능하다.

구경 : .22LR
전장 : 988mm
총열길이 : 412mm
중량 : 2,900g (탄창 제외)

세이프티

.22LR 탄창 어댑터

14 두 번의 세계 대전을 치른 독일의 소총

수동 볼트 핸들 조작만으로 약실 송탄, 약실의 폐쇄 및 개방, 탄피배출, 발사 준비를 할 수 있어서 탄창에 탄이 남아 있는 한 연속 발사가 가능한 볼트 액션 소총 기구는 1860년대 말 독일의 총기 설계자 마우저에 의해서 고안되었다. 이 구조는 근대의 볼트 액션 소총의 기초가 되었고, 현재 존재하는 볼트 액션 소총은 대부분 마우저의 영향을 받았다. 마우저는 이후에도 기구를 지속적으로 개량했고, 1898년에 독일 육군의 제식 보병 소총으로 채용된 M1898 소총이 제1차 세계 대전에서 높은 실용성을 입증하면서 당시 마우저는 볼트 액션 소총 분야에서 세계를 선도했다. 제1차 세계대전 종전 후, 이 회사는 M1898소총을 베이스로, 총열의 길이가 다른 3종의 '시스템 마우저 라이플'을 발표했다. 이 가운데 길이가 두 번째로 긴 모델이 마우저 스탠다드로, 제2차 세계대전 당시 독일군의 주력 소총인 마우저 Kar98k의 원형이 되었다.

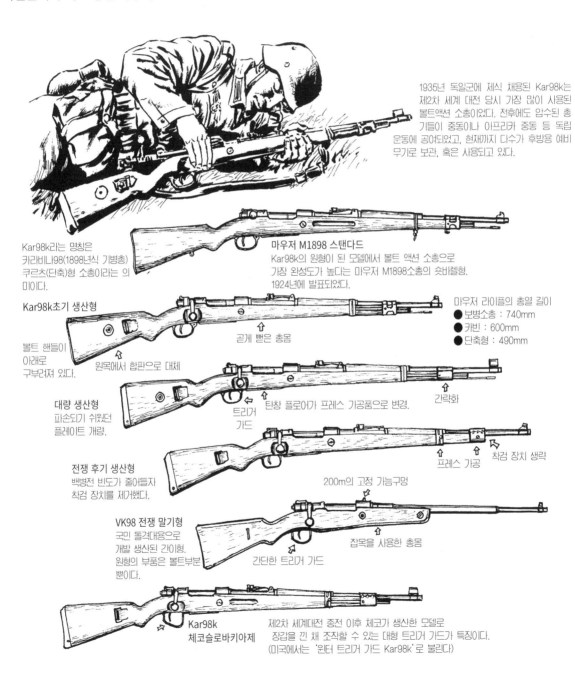

1935년 독일군에 제식 채용된 Kar98k는 제2차 세계 대전 당시 가장 많이 사용된 볼트액션 소총이었다. 전후에도 압수된 총기들이 중동이나 아프리카 중동 등 독립 운동에 공여되었고, 현재까지 다수가 후방용 예비 무기로 보관, 혹은 사용되고 있다.

Kar98k라는 명칭은 카라비나98(1898년식 기병총) 쿠르츠(단축)형 소총이라는 의미이다.

마우저 M1898 스탠다드
Kar98k의 원형이 된 모델에서 볼트 액션 소총으로 가장 완성도가 높다는 마우저 M1898소총의 쇼바릴형. 1924년에 발표되었다.

Kar98k초기 생산형

볼트 핸들이 아래로 구부려져 있다.

⇧ 곧게 뻗은 총몸

⇧ 원목에서 합판으로 대체

마우저 라이플의 총열 길이
● 보병소총 : 740mm
● 카빈 : 600mm
● 단축형 : 490mm

대량 생산형
파손되기 쉬웠던 플레이트 개량.

⇦ 트리거 가드

⇧ 탄창 플로어가 프레스 가공품으로 변경.

⇧ 간략화

전쟁 후기 생산형
백병전 빈도가 줄어들자 착검 장치를 제거했다.

프레스 가공

⇧ 착검 장치 생략

VK98 전쟁 말기형
국민 돌격대용으로 개발 생산된 간이형. 원형의 부품은 볼트부분 뿐이다.

200m의 고정 가늠구멍

⇦ 간단한 트리거 가드

잡목을 사용한 총몸

Kar98k 체코슬로바키아제

제2차 세계대전 종전 이후 체코가 생산한 모델로 장갑을 낀 채 조작할 수 있는 대형 트리거 가드가 특징이다. (미국에서는 '윈터 트리거 가드 Kar98k'로 불린다)

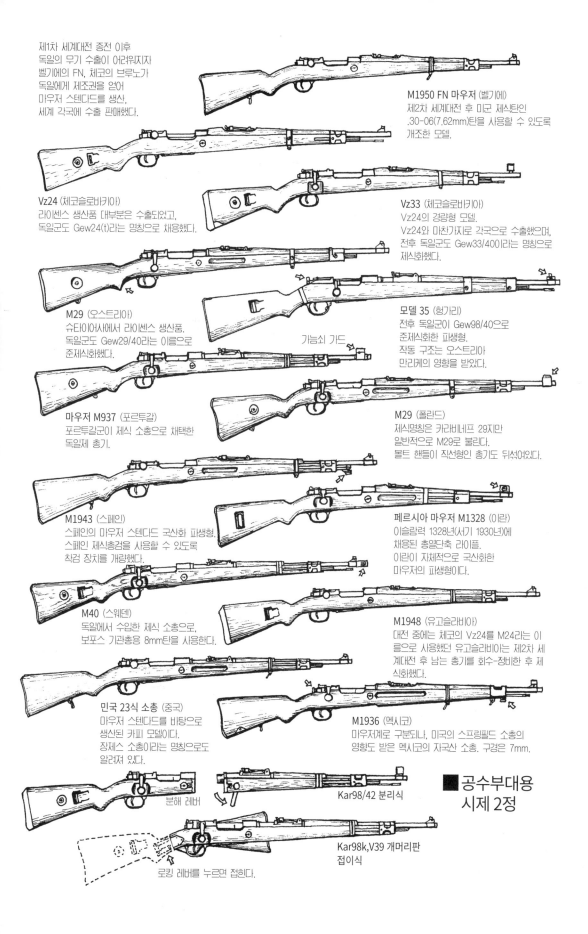

제1차 세계대전 종전 이후
독일의 무기 수출이 어려워지자
벨기에의 FN, 체코의 브루노가
독일에게 제조권을 얻어
마우저 스텐다드를 생산,
세계 각국에 수출 판매했다.

M1950 FN 마우저 (벨기에)
제2차 세계대전 후 미군 제식탄인
.30-06(7.62mm)탄을 사용할 수 있도록
개조한 모델.

Vz24 (체코슬로바키아)
라이센스 생산품 대부분은 수출되었고,
독일군도 Gew24(t)라는 명칭으로 채용했다.

Vz33 (체코슬로바키아)
Vz24의 경량형 모델.
Vz24와 마찬가지로 각국으로 수출했으며,
전후 독일군도 Gew33/400라는 명칭으로
제식화했다.

M29 (오스트리아)
슈타이어사에서 라이센스 생산품.
독일군도 Gew29/40라는 이름으로
준제식화했다.

모델 35 (헝가리)
전후 독일군이 Gew98/40으로
준제식화한 파생형.
직동 구조는 오스트리아
만리케의 영향을 받았다.

가능쇠 가드

마우저 M937 (포르투갈)
포르투갈군이 제식 소총으로 채택한
독일제 총기.

M29 (폴란드)
제식명칭은 카라비네프 29지만
일반적으로 M29로 불린다.
볼트 핸들이 직선형인 총기도 뒤섞여있다.

M1943 (스페인)
스페인의 마우저 스텐다드 국산화 파생형.
스페인 제식총검을 사용할 수 있도록
착검 장치를 개량했다.

페르시아 마우저 M1328 (이란)
이슬람력 1328년(서기 1930년)에
채용된 총열단축 라이플.
이란이 자체적으로 국산화한
마우저의 파생형이다.

M40 (스웨덴)
독일에서 수입한 제식 소총으로,
보포스 기관총용 8mm탄을 사용한다.

M1948 (유고슬라비아)
대전 중에는 체코의 Vz24를 M24라는 이
름으로 사용했던 유고슬라비아는 제2차 세
계대전 후 남는 총기를 회수-정비한 후 제
식화했다.

민국 23식 소총 (중국)
마우저 스텐다드를 비탕으로
생산된 카피 모델이다.
장제스 소총이라는 명칭으로도
알려져 있다.

M1936 (멕시코)
마우저계로 구분되나, 미국의 스프링필드 소총의
영향도 받은 멕시코의 자국산 소총. 구경은 7mm.

분해 레버

Kar98/42 분리식

■ **공수부대용
시제 2정**

Kar98k,V39 개머리판
접이식

로킹 레버를 누르면 접힌다.

15 반자동소총의 걸작, M1 개런드

M1소총은 미군 최초의 반자동소총이자 제2차 세계 대전 당시 미군의 주력 소총이다. 1928년부터 개발에 착수했으며, 초기에는 7mm 탄을 사용하도록 설계되었으나, 1932년에 미국 육군 제식탄인 7.62mm(.30-06)탄을 사용하도록 설계를 수정해 1936년 미군 제식 소총으로 채용되었다. 설계자 존 C 개런드의 이름을 붙여 'M1 개런드' 소총이라 불리기도 한다. 태평양 전쟁 발발을 계기로 1941년 12월부터 대량 생산이 시작되어 550만정에 달하는 M1이 생산되었다. 견고함과 우수한 신뢰성, 많은 장탄량(8발) 등 뛰어난 특징을 가지고 있다. 전후에는 미국의 우방국들에 공급되었으며 자위대도 국산 소총을 채용할 때까지 M1소총을 사용했다.

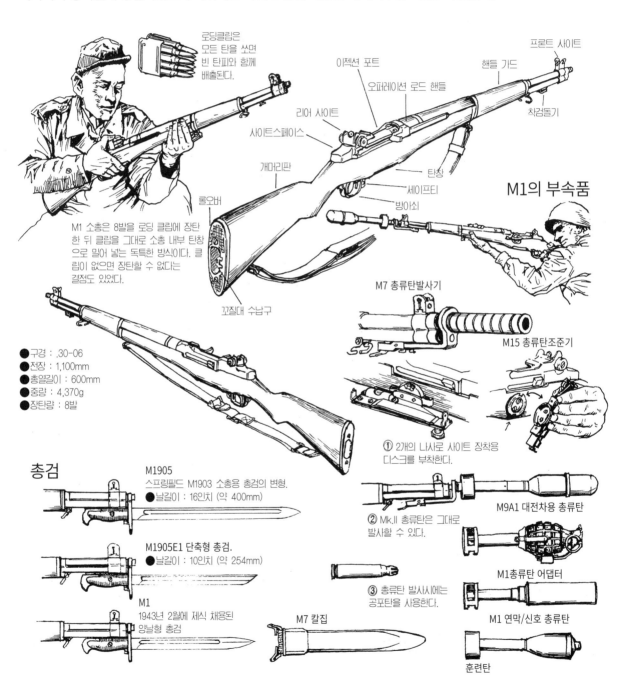

로딩클립은 모든 탄을 쏘면 빈 탄피와 함께 배출된다.

프론트 사이트

이젝션 포트

오퍼레이션 로드 핸들

핸들 가드

리어 사이트

착검돌기

사이트스페이스

개머리판

탄창

세이프티

방아쇠

M1의 부속품

롤오버

M1 소총은 8발을 로딩 클립에 장탄한 뒤 클립을 그대로 소총 내부 탄창으로 밀어 넣는 독특한 방식이다. 클립이 없으면 장탄할 수 없다는 결점도 있었다.

꼬질대 수납구

M7 총류탄발사기

M15 총류탄조준기

●구경 : .30-06
●전장 : 1,100mm
●총열길이 : 600mm
●중량 : 4,370g
●장탄량 : 8발

① 2개의 나사로 사이트 장착용 디스크를 부착한다.

총검

M1905
스프링필드 M1903 소총용 총검의 변형.
●날길이 : 16인치 (약 400mm)

M1905E1 단축형 총검.
●날길이 : 10인치 (약 254mm)

② Mk.II 총류탄은 그대로 발사할 수 있다.

M9A1 대전차용 총류탄

M1총류탄 어댑터

M1
1943년 2월에 제식 채용된 양날형 총검

M7 칼집

③ 총류탄 발사시에는 공포탄을 사용한다.

M1 연막/신호 총류탄

훈련탄

M1의 바리에이션
저격형

M1최초의 저격용 파생형. 3종의 시험제작형이 있었지만, 모두 스코프 탈착이 복잡해 개선이 필요했다.

M82 스코프

총구 소염기

가죽 칙피스

저격용 파생형들은 배치가 늦어지면서 2차 세계대전 당시엔 실전에 투입되지 못했고, 한국전쟁부터 본격적으로 사용되었다.

M84 스코프

M1C (M1E7)
1944년 6월에 제식 채용.

M1D (M1E8)
1944년 10월 제식화. M1C 를 보완하는 저격 소총으로 채용되었다.

숏 라이플
(카빈 모델)

공수부대와 특수부대용으로 개발된 파생형

M1E5
총열길이 : 18인치(약 450mm)

T26 ('탱커' 개런드)
M1E5에 재래식 개머리판을 조합한 M1 개런드의 총열단축/경량 파생형. 전차병용으로 생산했다.

금속제 접이식 개머리판이 붙어있다.

풀 오토 모델
분대지원화기용으로 전자동 사격이 가능하도록 개발된 파생형.

T20

20발 탄창

이 T20 시리즈가 M14소총의 개발로 이어졌다.

일본산 개런드
4식 자동 소총(5식 소총)

일본군의 7.7mm 탄을 사용한다.

일본 해군이 태평양 전쟁 말기에 개런드 를 참고하는 방식으로 개발했다.

전자동 사격시 반동을 줄이는 트리 컴펜세이 터를 총류탄 발사 장 치로 사용한다.

이탈리아산 개런드
제2차 세계대전 종전 이후 이탈리아 군은 M1소총을 제식 소총으로 채택하고 국내에서 라이센스 생산했다. 베레타사는 자동 소총의 개발을 시작하며 M1의 개량형을 생산했다.

BM58

BM59 Ital

7.62mm NATO탄을 사용했다.

20발이 장전되는 착탈식 탄창

1962년에 이탈리아 육군에 채용된 기본형. 이외에도 롱배럴형, 헤비배럴형 등 몇 종류의 파생형이 있다.

BM59 Mk.II
공수부대용 모델

16 독일 H&K의 현용 소총들

현재 군용 총기 분야의 톱 메이커 가운데 하나인 독일 헤클러&코흐(H&K)는 제2차 세계 대전 전후 해체된 마우저사의 간부들이 1949년 창설한 업체다. 총기 메이커로서의 출발은 스페인 세트메 사에 근무하던 전 마우저사의 기사의 주선으로 세트메 소총의 부분생산을 수주했다. 동사는 이 세트메 소총 개량사업에 이어 신설된 서독 군용 소총 선정 경쟁사업에 참가했다. H&K의 제안은 이 경쟁에서 훌륭한 성적을 거두었고, 1959년에 G-3 돌격 소총으로 채용되었다. 이후 H&K는 각종 총기를 개발-생산하는 독일의 대표적인 업체가 되었다.

돌격 소총

G3 (1959년)
G3는 독일 외에도 많은 국가가 채택했으며, AK47, M-16, FN-FAL와 함께 4대 군용 소총으로 꼽힌다.

스페인군이 채택한 G36.

G3
이후 권총손잡이와 개머리판은 강화 플라스틱으로 제작되었다.

초기 생산형은 권총손잡이와 개머리판이 나무였다.

●장탄량 : 20발

G3A2는 신축형 개머리판을 채택했다.

G3A4
개량된 카빈식 파생형

●발사속도:850발/분

기관총

HK33

G3의 소구경 파생형. 사용탄이 작아진 만큼 전반적으로 소형화되었다.

HK21
G3와 동일한 구조를 발전시킨 공용 기관총.

독일군은 G3을 제식화기로 고수했으므로, HK33은 주로 수출용으로 생산되었다.

교환 가능한 헤비 배럴을 채택했다.

G3의 탄창도 사용 가능하다.

무탄피소총

HK53
HK33 계열 가운데 가장 길이가 짧은 파생형으로, 길이가 MP5SD와 거의 같다.

●장탄량 : 25발

●장탄량 : 25발

HKG11
(1977년)

장탄량 45발의 탄창식

임시로 G11이라는 제식명칭을 부여받은 상태로 서독군에 테스트를 받았다.

●장탄량 : 30발

HK G41A2
HK33 계열과는 별도로, NATO의 차세대 소총 채용을 상정해 개발된 소구경 소총이다.

이탈리아군이 관심을 보였으나 결국 채용되지 않았다.

HKG11K3
(1988년)

G41A3는 신축식 개머리판을 채택했다.

내구성을 감안하여 크기는 G3수준을 유지했다.

무탄피탄을 사용하는 차세대 돌격 소총으로 기대를 모으며 개발되었으나, 내부의 작동기구가 복잡하고 생산 비용이 높았으며, 쿡 오프(약실 내에서 탄이 자연 발화 폭발하는 현상)문제를 해결하지 못해 끝내 채용되지 않았다.

HK50(G36)
●장탄량 : 30발

독일군의 신세대 제식 소총으로
개발되어 1996년에 G36이라는
제식명으로 채용되었다.

1.5배와 3배의 광학 스코프,
등배율의 리플렉스 사이트를
표준 장비한다.

유탄발사기를
장착했다.

HK50K(G36K)
어설트 카빈

G36C 컴팩트
어설트 카빈
대테러 특수 부대용으로 독일군도 채용했다.

특수 부대의 요청으로
각종 모델이
탄생하고 있다.

XM8 (2004년)
외관은 다르지만 내용은
G36과 동일하다.

미국과 공동으로 개발했던
신세대 돌격 소총.

HK416 (2004년)

HK416D

많은 나라의 특수 부대가 채용하고 있는
M4 카빈의 H&K판이다.

HK417 7.62mm탄을 사용하는 카빈
형 소총이다.

●장탄량 : 20발

7.62mm 탄의 유효사거리보
다 먼 영역에 대응하기 위해
개발되었다.

G3 SG1 (2004년)
G3의 저격소총형으로,
부품 역시 상당수를 공유한다.

●장탄량 : 20발

MSG901
(1987년)

군용 저격소총으로
개발되었다.

PSG-1

군용 세미오토 PSG
(정밀 저격 소총)이다.

●장탄량 : 5발

HK33
GS1

●장탄량 : 5발
격발 메커니즘을 개조한
저격 전용 라이플.

HK50 (G36의 민간용 모델)을
베이스로 개발한 경찰용
저격 라이플.

G36SG

G36을
저격 소총으로
개량한 파생형.

●장탄량 : 10발

LRR
(롱 레인지 라이플)

.300 윈체스터 매그넘탄을 사용하는
반자동소총이다.

17 저격총의 래티클 패턴(조준선)

저격수는 저격총으로 표적을 조준할 때, 망원조준경(스코프, 사이트)를 저격총과 조합해 사용한다. 광학 렌즈가 붙은 사격 조준기이므로 망원 조준기 혹은 광학 조준기라고 한다. 용도에 따라 여러 배율의 조준경을 권총 위에 장착하고, 스코프의 시야 내에 표시되는 래티클 패턴(조준용 선)을 통해 정밀 조준에 활용한다. 스코프 사이트를 사용하면 명중률이 향상된다고 오해하는 경우가 많은데, 명중률은 총 자체와 탄의 성능에 좌우되며, 총의 정밀도가 낮거나 탄의 탄도안정성이 낮다면 명중률의 향상은 기대할 수 없다. 스코프 사이트를 사용하는 이유는 조준의 인위적인 오류를 줄여 조준의 정밀도를 향상시키기 위함이다. 이하의 내용은 2차 세계대전 중 주요 국가들이 사용한 저격 총과 스코프 사이트의 래티클 패턴이다.

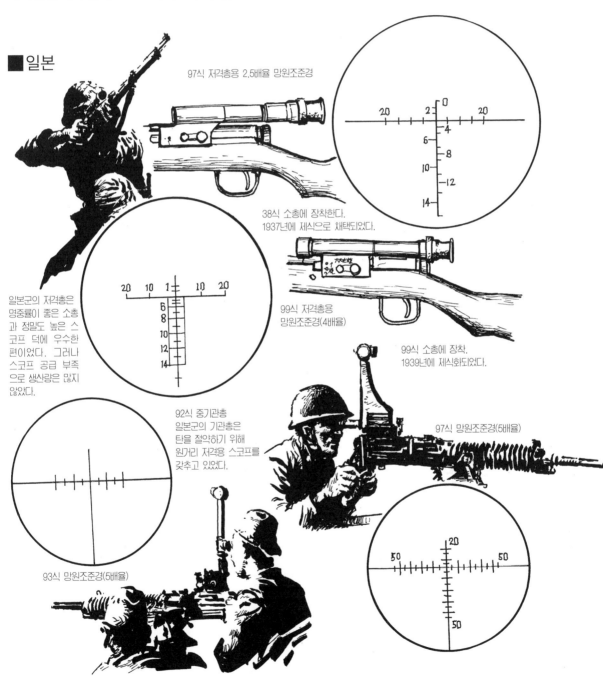

■일본

97식 저격총용 2.5배율 망원조준경

38식 소총에 장착한다.
1937년에 제식으로 채택되었다.

일본군의 저격총은 명중률이 좋은 소총과 정밀도 높은 스코프 덕에 우수한 편이었다. 그러나 스코프 공급 부족으로 생산량은 많지 않았다.

99식 저격총용
망원조준경(4배율)

99식 소총에 장착.
1939년에 제식화되었다.

92식 중기관총
일본군의 기관총은 탄을 절약하기 위해 원거리 저격용 스코프를 갖추고 있었다.

97식 망원조준경(5배율)

93식 망원조준경(5배율)

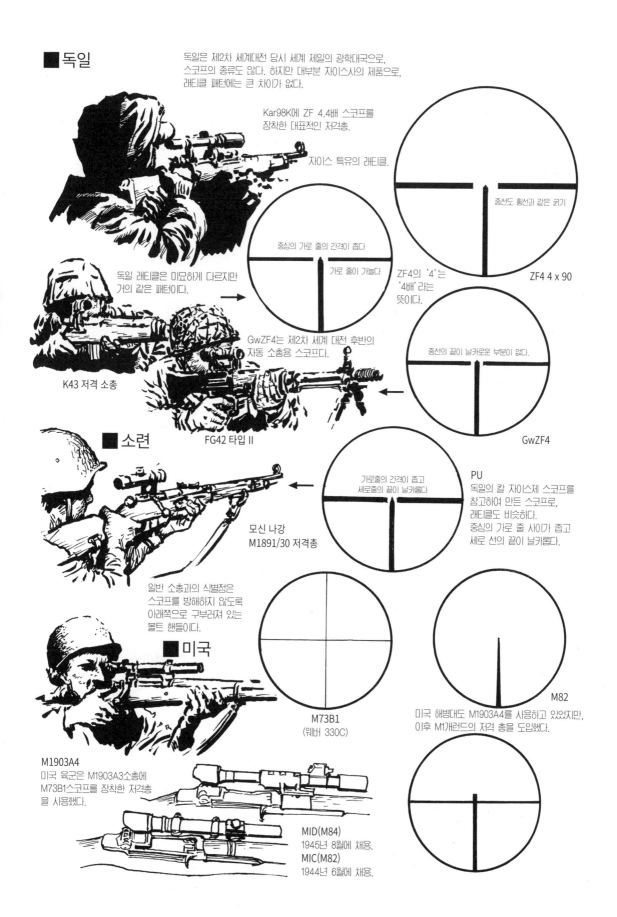

■독일

독일은 제2차 세계대전 당시 세계 제일의 광학대국으로,
스코프의 종류도 많다. 하지만 대부분 자이스사의 제품으로,
레티클 패턴에는 큰 차이가 없다.

Kar98K에 ZF 4.4배 스코프를
장착한 대표적인 저격총.

자이스 특유의 레티클.

중선도 횡선과 같은 굵기

중심의 가로 줄의 간격이 좁다

가로 줄이 가늘다

독일 레티클은 미묘하게 다르지만
거의 같은 패턴이다.

ZF4의 '4'는
'4배' 라는
뜻이다.

ZF4 4 x 90

GwZF4는 제2차 세계 대전 후반의
자동 소총용 스코프다.

종선의 끝이 날카로운 부분이 없다.

K43 저격 소총

FG42 타입 II

GwZF4

■소련

가로줄의 간격이 좁고
세로줄의 끝이 날카롭다

PU
독일의 칼 자이스제 스코프를
참고하여 만든 스코프로,
레티클도 비슷하다.
중심의 가로 줄 사이가 좁고
세로 선의 끝이 날카롭다.

모신 나강
M1891/30 저격총

일반 소총과의 식별점은
스코프를 방해하지 않도록
아래쪽으로 구부러져 있는
볼트 핸들이다.

■미국

M82

M73B1
(웨버 330C)

미국 해병대도 M1903A4를 사용하고 있었지만,
이후 M1개런드의 저격 총을 도입했다.

M1903A4
미국 육군은 M1903A3소총에
M73B1스코프를 장착한 저격총
을 사용했다.

MID(M84)
1945년 8월에 채용.
MIC(M82)
1944년 6월에 채용.

18 저격총

명중정밀도가 높은 우수한 라이플과 정밀 조준을 실현하는 스코프를 조합한 저격총(스나이퍼 라이플)이 전장에 처음 등장한 시기는 미국 남북전쟁 당시였다. 이후 1차 세계대전부터 근대의 전쟁에서 저격총이 대량으로 사용되었는데, 당시 독일군은 처음으로 저격병 부대를 편성하여 저격병들을 조직적으로 운용했다. 독일군은 당초 수렵용 스코프가 달린 라이플을 지급했으나, 곧 Gew98 소총에 자국의 유명 광학 업체 자이스제의 스코프를 장착한 저격총을 제식화했다. 저격병의 주임무는 적의 사령관이나 지휘관을 저격하여 쓰러트리고 지휘명령체계를 혼란시키는 것이다. 이런 고전적인 저격병의 임무는 현대의 전장에서도 바뀌지 않았지만, 추가로 적의 통신수를 쓰러뜨려 적 부대의 행동이나 통제를 혼란시키는 것은 물론, 중대한 위협이 되는 적의 화포나 유도 무기의 사수나 조작자를 쓰러뜨리기도 하고, 대테러 작전에서 적을 제압하는 등 정밀 사격이 요구되는 임무는 날로 늘어나고 있다.

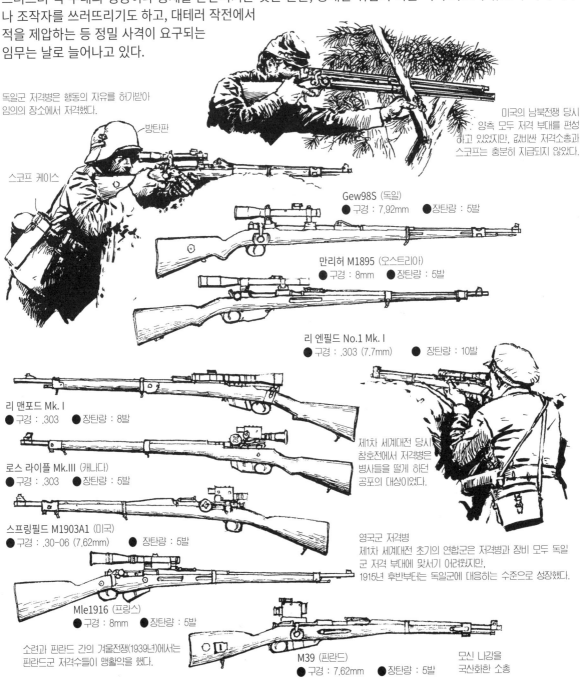

독일군 저격병은 행동의 자유를 허가받아 임의의 장소에서 저격했다.

방탄판

스코프 케이스

미국의 남북전쟁 당시 양측 모두 저격 부대를 편성하고 있었지만, 값비싼 저격소총과 스코프는 충분히 지급되지 않았다.

Gew98S (독일)
● 구경 : 7.92mm　● 장탄량 : 5발

만리허 M1895 (오스트리아)
● 구경 : 8mm　● 장탄량 : 5발

리 엔필드 No.1 Mk.I
● 구경 : .303 (7.7mm)　● 장탄량 : 10발

리 맨포드 Mk.I
● 구경 : .303　● 장탄량 : 8발

로스 라이플 Mk.III (캐나다)
● 구경 : .303　● 장탄량 : 5발

제1차 세계대전 당시 참호전에서 저격병은 병사들을 떨게 하던 공포의 대상이었다.

스프링필드 M1903A1 (미국)
● 구경 : .30-06 (7.62mm)　● 장탄량 : 5발

영국군 저격병
제1차 세계대전 초기의 연합군은 저격병과 장비 모두 독일군 저격 부대에 맞서기 어려웠지만, 1915년 후반부터는 독일군에 대응하는 수준으로 성장했다.

Mle1916 (프랑스)
● 구경 : 8mm　● 장탄량 : 5발

소련과 핀란드 간의 겨울전쟁(1939년)에서는 핀란드군 저격수들이 맹활약을 했다.

M39 (핀란드)
● 구경 : 7.62mm　● 장탄량 : 5발

모신 나강을 국산화한 소총

2차대전 이후, 각국 군대의 주요 저격총

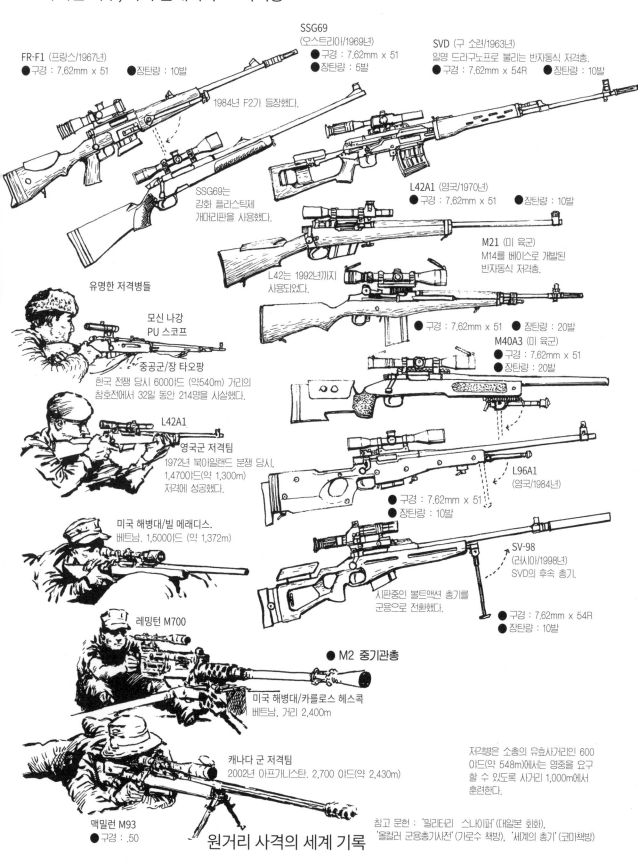

FR-F1 (프랑스/1967년)
- 구경 : 7.62mm x 51
- 장탄량 : 10발

1984년 F2가 등장했다.

SSG69 (오스트리아/1969년)
- 구경 : 7.62mm x 51
- 장탄량 : 5발

SSG69는 강화 플라스틱제 개머리판을 사용했다.

SVD (구 소련/1963년)
일명 드라구노프로 불리는 반자동식 저격총.
- 구경 : 7.62mm x 54R
- 장탄량 : 10발

L42A1 (영국/1970년)
- 구경 : 7.62mm x 51
- 장탄량 : 10발

L42는 1992년까지 사용되었다.

M21 (미 육군)
M14를 베이스로 개발된 반자동식 저격총.
- 구경 : 7.62mm x 51
- 장탄량 : 20발

M40A3 (미 육군)
- 구경 : 7.62mm x 51
- 장탄량 : 20발

L96A1 (영국/1984년)
- 구경 : 7.62mm x 51
- 장탄량 : 10발

SV-98 (러시아/1998년)
SVD의 후속 총기.
시판중인 볼트액션 총기를 군용으로 전환했다.
- 구경 : 7.62mm x 54R
- 장탄량 : 10발

유명한 저격병들

모신 나강 PU 스코프
중공군/장 타오팡
한국 전쟁 당시 6000야드 (약540m) 거리의 참호전에서 32일 동안 214명을 사실했다.

L42A1
영국군 저격팀
1972년 북아일랜드 분쟁 당시, 1,4700야드(약 1,300m) 저격에 성공했다.

레밍턴 M700
미국 해병대/빌 메레디스.
베트남, 1,5000야드 (약 1,372m)

M2 중기관총
미국 해병대/카를로스 헤스콕
베트남, 거리 2,400m

맥밀런 M93
- 구경 : .50

캐나다 군 저격팀
2002년 아프가니스탄, 2,700 아드(약 2,430m)

원거리 사격의 세계 기록

저격병은 소총의 유효사거리인 600 아드(약 548m)에서는 명중을 요구할 수 있도록 사거리 1,000m에서 훈련한다.

참고 문헌 : '밀리터리 스나이퍼' (대일본 회화), '올컬러 군용총기사전' (가로수 책방), '세계의 총기' (코마책방)

* 2017년 6월 21일, 캐나다 합동작전군의 저격병이 맥밀런 TAC-50을 동원해 3,450m 거리에서 저격에 성공, 세계기록을 새로 썼다.

19 대구경 저격총

최근 각국의 군대에서 주목 받고 있는 장비가 경장갑 차량 등의 대물 파괴는 물론, 원거리 목표에 대한 고정밀 저격을 목적으로 설계된 '안티 마테리얼 라이플(대물파괴총)' 혹은 '롱 레인지 스나이퍼 라이플(원거리 저격총)' 이라 불리는 대구경 라이플이다. 대부분 12.7mm x 99의 대구경 기관총용 탄을 사용하며, 보다 대형탄을 사용하는 총기도 있다. 현대의 스나이퍼 라이플은 저격용으로 더욱 특화되고 있다. 저격총은 전통적인 수동 볼트 액션과 연속 사격 성능에 뛰어난 세미 자동식 소총으로 분화되고 있는데, 볼트 액션 소총 쪽이 명중률을 올리기 용이해서 볼트 액션 형식이 저격총의 주류가 되어 있다.

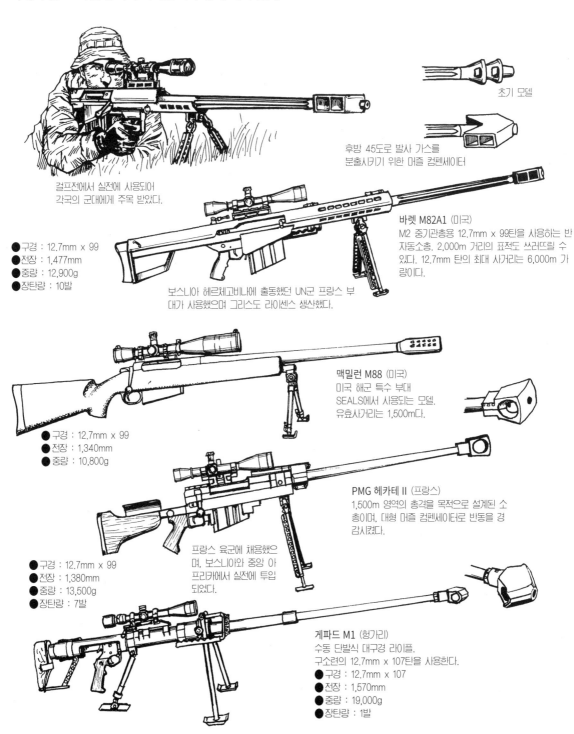

초기 모델

후방 45도로 발사 가스를
분출시키기 위한 머즐 컴펜세이터

걸프전에서 실전에 사용되어
각국의 군대에게 주목 받았다.

바렛 M82A1 (미국)
M2 중기관총용 12.7mm x 99탄을 사용하는 반
자동소총. 2,000m 거리의 표적도 쓰러뜨릴 수
있다. 12.7mm 탄의 최대 사거리는 6,000m 가
량이다.

● 구경 : 12.7mm x 99
● 전장 : 1,477mm
● 중량 : 12,900g
● 장탄량 : 10발

보스니아 헤르체고비나에 출동했던 UN군 프랑스 부
대가 사용했으며 그리스도 라이센스 생산했다.

맥밀런 M88 (미국)
미국 해군 특수 부대
SEALS에서 사용되는 모델.
유효사거리는 1,500m다.

● 구경 : 12.7mm x 99
● 전장 : 1,340mm
● 중량 : 10,800g

PMG 헤카테 II (프랑스)
1,500m 영역의 총격을 목적으로 설계된 소
총이며, 대형 머즐 컴펜세이터로 반동을 경
감시켰다.

프랑스 육군에 채용했으
며, 보스니아와 중앙 아
프리카에서 실전에 투입
되었다.

● 구경 : 12.7mm x 99
● 전장 : 1,380mm
● 중량 : 13,500g
● 장탄량 : 7발

게파드 M1 (헝가리)
수동 단발식 대구경 라이플.
구소련의 12.7mm x 107탄을 사용한다.
● 구경 : 12.7mm x 107
● 전장 : 1,570mm
● 중량 : 19,000g
● 장탄량 : 1발

■ 현대 각국의 스나이퍼 라이플

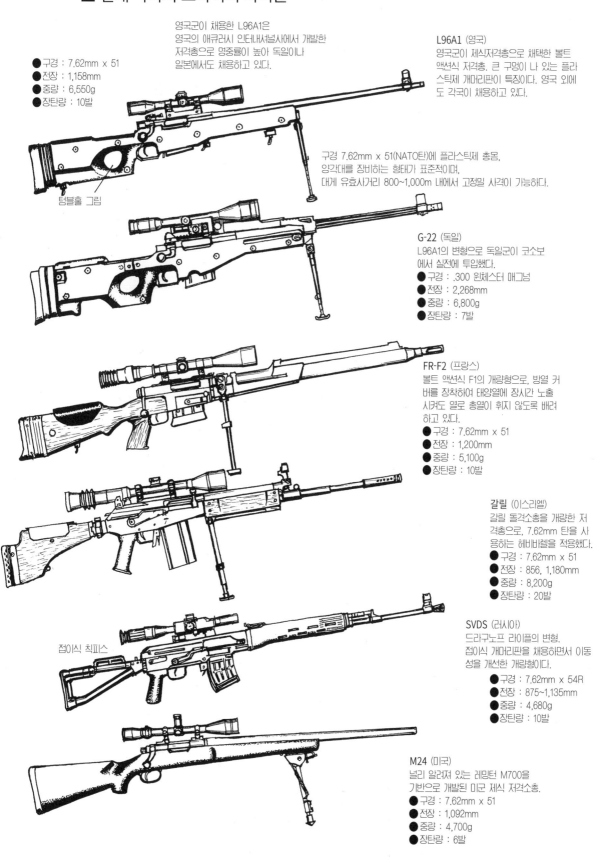

영국군이 채용한 L96A1은
영국의 애큐러시 인터내셔널사에서 개발한
저격총으로 명중률이 높아 독일이나
일본에서도 채용하고 있다.

●구경 : 7.62mm x 51
●전장 : 1,158mm
●중량 : 6,550g
●장탄량 : 10발

턴블홀 그립

L96A1 (영국)
영국군이 제식저격총으로 채택한 볼트
액션식 저격총. 큰 구멍이 나 있는 플라
스틱제 개머리판이 특징이다. 영국 외에
도 각국이 채용하고 있다.

구경 7.62mm x 51(NATO탄)에 플라스틱제 총몸,
양각대를 장비하는 형태가 표준적이며,
대게 유효사거리 800~1,000m 내에서 고정밀 사격이 가능하다.

G-22 (독일)
L96A1의 변형으로 독일군이 코소보
에서 실전에 투입했다.
●구경 : .300 윈체스터 매그넘
●전장 : 2,268mm
●중량 : 6,800g
●장탄량 : 7발

FR-F2 (프랑스)
볼트 액션식 F1의 개량형으로, 방열 커
버를 장착하여 태양열에 장시간 노출
시켜도 열로 총열이 휘지 않도록 배려
하고 있다.
●구경 : 7.62mm x 51
●전장 : 1,200mm
●중량 : 5,100g
●장탄량 : 10발

갈릴 (이스라엘)
갈릴 돌격소총을 개량한 저
격총으로, 7.62mm 탄을 사
용하는 헤비바렐을 적용했다.
●구경 : 7.62mm x 51
●전장 : 856, 1,180mm
●중량 : 8,200g
●장탄량 : 20발

접이식 칙피스

SVDS (러시아)
드라구노프 라이플의 변형.
접이식 개머리판을 채용하면서 이동
성을 개선한 개량형이다.
●구경 : 7.62mm x 54R
●전장 : 875~1,135mm
●중량 : 4,680g
●장탄량 : 10발

M24 (미국)
널리 알려져 있는 레밍턴 M700을
기반으로 개발된 미군 제식 저격소총.
●구경 : 7.62mm x 51
●전장 : 1,092mm
●중량 : 4,700g
●장탄량 : 6발

20 소련군 저격총과 여성 저격수

제2차 세계 대전기에는 각국이 모두 저격총을 개발했으나, 그 가운데 독일과 소련이 저격수의 전력화에 가장 적극적이었다. 특히 저격병 양성에 큰 노력을 기울인 소련군은 여군도 사격 실력이 우수하면 저격병으로 일선에 투입했다. 소련군 저격수 부대가 동부 전선에서 활약하는 영화 '애너미 앳 더 게이트'(2001년 작, 일본에서는 스탈린그라드라는 제목으로 개봉했다)는 실존 저격병과 저격전을 소재로 삼았다. 당시 소련군은 제정 러시아 시대에 등장한 모신 나강 M1891을 개량하여 1930년에 주력 소총으로 제식화시킨 M1891/30에 스코프 사이트를 장착해 저격용으로 부분개조한 저격총을 사용했다. 모신 나강은 구조적으로 낡았고 특별히 뛰어난 특징도 없었지만 신뢰성이 우수한데다 이 총을 사용하는 저격병들이 활약한 결과 세계적으로 유명한 저격총으로 등극했다.

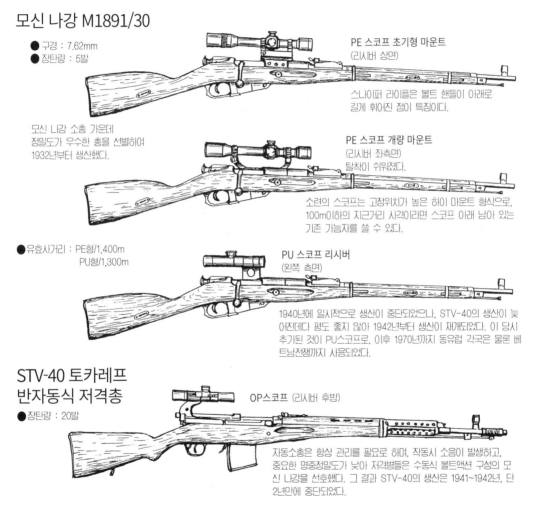

모신 나강 M1891/30

- 구경 : 7.62mm
- 장탄량 : 5발

PE 스코프 초기형 마운트
(리시버 상면)

스나이퍼 라이플은 볼트 핸들이 아래로 길게 휘어진 점이 특징이다.

모신 나강 소총 가운데 정밀도가 우수한 총을 선별하여 1932년부터 생산했다.

PE 스코프 개량 마운트
(리시버 좌측면)
탈착이 쉬워졌다.

소련의 스코프는 고정위치가 높은 하이 마운트 형식으로, 100m이하의 지근거리 사격이라면 스코프 아래 남아 있는 기존 가늠자를 쓸 수 있다.

- 유효사거리 : PE형/1,400m
  PU형/1,300m

PU 스코프 리시버
(왼쪽 측면)

1940년에 일시적으로 생산이 중단되었으나, STV-40의 생산이 늦어진데다 평도 좋지 않아 1942년부터 생산이 재개되었다. 이 당시 추가된 것이 PU스코프로, 이후 1970년까지 동유럽 각국은 물론 베트남전쟁까지 사용되었다.

STV-40 토카레프 반자동식 저격총

- 장탄량 : 20발

OP스코프 (리시버 후방)

자동소총은 항상 관리를 필요로 하며, 작동시 소음이 발생하고, 중요한 명중정밀도가 낮아 저격병들은 수동식 볼트액션 구성의 모신 나강을 선호했다. 그 결과 STV-40의 생산은 1941~1942년, 단 2년만에 중단되었다.

스코프 조준기

PE형 (4배)

PU형 (3.5배)

OP형 M1940
(3.5배)

탈착이 간단하다.

소련은 제2차 세계 대전 이전까지 독일의 칼 자이스 사에서 광학기기 제조 설비를 수입했으며, 이 설비를 이용해 스코프들을 제작했다.

저격병의 표준 복장

소련군에서서도 저격병은 여군이 빠른 시기부터 실전 부대에 배속된 병과다. 소련 당국은 이를 선전에 효과적으로 활용했다.

얼룩무늬 커버올
(아메바 패턴)

이 얼룩무늬 복장은 저격수 외에도 공수부대원이나 돌격공병들에게 지급되었다.

설상위장
방한 피복 위에 착용하는 백색의 설상 위장복

바렌키
펠트 부츠

여군의 통상 군복
(단추가 오른쪽에 달리는 루바슈카식 여성용 상외)

로자 샤니나 하사
총 54명을 사살하여 영예훈장을 받았다.

STV-40을 사용하는 여성 저격수

루나
로브코프스카야 중위
저격수 소대 지휘관

정장용
다크 블루 베레모.
스커트도 다크 블루다.

왼손잡이 명사수,
류보프 마카로바

스탈린그라드에서 활약한 타냐 체르노바는 80명을 사살한 후, 지뢰 폭발로 중상을 입었다. 저격병은 적에게 증오의 대상이어서, 독일과 소련 양군 모두 포로로 잡힌 저격병을 즉결처분했다.

시살 전과는 50명 이상.

21 대물저격총

'안티 마테리얼 라이플'(이하 대물저격총)은 최근 새로운 운용 사상과 요구에 따라 등장한 대구경 소총이지만 사실 그 원형은 상당히 오래전에 등장했다. 제1차 세계대전 당시 독일은 영국의 신무기인 탱크의 돌진을 저지하기 위해 대구경 단발 볼트 액션 소총, '판저부흐세(Panzer Buchser, 대전차소총)'를 개발하여 실전에 사용했다. 이 총은 전차 자체를 파괴하기보다는 장갑 관통 이후 차내 승무원 살상이 주목적이었다. 각국은 이를 본따 여러 가지 대전차 소총을 개발했지만, 제1차 세계대전 이후 전차가 대형화되고 장갑이 강화되어 대전차 소총으로는 도저히 감당할 수 없는 상대가 되자 대전차소총은 시대에 뒤떨어진 무기가 되고 말았다. 다만 당시에 등장한 대구경 화기가 현대 안티 마테리얼 라이플의 원형이라 할 수 있다.

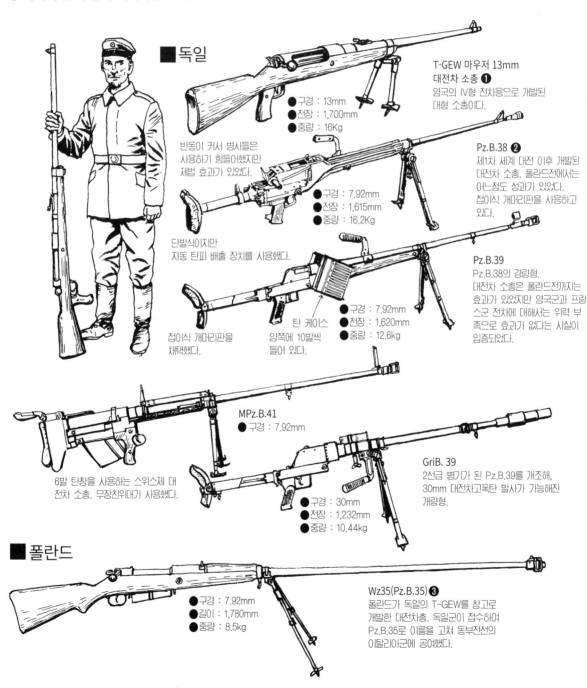

■ 독일

T-GEW 마우저 13mm
대전차 소총 ❶
영국의 IV형 전차용으로 개발된
대형 소총이다.

● 구경 : 13mm
● 전장 : 1,700mm
● 중량 : 16Kg

반동이 커서 병사들은
사용하기 힘들어졌지만
제법 효과가 있었다.

Pz.B.38 ❷
제1차 세계 대전 이후 개발된
대전차 소총. 폴란드전에서는
어느정도 성과가 있었다.
접이식 개머리판을 사용하고
있다.

● 구경 : 7.92mm
● 전장 : 1,615mm
● 중량 : 16.2Kg

단발식이지만
자동 탄피 배출 장치를 사용했다.

Pz.B.39
Pz.B.38의 경량형.
대전차 소총은 폴란드전까지는
효과가 있었지만 영국군과 프랑
스군 전차에 대해서는 위력 부
족으로 효과가 없다는 사실이
입증되었다.

● 구경 : 7.92mm
● 전장 : 1,620mm
● 중량 : 12.6kg

접이식 개머리판을
채택했다.

탄 케이스
양쪽에 10발씩
들어 있다.

MPz.B.41
● 구경 : 7.92mm

6발 탄창을 사용하는 스위스제 대
전차 소총. 무장친위대가 사용했다.

GriB. 39
2선급 병기가 된 Pz.B.39를 개조해,
30mm 대전차고폭탄 발사가 가능진
개량형.

● 구경 : 30mm
● 전장 : 1,232mm
● 중량 : 10.44kg

■ 폴란드

Wz35(Pz.B.35) ❸
폴란드가 독일의 T-GEW를 참고로
개발한 대전차총. 독일군이 접수하여
Pz.B.35로 이름을 고쳐 동부전선의
이탈리아군에 공여했다.

● 구경 : 7.92mm
● 길이 : 1,780mm
● 중량 : 8.5kg

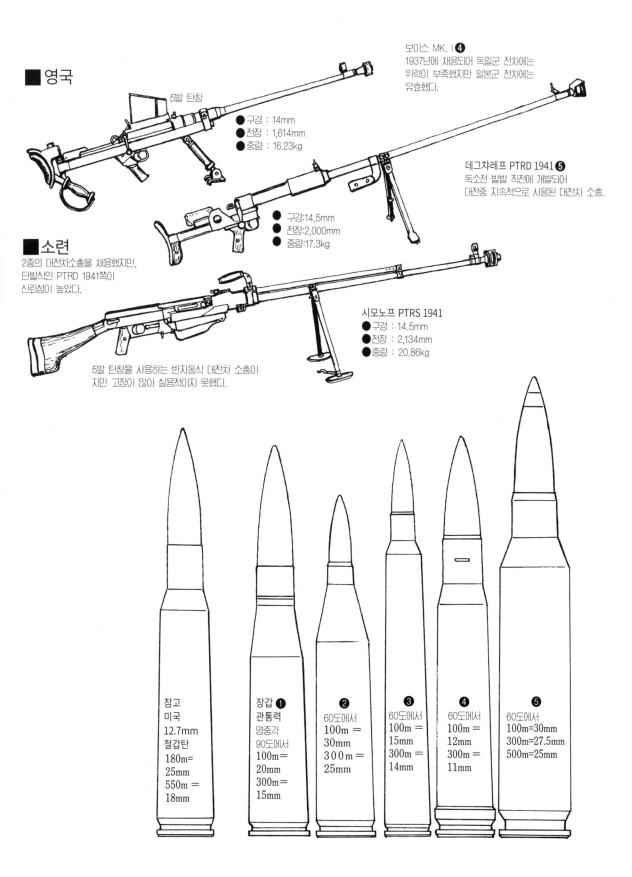

■ 영국

5발 탄창

● 구경 : 14mm
● 전장 : 1,614mm
● 중량 : 16.23kg

보이스 MK. I ❹
1937년에 채용되어 독일군 전차에는
위력이 부족했지만 일본군 전차에는
유효했다.

데그챠레프 PTRD 1941 ❺
독소전 발발 직전에 개발되어
대전중 지속적으로 사용된 대전차 소총.

● 구경:14.5mm
● 전장:2,000mm
● 중량:17.3kg

■ 소련

2종의 대전차소총을 채용했지만,
단발식인 PTRD 1941쪽이
신뢰성이 높았다.

시모노프 PTRS 1941
● 구경 : 14.5mm
● 전장 : 2,134mm
● 중량 : 20.86kg

5발 탄창을 사용하는 반자동식 대전차 소총이
지만 고장이 많아 실용적이지 못했다.

참고
미국
12.7mm
철갑탄
180m=
25mm
550m =
18mm

장갑 ❶
관통력
명중각
90도에서
100m=
20mm
300m=
15mm

❷
60도에서
100m=
30mm
300m=
25mm

❸
60도에서
100m=
15mm
300m=
14mm

❹
60도에서
100m =
12mm
300m=
11mm

❺
60도에서
100m=30mm
300m=27.5mm
500m=25mm

22 샷건의 메커니즘

샷건(산탄총)은 소총 못지않게 역사가 길지만 대인 무기로 사용되기보다는 수렵용으로 발달했으며, 자동화도 늦은 편이다. 대인무기로서 샷건의 활용은 서부 개척 시대 미국에서 역마차나 열차를 이용한 현금 수송의 호위, 혹은 치안 및 사법 기관에서 경비용으로 광범위하게 사용되면서 주목을 받았다. 제1차 세계 대전 당시 유럽의 전장에 참전한 미군이 참호전에 산탄총을 투입하면서 산탄총도 본격적으로 전장에 등장했다. 이는 9mm급 기관단총을 투입한 독일군과는 대조적인 선택이다. 하지만 군용 산탄총은 보병용 무기로 정착하는데 실패했고 제2차 세계대전까지도 그리 널리 사용되지 않았다. 산탄총이 보병 무기로 다시 빛을 본 곳은 베트남 전쟁으로, 당시 산탄총을 광범위하게 사용한 미군의 사례를 통해 산탄이 근접 전투에 유용하다는 사실이 인식되면서 군용, 경찰용으로 제조된 '컴뱃 샷건'이 등장하게 되었다.

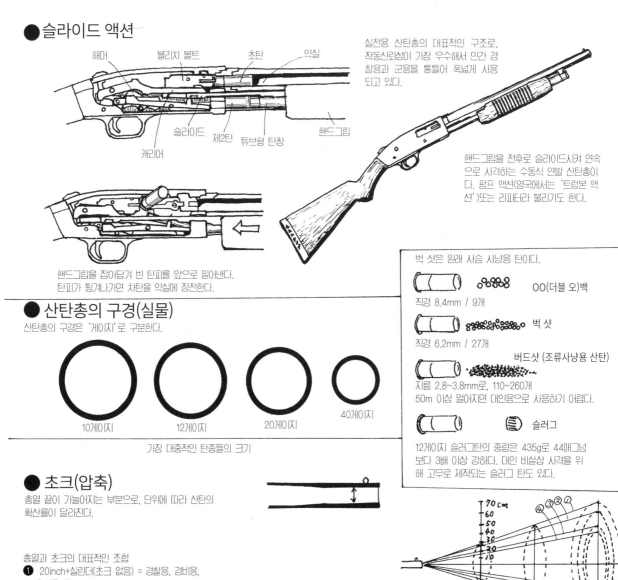

● 슬라이드 액션

해머　블리치 볼트　초탄　약실
슬라이드　제2탄　튜브형 탄창　핸드그립
캐리어

실전용 산탄총의 대표적인 구조로, 자동식뢰성이 가장 우수해서 민간 경찰용과 군용을 통틀어 폭넓게 사용되고 있다.

핸드그립을 전후로 슬라이드시켜 연속으로 사격하는 수동식 연발 산탄총이다. 펌프 액션(영국에서는 '트럼본 액션')또는 리피터라 불리기도 한다.

핸드그립을 잡아당겨 빈 탄피를 앞으로 밀어낸다. 탄피가 튕겨나가면 차탄을 약실에 장전한다.

● 산탄총의 구경(실물)

산탄총의 구경은 '게이지'로 구분한다.

10게이지　　12게이지　　20게이지　　40게이지

가장 대중적인 탄종들의 크기

● 초크(압축)

총열 끝이 가늘어지는 부분으로, 단위에 따라 산탄의 확산률이 달라진다.

총열과 초크의 대표적인 조합
❶ 20inch+실린더(초크 없음) = 경찰용, 경비용, 호신용 등
❷ 26inch+임프로브드 실린더(개선형) = 주로 조류 사격 등
❸ 26inch+모디파이드 초크(반 조임)=일반적인 실용 샷건
❹ 30inch+ 풀 초크(완전압축)=대형 조류 등

벅 샷은 원래 사슴 사냥용 탄이다.

OO(더블 오)백
직경 8.4mm / 9개

벅 샷
직경 6.2mm / 27개

버드샷 (조류사냥용 산탄)
지름 2.8~3.8mm로, 110~260개
50m 이상 멀어지면 대인용으로 사용하기 어렵다.

슬러그
12게이지 슬러그탄의 중량은 435g로 44매그넘보다 3배 이상 강하다. 대인 비살상 사격을 위해 고무로 제작되는 슬러그 탄도 있다.

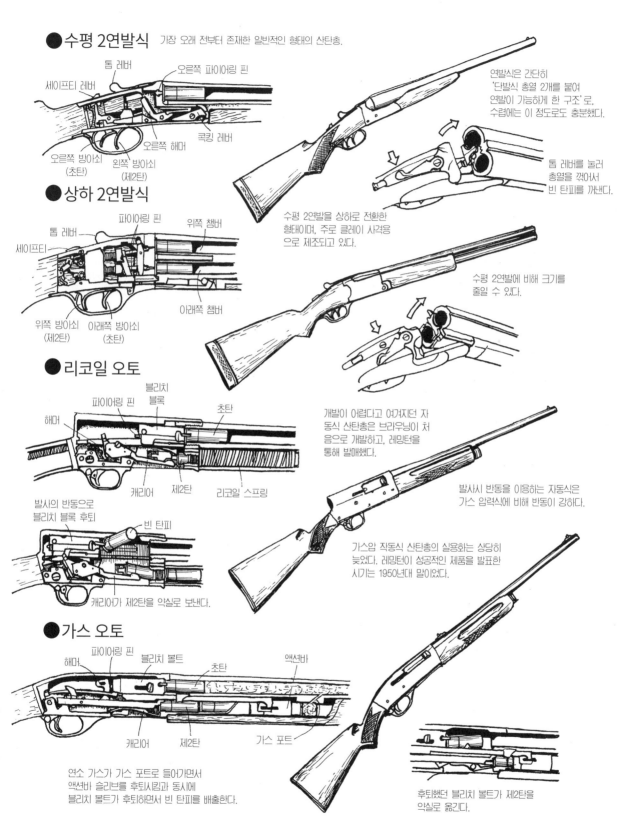

●수평 2연발식 가장 오래 전부터 존재한 일반적인 형태의 산탄총.

톱 레버
세이프티 레버
오른쪽 파이어링 핀
콕킹 레버
오른쪽 해머
오른쪽 방아쇠 (초탄)
왼쪽 방아쇠 (제2탄)

연발식은 간단히 '단발식 총열 2개를 붙여 연발이 가능하게 한 구조'로, 수렵에는 이 정도로도 충분했다.

톱 레버를 눌러 총열을 꺾어서 빈 탄피를 꺼낸다.

●상하 2연발식

톱 레버
세이프티
파이어링 핀
위쪽 챔버
아래쪽 챔버
위쪽 방아쇠 (제2탄)
아래쪽 방아쇠 (초탄)

수평 2연발을 상하로 전환한 형태이며, 주로 클레이 사격용으로 제조되고 있다.

수평 2연발에 비해 크기를 줄일 수 있다.

●리코일 오토

해머
파이어링 핀
블리치 블록
초탄
캐리어
제2탄
리코일 스프링

발사의 반동으로 블리치 블록 후퇴

빈 탄피

캐리어가 제2탄을 약실로 보낸다.

개발이 어렵다고 여겨지던 자동식 산탄총은 브라우닝이 처음으로 개발하고, 레밍턴을 통해 발매했다.

발사시 반동을 이용하는 자동식은 가스 입력식에 비해 반동이 강하다.

가스압 작동식 산탄총의 실용화는 상당히 늦었다. 레밍턴이 성공적인 제품을 발표한 시기는 1950년대 말이었다.

●가스 오토

해머
파이어링 핀
블리치 볼트
초탄
액션바
캐리어
제2탄
가스 포트

연소 가스가 가스 포트로 들어가면서 액션바 슬리브를 후퇴시킴과 동시에 블리치 볼트가 후퇴하면서 빈 탄피를 배출한다.

후퇴했던 블리치 볼트가 제2탄을 약실로 옮긴다.

최근의 컴뱃 샷건에는 펌프/가스로 전환하는 기능이 달린 경우가 많다.

23 현대의 전투용 샷건

기존의 컴뱃 샷건은 시판중인 샷건을 그대로, 또는 일부 개조해 사용했지만 최근에는 군용, 경찰용으로 개발된 샷건들도 등장하고 있다. 이런 군용 샷건은 자동 기구나 재장전이 용이한 박스형 탄창, 사거리를 늘리기 위한 다트탄이나 섀봇탄을 발사하는 등 특수한 성능을 갖춘 경우가 많다. 이런 산탄총은 군용은 물론 최근 대테러 작전용으로 경찰 특수 부대의 주요 무기로 널리 사용되고 있다.

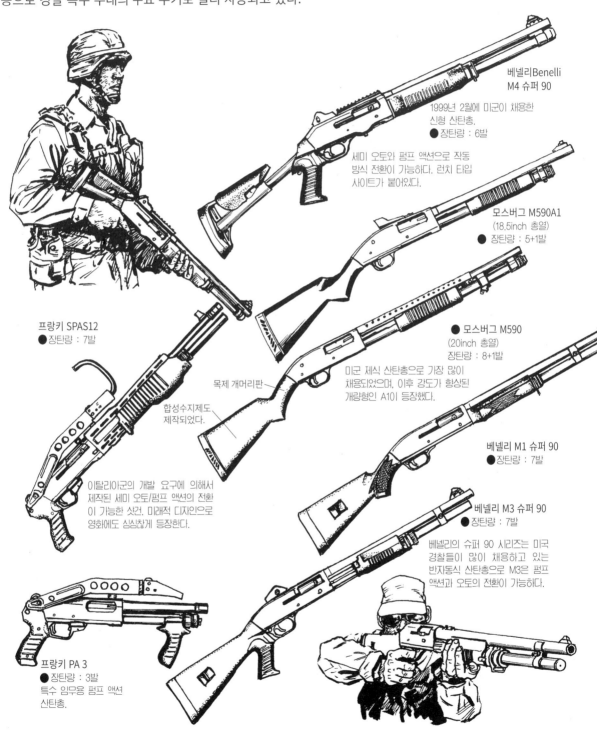

베넬리Benelli M4 슈퍼 90

1999년 2월에 미군이 채용한 신형 산탄총.
● 장탄량 : 6발

세미 오토와 펌프 액션으로 작동 방식 전환이 가능하다. 런치 타입 사이트가 붙어있다.

모스버그 M590A1
(18.5inch 총열)
● 장탄량 : 5+1발

● 모스버그 M590
(20inch 총열)
장탄량 : 8+1발

미군 제식 산탄총으로 가장 많이 채용되었으며, 이후 강도가 향상된 개량형인 A1이 등장했다.

프랑키 SPAS12
● 장탄량 : 7발

목제 개머리판

합성수지제도 제작되었다.

이탈리아군의 개발 요구에 의해서 제작된 세미 오토/펌프 액션의 전환이 가능한 샷건. 미래적 디자인으로 영화에도 심심찮게 등장한다.

베넬리 M1 슈퍼 90
● 장탄량 : 7발

베넬리 M3 슈퍼 90
● 장탄량 : 7발

베넬리의 슈퍼 90 시리즈는 미국 경찰들이 많이 채용하고 있는 반자동식 산탄총으로 M3은 펌프 액션과 오토의 전환이 가능하다.

프랑키 PA 3
● 장탄량 : 3발
특수 임무용 펌프 액션 산탄총.

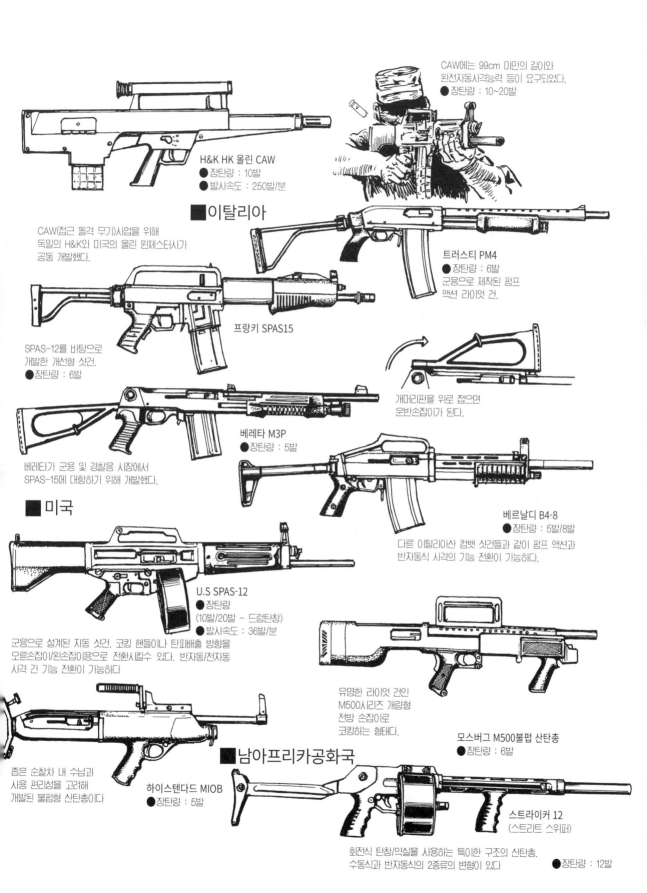

CAW에는 99cm 미만의 길이와
완전자동사격능력 등이 요구되었다.
● 장탄량 : 10~20발

H&K HK 올린 CAW
● 장탄량 : 10발
● 발사속도 : 250발/분

■ 이탈리아

CAW(접근 돌격 무기)사업을 위해
독일의 H&K와 미국의 올린 윈체스터사가
공동 개발했다.

트러스티 PM4
● 장탄량 : 6발
군용으로 제작된 펌프
액션 라이엇 건.

프랑키 SPAS15

SPAS-12를 바탕으로
개발한 개선형 샷건.
● 장탄량 : 6발

개머리판을 위로 접으면
운반손잡이가 된다.

베레타 M3P
● 장탄량 : 5발

베레타가 군용 및 경찰용 시장에서
SPAS-15에 대항하기 위해 개발했다.

■ 미국

베르날디 B4-8
● 장탄량 : 5발/8발
다른 이탈리아산 컴뱃 샷건들과 같이 펌프 액션과
반자동식 사격의 기능 전환이 가능하다.

U.S SPAS-12
● 장탄량
(10발/20발 - 드럼탄창)
● 발사속도 : 36발/분

군용으로 설계된 자동 샷건. 코킹 핸들이나 탄피배출 방향을
오른손잡이/왼손잡이용으로 전환시킬수 있다. 반자동/전자동
사격 간 기능 전환이 가능하다

유명한 라이엇 건인
M500시리즈 개량형
전방 손잡이로
코킹하는 형태다.

모스버그 M500불펍 산탄총
● 장탄량 : 6발

■ 남아프리카공화국

좁은 순찰차 내 수납과
사용 편리성을 고려해
개발된 불펍형 산탄총이다

하이스텐다드 MIOB
● 장탄량 : 5발

스트라이커 12
(스트리트 스위퍼)

회전식 탄창/약실을 사용하는 특이한 구조의 산탄총.
수동식과 반자동식의 2종류의 변형이 있다.
● 장탄량 : 12발

24 소형 서브머신건

기관단총(Submachine Gun)은 일반적으로 권총탄 혹은 이에 준하는 소형탄을 연속으로 자동 발사하는 소형 화기다. 제2차 세계 대전 동안 많은 나라의 군대가 SMG를 간편한 보병 무기로 사용했지만, 권총탄의 짧은 사거리와 낮은 위력으로 인해 그 용도는 제한적이었다. 더욱이 대전 말기에 등장한 돌격총(돌격 소총)이 전후 각국 군의 주력장비 지위를 점하면서 SMG는 사실상 일선 무기에서 제외되었다. 그러나 최근에 실내 전투와 근접 전투의 비율이 높은 대테러 작전에서 SMG가 다시 주목받기 시작했으며, 사거리가 길고 관통 능력이 뛰어나며, 도탄의 위험이 적은 신형탄을 사용하는 차세대 SMG, PDW도 등장했다.

■PDW(Personal Defence Weapon : 개인방어무기)

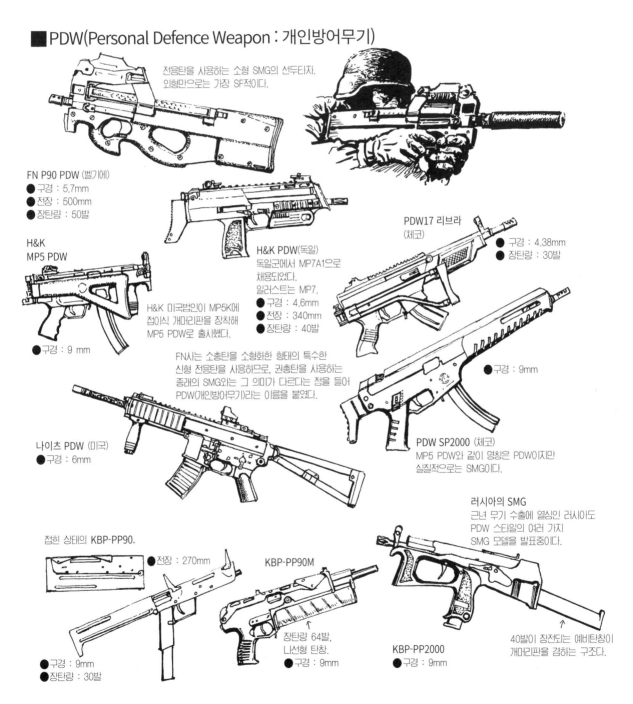

전용탄을 사용하는 소형 SMG의 선두타자.
외형만으로는 가장 SF적이다.

FN P90 PDW (벨기에)
● 구경 : 5.7mm
● 전장 : 500mm
● 장탄량 : 50발

**H&K
MP5 PDW**

H&K 미국법인이 MP5K에
접이식 개머리판을 장착해
MP5 PDW로 출시했다.

● 구경 : 9 mm

H&K PDW(독일)
독일군에서 MP7A1으로
채용되었다.
일러스트는 MP7.
● 구경 : 4.6mm
● 전장 : 340mm
● 장탄량 : 40발

FN사는 소총탄을 소형화한 형태의 특수한
신형 전용탄을 사용하므로, 권총탄을 사용하는
종래의 SMG와는 그 의미가 다르다는 점을 들어
PDW(개인방어무기)라는 이름을 붙였다.

PDW17 리브라
(체코)
● 구경 : 4.38mm
● 장탄량 : 30발

● 구경 : 9mm

PDW SP2000 (체코)
MP5 PDW와 같이 명칭은 PDW이지만
실질적으로는 SMG이다.

나이츠 PDW (미국)
● 구경 : 6mm

러시아의 SMG
근년 무기 수출에 열심인 러시아도
PDW 스타일의 여러 가지
SMG 모델을 발표중이다.

접힌 상태의 KBP-PP90.

● 전장 : 270mm

KBP-PP90M

장탄량 64발,
나선형 탄창.

KBP-PP2000
● 구경 : 9mm

● 구경 : 9mm
● 장탄량 : 30발

● 구경 : 9mm

40발이 장전되는 예비탄창이
개머리판을 겸하는 구조다.

■ 소형 SMG(권총형)

개머리판을 접었을 때 전장이 400mm 이하인,
소형으로 구분되는 SMG를 모아보았다.

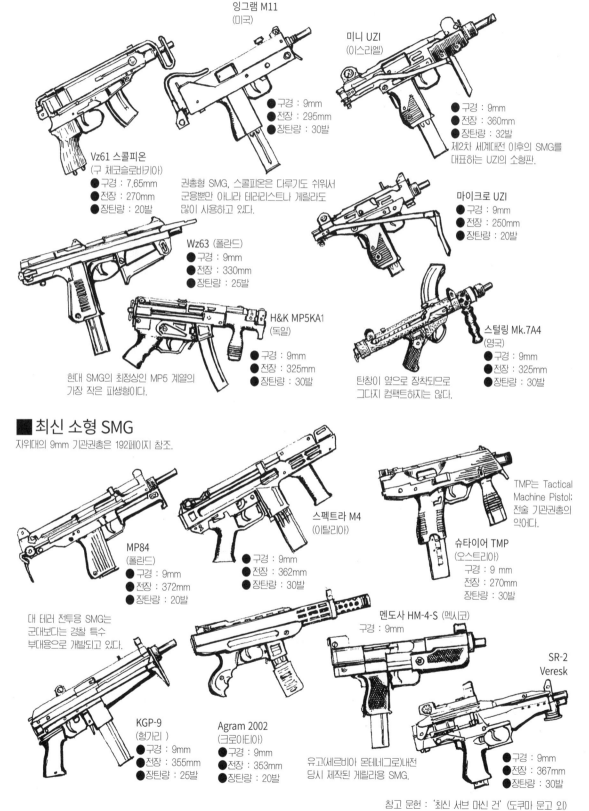

잉그램 M11
(미국)
● 구경 : 9mm
● 전장 : 295mm
● 장탄량 : 30발

미니 UZI
(이스라엘)
● 구경 : 9mm
● 전장 : 360mm
● 장탄량 : 32발
제2차 세계대전 이후의 SMG를
대표하는 UZI의 소형판.

Vz61 스콜피온
(구 체코슬로바키아)
● 구경 : 7.65mm
● 전장 : 270mm
● 장탄량 : 20발

권총형 SMG, 스콜피온은 다루기도 쉬워서
군용뿐만 아니라 테러리스트나 게릴라도
많이 사용하고 있다.

마이크로 UZI
● 구경 : 9mm
● 전장 : 250mm
● 장탄량 : 20발

Wz63 (폴란드)
● 구경 : 9mm
● 전장 : 330mm
● 장탄량 : 25발

H&K MP5KA1
(독일)
● 구경 : 9mm
● 전장 : 325mm
● 장탄량 : 30발

현대 SMG의 최정상인 MP5 계열의
가장 작은 파생형이다.

스털링 Mk.7A4
(영국)
● 구경 : 9mm
● 전장 : 325mm
● 장탄량 : 30발

탄창이 옆으로 장착되므로
그다지 컴팩트하지는 않다.

■ 최신 소형 SMG

자위대의 9mm 기관권총은 192페이지 참조.

MP84
(폴란드)
● 구경 : 9mm
● 전장 : 372mm
● 장탄량 : 20발

스펙트라 M4
(이탈리아)
● 구경 : 9mm
● 전장 : 362mm
● 장탄량 : 30발

TMP는 Tactical
Machine Pistol;
전술 기관권총의
약어이다.

슈타이어 TMP
(오스트리아)
구경 : 9 mm
전장 : 270mm
장탄량 : 30발

대 테러 전투용 SMG는
군대보다는 경찰 특수
부대용으로 개발되고 있다.

멘도사 HM-4-S (멕시코)
구경 : 9mm

SR-2
Veresk

KGP-9
(헝가리)
● 구경 : 9mm
● 전장 : 355mm
● 장탄량 : 25발

Agram 2002
(크로아티아)
● 구경 : 9mm
● 전장 : 353mm
● 장탄량 : 20발

유고(세르비아 몬테네그로)내전
당시 제작된 게릴라용 SMG.

● 구경 : 9mm
● 전장 : 367mm
● 장탄량 : 30발

참고 문헌 : '최신 서브 머신 건' (도쿠마 문고 외)

25 불펍 방식의 돌격소총

'불펍(Bull-Pup)'방식은 약실 등의 기관부가 총몸 후방에, 방아쇠(트리거 메커니즘)가 탄창 앞에 배치된 형식의 총으로, 신세대 돌격 소총들 가운데 이런 구조를 채용하는 사례가 늘고 있다. 긴 총열(배럴)을 사용하면서도 총의 길이를 짧게 할 수 있으며, 전반적으로 균형이 잘 맞고 사용 용이성을 추구하는 것이 특징이다. 반면 조준선이 짧으므로 실용화된 총기들은 대부분 저배율 광학 스코프를 표준 장비하고 있다. 불펍 방식은 미래적인 인상을 주지만 아이디어 자체는 과거부터 존재했으며, 1960년대에 이미 군용 소총으로 등장했다. 그러나 제식화는 다소 늦어서, 1970년대 후반에 오스트리아군이 슈타이어 AUG (Army Univasal Gun:육군 다목적 소총)을, 프랑스군이 FAMAS F1을 채용하면서 본격화되었다. 현재는 각국 업체로부터 불펍 타입이 발표되고 서브머신건이나 경기관총(분대 지원 화기)에도 불펍 구성이 반영되는 단계에 이르렀다.

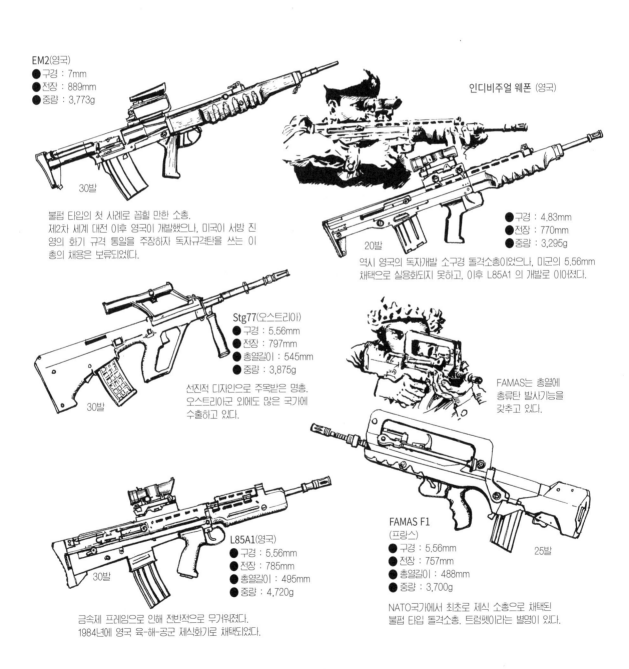

EM2(영국)
- 구경 : 7mm
- 전장 : 889mm
- 중량 : 3,773g

30발

불펍 타입의 첫 사례로 꼽힐 만한 소총.
제2차 세계 대전 이후 영국이 개발했으나, 미국이 서방 진영의 화기 규격 통일을 주장하자 독자규격탄을 쓰는 이 총의 채용은 보류되었다.

인디비주얼 웨폰 (영국)
- 구경 : 4.83mm
- 전장 : 770mm
- 중량 : 3,295g

20발

역시 영국의 독자개발 소구경 돌격소총이었으나, 미군의 5.56mm 채택으로 실용화되지 못하고, 이후 L85A1 의 개발로 이어졌다.

Stg77(오스트리아)
- 구경 : 5.56mm
- 전장 : 797mm
- 총열길이 : 545mm
- 중량 : 3,875g

30발

선진적 디자인으로 주목받은 명총.
오스트리아군 외에도 많은 국가에 수출하고 있다.

FAMAS는 총열에 총류탄 발사기능을 갖추고 있다.

L85A1(영국)
- 구경 : 5.56mm
- 전장 : 785mm
- 총열길이 : 495mm
- 중량 : 4,720g

30발

금속제 프레임으로 인해 전반적으로 무거워졌다.
1984년에 영국 육-해-공군 제식화기로 채택되었다.

FAMAS F1
(프랑스)
- 구경 : 5.56mm
- 전장 : 757mm
- 총열길이 : 488mm
- 중량 : 3,700g

25발

NATO국가에서 최초로 제식 소총으로 채택된 불펍 타입 돌격소총. 트럼펫이라는 별명이 있다.

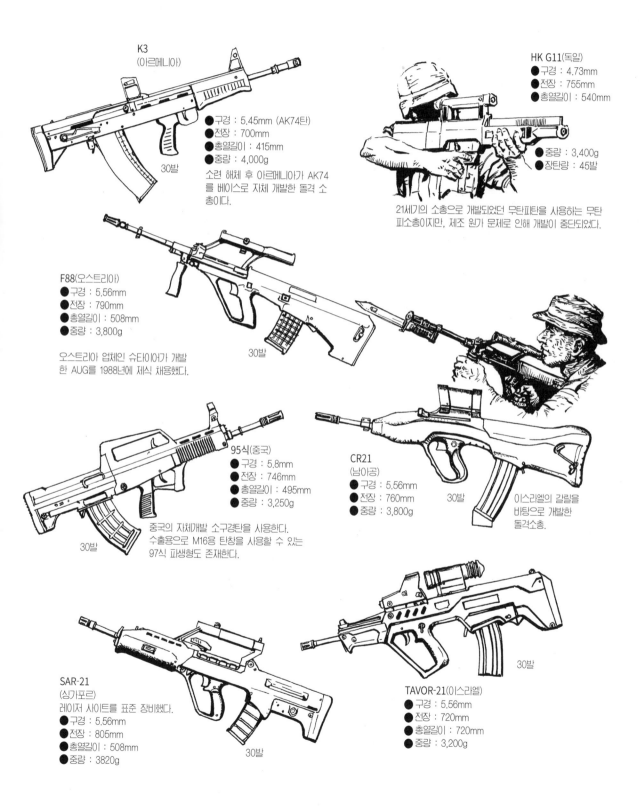

K3
(아르메니아)
● 구경 : 5.45mm (AK74탄)
● 전장 : 700mm
● 총열길이 : 415mm
● 중량 : 4,000g
소련 해체 후 아르메니아가 AK74
를 베이스로 자체 개발한 돌격 소
총이다.

30발

HK G11(독일)
● 구경 : 4.73mm
● 전장 : 755mm
● 총열길이 : 540mm

● 중량 : 3,400g
● 장탄량 : 45발

21세기의 소총으로 개발되었던 무탄피탄을 사용하는 무탄
피소총이지만, 제조 원가 문제로 인해 개발이 중단되었다.

F88(오스트리아)
● 구경 : 5.56mm
● 전장 : 790mm
● 총열길이 : 508mm
● 중량 : 3,800g

오스트리아 업체인 슈타이어가 개발
한 AUG를 1988년에 제식 채용했다.

30발

95식(중국)
● 구경 : 5,8mm
● 전장 : 746mm
● 총열길이 : 495mm
● 중량 : 3,250g

중국의 자체개발 소구경탄을 사용한다.
수출용으로 M16용 탄창을 사용할 수 있는
97식 파생형도 존재한다.

30발

CR21
(남아공)
● 구경 : 5.56mm
● 전장 : 760mm
● 중량 : 3,800g

30발

이스리엘의 갈릴을
바탕으로 개발한
돌격소총.

SAR-21
(싱가포르)
레이저 사이트를 표준 장비했다.
● 구경 : 5.56mm
● 전장 : 805mm
● 총열길이 : 508mm
● 중량 : 3820g

30발

TAVOR-21(이스리엘)
● 구경 : 5.56mm
● 전장 : 720mm
● 총열길이 : 720mm
● 중량 : 3,200g

30발

26 칼라시니코프 소총

AK47돌격 소총은 구 소련의 미하일 티모페예비치 칼라시니코프가 설계한 총으로, 1947년에 구 소련군의 제식 소총으로 선정되었다. 설계자의 이름을 따 '칼라시니코프 소총'이라 불리는 이 소총은 세계에서 가장 유명한 소총으로 꼽힌다. 견고한 구조와 높은 생산성을 지닌 뛰어난 기본 설계로 개량형과 발전형도 다수 제작되었다. 다수의 구 사회주의 국가에서 라이센스 생산되어 개량형인 AKM과 함께 구 동구권 및 제3세계에 대량으로 공급되었으며, 지금도 널리 사용중이다.

AK 시리즈

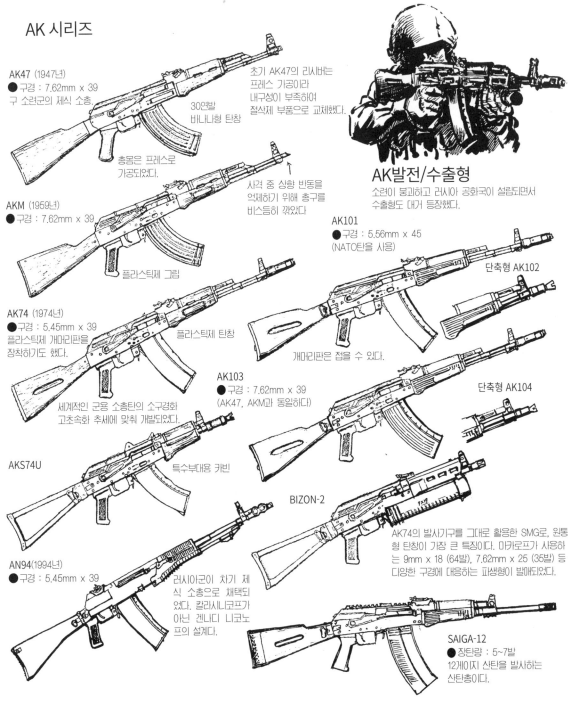

AK47 (1947년)
● 구경 : 7.62mm × 39
구 소련군의 제식 소총.

30연발
바나나형 탄창

초기 AK47의 리시버는 프레스 가공이라 내구성이 부족하여 절삭제 부품으로 교체했다.

총몸은 프레스로 가공되었다.

AKM (1959년)
● 구경 : 7.62mm × 39

사격 중 상향 반동을 억제하기 위해 총구를 비스듬이 깎았다.

플라스틱제 그립

AK74 (1974년)
● 구경 : 5.45mm × 39
플라스틱제 개머리판을 장착하기도 했다.

플라스틱제 탄창

세계적인 군용 소총탄의 소구경화 고초속화 추세에 맞춰 개발되었다.

AKS74U

특수부대용 카빈

AN94(1994년)
● 구경 : 5.45mm × 39
러시아군이 차기 제식 소총으로 채택되었다. 칼라시니코프가 아닌 겐나디 니코노프의 설계다.

AK발전/수출형
소련이 붕괴하고 러시아 공화국이 설립되면서 수출형도 대거 등장했다.

AK101
● 구경 : 5.56mm × 45
(NATO탄을 사용)

단축형 AK102

개머리판은 접을 수 있다.

AK103
● 구경 : 7.62mm × 39
(AK47, AKM과 동일하다)

단축형 AK104

BIZON-2

AK74의 발사기구를 그대로 활용한 SMG로, 원통형 탄창이 가장 큰 특징이다. 마카로프가 사용하는 9mm × 18 (64발), 7.62mm × 25 (35발) 등 다양한 구경에 대응하는 파생형이 발매되었다.

SAIGA-12
● 장탄량 : 5~7발
12게이지 산탄을 발사하는 산탄총이다.

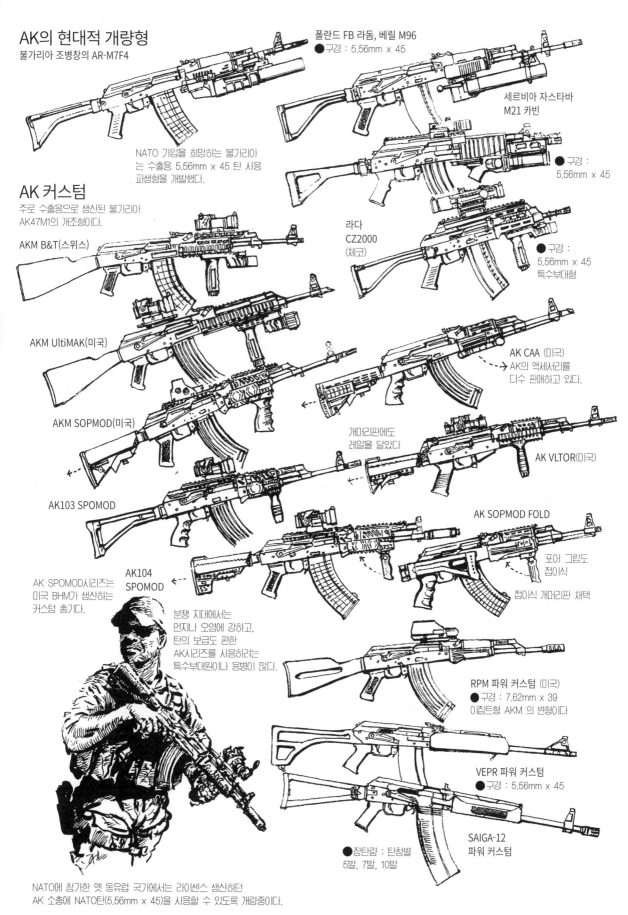

AK의 현대적 개량형
불가리아 조병창의 AR-M7F4

폴란드 FB 라돔, 베릴 M96
●구경 : 5.56mm x 45

세르비아 자스타바
M21 카빈

NATO 가입을 희망하는 불가리아
는 수출용 5.56mm x 45 탄 사용
파생형을 개발했다.

●구경 :
5.56mm x 45

AK 커스텀

주로 수출용으로 생산된 불가리아
AK47M1의 개조형이다.

AKM B&T(스위스)

라다
CZ2000
(체코)

●구경 :
5.56mm x 45
특수부대형

AKM UltiMAK(미국)

AK CAA (미국)
→ AK의 액세서리를
다수 판매하고 있다.

AKM SOPMOD(미국)

개머리판에도
레일을 달았다

AK VLTOR(미국)

AK103 SPOMOD

AK SOPMOD FOLD

포어 그립도
접이식

접이식 개머리판 채택

AK104
SPOMOD

AK SPOMOD시리즈는
미국 BHM가 생산하는
커스텀 총기다.

분쟁 지대에서는
먼지나 오염에 강하고,
탄의 보급도 편한
AK시리즈를 사용하려는
특수부대원이나 용병이 많다.

RPM 파워 커스텀 (미국)
●구경 : 7.62mm x 39
이집트형 AKM 의 변형이다

VEPR 파워 커스텀
●구경 : 5.56mm x 45

SAIGA-12
파워 커스텀

●장탄량 : 탄창별
5발, 7발, 10발

NATO에 참가한 옛 동유럽 국가에서는 라이센스 생산하던
AK 소총에 NATO탄(5.56mm x 45)을 사용할 수 있도록 개량중이다.

「←------」는 접이 방향의 표시다

27 M203 유탄발사기

미군은 베트남 전쟁 중 정글에 숨어서 저격하는 남베트남 민족해방전선(베트콩)의 게릴라들에 반격하기 위한 무기로 그레네이드 런처(유탄발사기)에 주목했다. 특히 M203 40mm유탄발사기는 이미 과다한 양의 무장을 장비하던 보병들에게 큰 부담 없이 유탄발사능력을 부여해 화력을 증가시킬 목적으로 개발되었다. M16 소총에 간단히 장착되는 일체형 유탄발사기인 M203은 지금도 소총병 분대의 유력한 지원화기로 사용중이다.

■M203의 구조

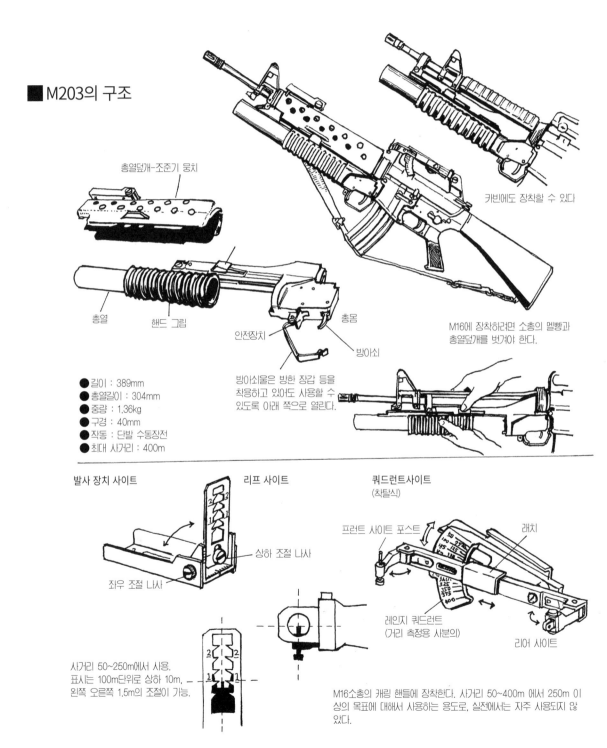

총열덮개-조준기 뭉치

카빈에도 장착할 수 있다

총열
핸드 그립
안전장치
총몸
방아쇠

M16에 장착하려면 소총의 멜빵과 총열덮개를 벗겨야 한다.

방아쇠울은 방한 장갑 등을 착용하고 있어도 사용할 수 있도록 아래 쪽으로 열린다.

- ●길이 : 389mm
- ●총열길이 : 304mm
- ●중량 : 1.36kg
- ●구경 : 40mm
- ●작동 : 단발 수동장전
- ●최대 사거리 : 400m

발사 장치 사이트

상하 조절 나사
좌우 조절 나사

리프 사이트

사거리 50~250m에서 사용.
표시는 100m단위로 상하 10m,
왼쪽 오른쪽 1.5m의 조절이 가능.

쿼드런트사이트
(착탈식)

프런트 사이트 포스트
래치

레인지 쿼드런트
(거리 측정용 사분의)

리어 사이트

M16소총의 캐링 핸들에 장착한다. 사거리 50~400m 에서 250m 이상의 목표에 대해서 사용하는 용도로, 실전에서는 자주 사용되지 않았다.

40mm 유탄 (탄종마다 탄두의 색으로 분류된다)

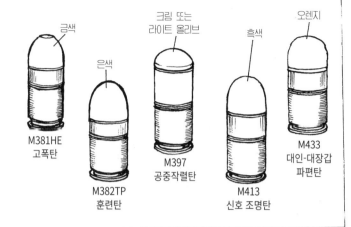

금색
M381HE
고폭탄

은색
M382TP
훈련탄

크림 또는
라이트 올리브
M397
공중작렬탄

흑색
M413
신호 조명탄

오렌지
M433
대인-대장갑
파편탄

M203의 부속품

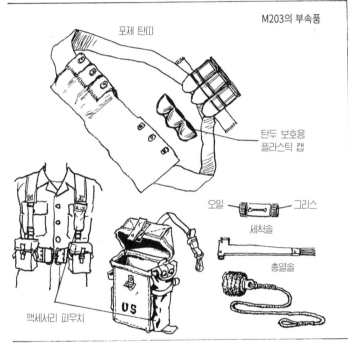

포제 탄띠

탄두 보호용
플라스틱 캡

오일   그리스
세척솔
총열솔

액세서리 파우치

US

사격 자세

기본적으로는 소총과 같지만,
사격시에는 협차하지 않는다.

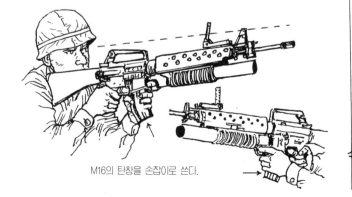

M16의 탄창을 손잡이로 쓴다.

조작 방법

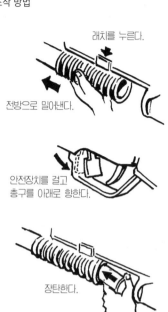

래치를 누른다.

전방으로 밀어낸다.

안전장치를 걸고
총구를 아래로 향한다.

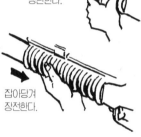

장탄한다.

잡아당겨
장전한다.

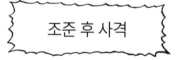

안전장치를
푼다.

조준 후 사격

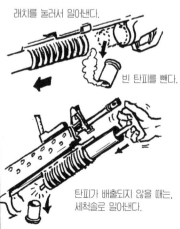

래치를 눌러서 밀어낸다.

빈 탄피를 뺀다.

탄피가 배출되지 않을 때는,
세척솔로 밀어낸다.

28 다양한 유탄발사기

그레네이드 런처(유탄 발사기)는 폭발하면서 파편을 비산시키는 그레네이드(유탄)를 발사하는 화기다. 화약의 힘으로 탄을 투사하는 무기의 역사는 중세까지 거슬러 올라가지만, 근대적인 유탄 발사기는 제1차 세계대전 당시 참호전용으로 개발되어 그 유효성이 인식되기 시작했으며, 이후 베트남 전쟁에서 미군의 주목을 받은 이래, 현재는 각국 군에서 보병 화기의 유력한 구성요소로 활용되고 있다.

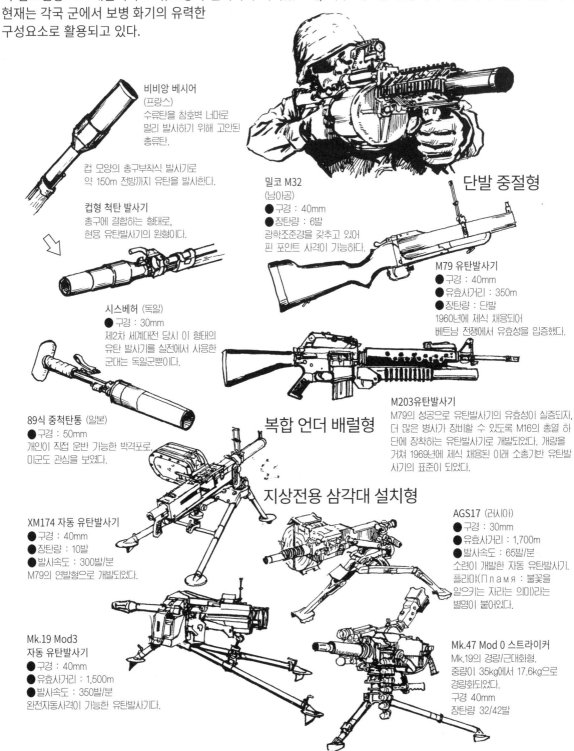

비비앙 베시어 (프랑스)
수류탄을 참호벽 너머로 멀리 발사하기 위해 고안된 총류탄.

컵 모양의 총구부착식 발사기로 약 150m 전방까지 유탄을 발사한다.

컵형 척탄 발사기
총구에 결합하는 형태로, 현용 유탄발사기의 원형이다.

시스베허 (독일)
● 구경 : 30mm
제2차 세계대전 당시 이 형태의 유탄 발사기를 실전에서 사용한 군대는 독일군뿐이다.

89식 중척탄통 (일본)
● 구경 : 50mm
개인이 직접 운반 가능한 박격포로, 미군도 관심을 보였다.

밀코 M32 (남아공)
● 구경 : 40mm
● 장탄량 : 6발
광학조준경을 갖추고 있어 핀 포인트 사격이 가능하다.

단발 중절형

M79 유탄발사기
● 구경 : 40mm
● 유효사거리 : 350m
● 장탄량 : 단발
1960년에 제식 채용되어 베트남 전쟁에서 유효성을 입증했다.

복합 언더 배럴형

M203유탄발사기
M79의 성공으로 유탄발사기의 유효성이 실증되자, 더 많은 병사가 장비할 수 있도록 M16의 총열 하단에 장착하는 유탄발사기로 개발되었다. 개량을 거쳐 1969년에 제식 채용된 이래 소총기반 유탄발사기의 표준이 되었다.

지상전용 삼각대 설치형

XM174 자동 유탄발사기
● 구경 : 40mm
● 장탄량 : 10발
● 발사속도 : 300발/분
M79의 연발형으로 개발되었다.

AGS17 (러시아)
● 구경 : 30mm
● 유효사거리 : 1,700m
● 발사속도 : 65발/분
소련이 개발한 자동 유탄발사기.
플라먀(Пламя : 불꽃을 일으키는 자라는 의미)라는 별명이 붙어있다.

Mk.19 Mod3 자동 유탄발사기
● 구경 : 40mm
● 유효사거리 : 1,500m
● 발사속도 : 350발/분
완전자동사격이 가능한 유탄발사기다.

Mk.47 Mod 0 스트라이커
Mk.19의 경량/근대화형.
중량이 35kg에서 17.6kg으로 경량화되었다.
구경 40mm
장탄량 32/42발

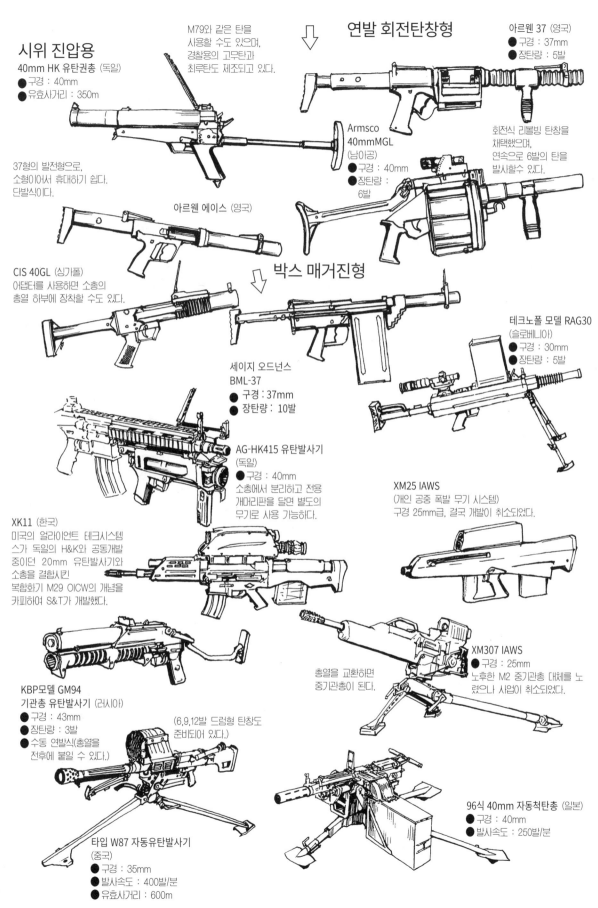

시위 진압용

40mm HK 유탄권총 (독일)
● 구경 : 40mm
● 유효사거리 : 350m

M79와 같은 탄을 사용할 수도 있으며, 경찰용의 고무탄과 최루탄도 제조되고 있다.

연발 회전탄창형 ⇩

아르웬 37 (영국)
● 구경 : 37mm
● 장탄량 : 5발

37형의 발전형으로, 소형이어서 휴대하기 쉽다. 단발식이다.

아르웬 에이스 (영국)

Armsco 40mmMGL (남아공)
● 구경 : 40mm
● 장탄량 : 6발

회전식 리볼빙 탄창을 채택했으며, 연속으로 6발의 탄을 발사할수 있다.

박스 매거진형 ⇩

CIS 40GL (싱가폴)
어댑터를 사용하면 소총의 총열 하부에 장착할 수도 있다.

세이지 오드넌스 BML-37
● 구경 : 37mm
● 장탄량 : 10발

AG-HK415 유탄발사기 (독일)
● 구경 : 40mm
소총에서 분리하고 전용 개머리판을 달면 별도의 무기로 사용 가능하다.

테크노폴 모델 RAG30 (슬로베니아)
● 구경 : 30mm
● 장탄량 : 5발

XM25 IAWS
(개인 공중 폭발 무기 시스템)
구경 25mm급, 결국 개발이 취소되었다.

XK11 (한국)
미국의 얼라이언트 테크시스템스가 독일의 H&K와 공동개발 중이던 20mm 유탄발사기와 소총을 결합시킨 복합화기 M29 OICW의 개념을 카피하여 S&T가 개발했다.

총열을 교환하면 중기관총이 된다.

XM307 IAWS
● 구경 : 25mm
노후한 M2 중기관총 대체를 노렸으나 사업이 취소되었다.

KBP모델 GM94 기관총 유탄발사기 (러시아)
● 구경 : 43mm
● 장탄량 : 3발
● 수동 연발식(총열을 전후에 붙일 수 있다.)

(6,9,12발 드럼형 탄창도 준비되어 있다.)

96식 40mm 자동척탄총 (일본)
● 구경 : 40mm
● 발사속도 : 250발/분

타입 W87 자동유탄발사기 (중국)
● 구경 : 35mm
● 발사속도 : 400발/분
● 유효사거리 : 600m

29 혁신적인 개틀링건

탄의 가스압력 등을 활용하는 자동 연발 기구가 기관총으로 실용화되기 이전인 1850년대에 고속 연사를 실현한 혁명적인 총기가 태어났다. 복수의 총열을 묶어 이를 회전시키고 연속해서 총알을 발사하는 기구를 장착한 '수동식 기관총'이다. 발명자의 이름을 딴 '개틀링 건'은 미국의 남북 전쟁부터 실전에 등장했고, 위력과 효과가 세상에 알려지면서 유럽 각국에도 판매되었다. 그러나 1900년대에 들어서면서 맥심 등 자동 기관총이 등장하자 일선에서 밀려났으니, 그리 오래 사용되지는 않은 셈이다.

모델 1862
최초의 개틀링 건. 아직 메탈 카트리지가 없기 때문에 가스 누출 등의 고장이 많았다.

기능쇠

탄약 카트리지. 안에 화약과 탄이 들어 있다.

급탄구

발사용 크랭크 핸들

기능구멍

1회 회전으로 모든 총열의 총탄이 발사된다.

고저용 핸들

빈 탄피 배출구

좌우용 핸들

메탈 카트리지 사용으로 초기의 문제를 해소했다.

모델 1865
이 모델은 최초 개량 후 1866년 8월 미군에 제식 채용되었다. 50구경 및 1인치 파생형이 각 50문씩 납품되었고 러시아와 터키, 프랑스 등에도 판매했다.

시선으로 박스형 탄창을 끼운다. 이 탄창은 스프링 없이 총탄의 무게를 활용해 장전된다. 매분 20발의 발사가 가능하다.

여기서 발사

400발에 드럼 탄창

모델 1871
노리쇠, 기관부를 개량하여 분해/조립이 용이해졌다.

모델 1874
미 육군의 제식 소총이 사용하는 45-70탄을 사용하도록 재설계된 모델. 최초의 소총탄을 발사하는 개틀링 건이었다.

드럼 탄창은 다수의 박스형 탄창을 원판 위에 배치한 형태로, 한 탄창의 사격이 끝나면 드럼을 돌려 다음 박스를 급탄구에 위치시킨 후 발사한다

키멜 건은 포차가 아닌 삼각대 위에서 사격하는 형식이다.

함재 화기로 채택된 개틀링 건, 소형 함정의 요격에 유효하다.

총열길이에 따라 18인치와 32인치 2종의 파생형이 생산되었다.

18인치 총열단축 경량형 M1874는 낙타의 등에도 싣고 사용할 수 있어서 '키멜 건'으로 불렸다.

모델 1877
불독이라는 별명으로 불렸다.

황동제 총열 커버

오른쪽에 붙어 있던 발사용 크랭크가 후방으로 옮겨가면서 회전수가 상승, 발사속도가 기존의 약 2배, 매분 1,000발이 되었다.

그동안 노출됐던 총열에 커버를 붙인 모델. 가열된 총열에 닿아 조작원이 화상을 입거나 포차가 전복될 때 총열이 손상당하는 경우가 줄어들었다.

양측의 캐비넷은 탄약상자.

탄창
2열 대형 클립식으로 간단한 구조면서도 발사 중 급탄이 가능하다.

우열-좌열-우열의 순서로 탄창을 꽂으면 사격을 중단하지 않고 급탄할 수 있다.

발명자 리처드 J. 개틀링

모델 1867
콜트사와 계약 하에 제작한 모델로 이 시기의 개틀링은 미 육군의 시험에도 합격하면서 각국에서 주목받고 있었다.

모델 1833에 모터를 설치해 발칸포의 가능성을 테스트했다.

한층 진화한 발칸포의 등장

제2차 세계 대전 이후 항공기의 발달로 종래의 50구경 기관총으로는 고속 항공기를 요격하기 힘들어지면서 보다 발사속도가 빠른 화기가 필요해지자 개틀링 기관총이 다시 주목받게 되었다.

시험에서 개틀링 건은 50발의 탄을 5,800발/분이라는 초고속으로 발사했다.

M61발칸포
1956년에 제식 채용된 구경 20mm, 6총열, 발사속도 매분 6,000발을 자랑하는 항공기 탑재 화기다.

M134미니 건
베트남 전쟁에서 지상 공격용으로 만들어진 미니 발칸포. 7.62mm 소총탄을 발사한다는 점은 개틀링 건의 격세유전이라 할 만 하다.

30 지금도 현역, 브렌 경기관총

제2차 세계 대전 직전인 1938년에 제식 채용된 브렌 경기관총은 대전 중 영국군의 주력 LMG(경기관총)로 활약했다. 대전중에 부분적으로 수리 개량되어 복수의 모델이 등장했다. 전후인 1950년대 중반부터는 7.62mm x 51구경 NATO탄을 사용할 수 있도록 개수된 파생형이 분대 지원용 화기로 채용되었으며, 제2차 세계대전기의 낮은 설계임에도 지금까지 현역으로 사용되고 있는 몇 안 되는 경기관총 가운데 하나다. 현재는 영국 육군 특수부대가 모델 L4A4를, 영국 해군도 L4A5를 사용하고 있다.

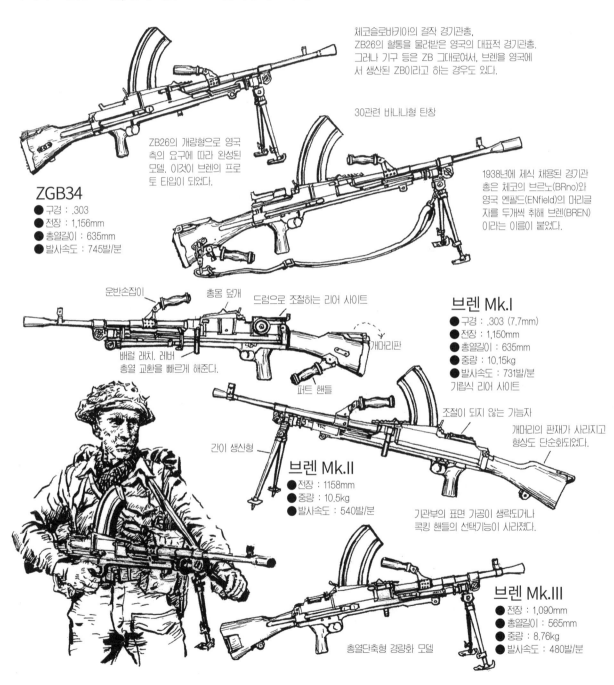

체코슬로바키아의 걸작 경기관총. ZB26의 혈통을 물려받은 영국의 대표적 경기관총. 그러나 기구 등은 ZB 그대로여서, 브렌을 영국에서 생산된 ZB이라고 하는 경우도 있다.

30관련 바나나형 탄창

ZB26의 개량형으로 영국 측의 요구에 따라 완성된 모델. 이것이 브렌의 프로토 타입이 되었다.

ZGB34
- 구경 : .303
- 전장 : 1,156mm
- 총열길이 : 635mm
- 발사속도 : 745발/분

1938년에 제식 채용된 경기관총은 체코의 브르노(BRno)와 영국 엔필드(ENfield)의 머리글자를 두개씩 취해 브렌(BREN)이라는 이름이 붙었다.

운반손잡이
총몸 덮개
드럼으로 조절하는 리어 사이트
배럴 래치. 레버
총열 교환을 빠르게 해준다.
개머리판
버트 핸들

브렌 Mk.I
- 구경 : .303 (7.7mm)
- 전장 : 1,150mm
- 총열길이 : 635mm
- 중량 : 10.15kg
- 발사속도 : 731발/분
- 기립식 리어 사이트

조절이 되지 않는 가늠자

개머리의 판재가 사라지고 형상도 단순화되었다.

간이 생산형

브렌 Mk.II
- 전장 : 1158mm
- 중량 : 10.5kg
- 발사속도 : 540발/분

기관부의 표면 가공이 생략되거나 콕킹 핸들의 선택기능이 사라졌다.

브렌 Mk.III
- 전장 : 1,090mm
- 총열길이 : 565mm
- 중량 : 8.76kg
- 발사속도 : 480발/분

총열단축형 경량화 모델

브렌 LMG에는 영국군 제식 구경의 .303 탄을 쓰는 Mk.I~ Mk.IV 모델과
NATO탄을 사용하기 위해 개수되거나 신규생산된 L4시리즈가 있다.

● 구경 : 7.62mm
● 전장 : 1,133mm
● 총열길이 : 536mm
● 중량 : 9.53kg
● 발사속도 : 500발/분

브렌 L4A1

30연발 박스형 탄창

L4시리즈는 A1부터 A6까지 파생형이
있으며 L4A1~A4까지는 Mk.II을 개수
했지만 총열과 볼트는 신규설계 신규
생산품이다.

브렌 L4A4

L4A5는 Mk.II을 개수한,
L4A6는 L4A1을 개수한 모델이다.
L4시리즈는 1957년에 L7A1이
채용된 뒤에도 일부 부대에서 꾸준히
사용되었다.

브렌용 삼각대
● 중량:약 9kg

탄창이 2개 들어가는
탄창 파우치

양각대는 앞으로
접을 수 있다.

브렌용 삼각대는 무거워서
운반이 어렵다는 이유로
병사들 사이에서 평이 좋지
않았고 사용빈도도 낮아서
실패작 취급을 받았다.

대공용으로
재조립된 삼각대

96연발 드럼탄창을 장착한 브렌

주로 대공 사격용으로 사용했다.

31 독일군 기관총 팀

제2차 세계 대전 중 독일군은 세계 최초로 하나의 기관총을 다목적으로 운용할 수 있는 '기관총 체계'를 완성시켰다. MG34나 MG42를 중심으로 양각대와 드럼 매거진(원통형 탄창)을 사용하여 돌격 지원용 경기관총으로, 삼각대를 사용하여 거점 방어용의 중기관총으로, 총가를 교환하여 대공 기관총으로, 전차와 장갑차량의 탑재 기관총으로도 이용하는 것이다. 이것이 현용 '범용 기관총(GPMG)'의 원형으로, 전후에 개발된 대부분의 기관총은 독일이 실용화된 아이디어의 영향을 받고 있다. 독일군 MG42 기관총 팀의 다양한 운용 방법을 소개한다.

■ 경기관총 팀

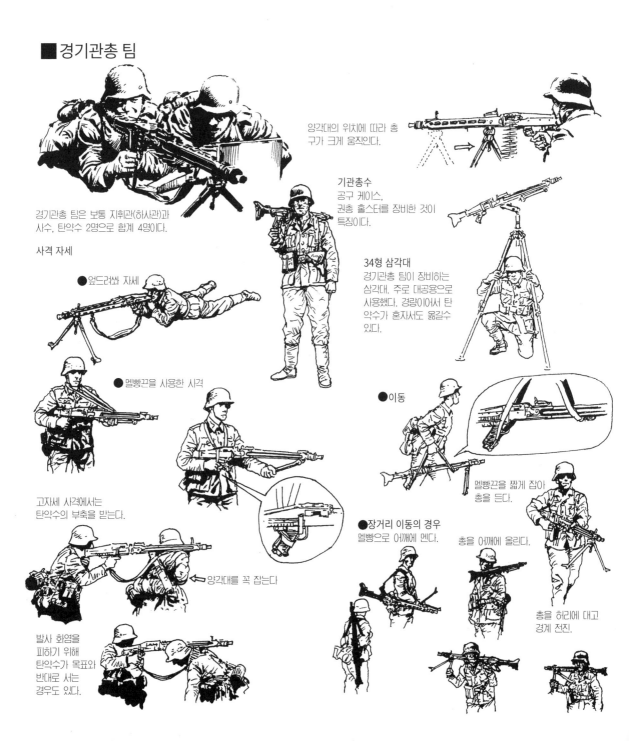

양각대의 위치에 따라 총구가 크게 움직인다.

기관총수
공구 케이스,
권총 홀스터를 장비한 것이 특징이다.

경기관총 팀은 보통 지휘관(하사관)과 사수, 탄약수 2명으로 합계 4명이다.

사격 자세

● 엎드려쏴 자세

34형 삼각대
경기관총 팀이 장비하는 삼각대. 주로 대공용으로 사용했다. 경량이어서 탄약수가 혼자서도 옮길수 있다.

● 멜빵끈을 사용한 사격

●이동

멜빵끈을 짧게 잡아 총을 든다.

고자세 사격에서는 탄약수의 부축을 받는다.

●장거리 이동의 경우 멜빵으로 어깨에 멘다.

총을 어깨에 올린다.

양각대를 꼭 잡는다

총을 허리에 대고 경계 전진.

발사 화염을 피하기 위해 탄약수가 목표와 반대로 서는 경우도 있다.

■ 중기관총 팀

반동을 감소시키는 전용 삼각대를 사용하여
장시간에 걸쳐 안정된 사격을 할 수 있다.

Lafette42 삼각대의 사용법

고자세

저자세

참호 설치 자세

중기관총 팀은 삼각대
운반병이 추가된 5명
구성이다.

탄약수

사수

지휘관

삼각대의 이동

대공사격도구를
사용한 대공사격
자세.

최대 높이로
설치한다.

● 기관총 참호
3명용

총좌
삼각대는 저자세

목재를
겹쳐 쌓아
천장을
보강한 쉘터

● 기관총 엄체호
분대용

기관총좌의 깊이 20cm,
세로 1.3m가 표준 사이즈

1.3

1.3

1.1

1

0.5

0.8

1.4

3.4

2.5

2.5

2

0.7

2.5

0.8

1.3

0.2

1.4

0.9

2

1

0.35

0.4

1.4

도면의 숫자는 미터 단위다.

2.4

1.9

1.7

0.6

067

32 미군의 경기관총

제2차 세계 대전 중 미국 육군은 기본적으로 분대에는 브라우닝 자동 소총(BAR)을, 중대 및 대대에는 M1919 LMG(경기관총)을 각각 지원 화기로 배치했다. 이 기관총들의 운용 실적이 대체로 양호했으므로, 독일군과 같이 범용성 높은 보병지원용 경기관총을 실용화하지는 않았다. 하지만 독일군의 MG42의 범용성이 남긴 강렬한 인상과 보병의 주요 화기를 돌격 소총과 다목적 기관총 등 2종으로 단순화하는 전후의 세계적 추세에 따라, 미군도 M60 채용을 통해 여러 종류의 경기관총 체계를 단순화했다.

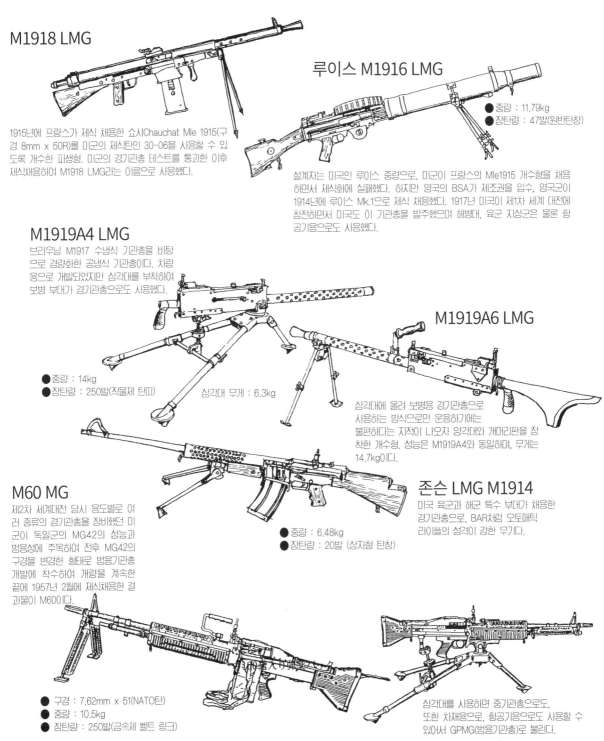

M1918 LMG

1915년에 프랑스가 제식 채용한 쇼샤Chauchat Mle 1915(구경 8mm x 50R)를 미군의 제식탄인 30-06을 사용할 수 있도록 개수한 파생형. 미군의 경기관총 테스트를 통과한 이후 제식채용하여 M1918 LMG라는 이름으로 사용했다.

루이스 M1916 LMG

● 중량 : 11.79kg
● 장탄량 : 47발(원반탄창)

설계자는 미국인 루이스 중령으로, 미국이 프랑스의 Mle1915 개수형을 채용하면서 제식화에 실패했다. 하지만 영국의 BSA가 제조권을 입수, 영국군이 1914년에 루이스 Mk.1으로 제식 채용했다. 1917년 미국이 제1차 세계 대전에 참전하면서 미국도 이 기관총을 발주했으며 해병대, 육군 지상군은 물론 항공기용으로도 사용했다.

M1919A4 LMG

브라우닝 M1917 수냉식 기관총을 바탕으로 경량화한 공냉식 기관총이다. 차량용으로 개발되었지만 삼각대를 부착하여 보병 부대가 경기관총으로도 사용했다.

M1919A6 LMG

● 중량 : 14kg
● 장탄량 : 250발(직물제 탄띠)

삼각대 무게 : 6.3kg

삼각대에 올려 보병용 경기관총으로 사용하는 방식으로만 운용하기에는 불편하다는 지적이 나오자 양각대와 개머리판을 장착한 개수형. 성능은 M1919A4와 동일하며, 무게는 14.7kg이다.

M60 MG

제2차 세계대전 당시 용도별로 여러 종류의 경기관총을 장비했던 미군이 독일군의 MG42의 성능과 범용성에 주목하여 전후 MG42의 구경을 변경한 형태로 범용기관총 개발에 착수하여 개량을 계속한 끝에 1957년 2월에 제식채용한 결과물이 M60이다.

존슨 LMG M1914

미국 육군과 해군 특수 부대가 채용한 경기관총으로, BAR처럼 오토매틱 라이플의 성격이 강한 무기다.

● 중량 : 6.48kg
● 장탄량 : 20발 (상자형 탄창)

● 구경 : 7.62mm x 51(NATO탄)
● 중량 : 10.5kg
● 장탄량 : 250발(금속제 벨트 링크)

삼각대를 사용하면 중기관총으로도, 또한 차재용으로, 항공기용으로도 사용할 수 있어서 GPMG(범용기관총)로 불린다.

M60E3

총열 교환시에는 캐링 핸들을 사용한다.

전체적으로 무겁고 조작하기
어렵던 M60을 개량한
M60의 경량화 모델이다.

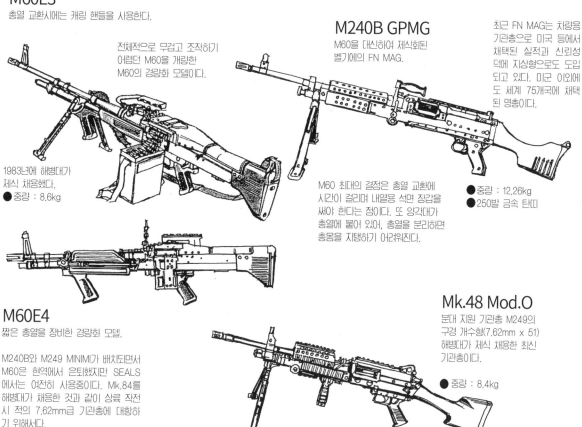

1983년에 해병대가
제식 채용했다.
● 중량 : 8.6kg

M240B GPMG

M60을 대신하여 제식화된
벨기에의 FN MAG.

최근 FN MAG는 차량용
기관총으로 미국 등에서
채택된 실적과 신뢰성
덕에 지상형으로도 도입
되고 있다. 미군 이외에
도 세계 75개국에 채택
된 명총이다.

M60 최대의 결점은 총열 교환에
시간이 걸리며 내열용 석면 장갑을
써야 한다는 점이다. 또 양각대가
총열에 붙어 있어, 총열을 분리하면
총몸을 지탱하기 어려워진다.

● 중량 : 12.26kg
● 250발 금속 탄띠

M60E4

짧은 총열을 장비한 경량화 모델.

M240B와 M249 MINIMI가 배치되면서
M60은 현역에서 은퇴했지만 SEALS
에서는 여전히 사용중이다. Mk.84를
해병대가 채용한 것과 같이 상륙 작전
시 적의 7.62mm급 기관총에 대항하
기 위해서다.

Mk.48 Mod.O

분대 지원 기관총 M249의
구경 개수형(7.62mm x 51)
해병대가 제식 채용한 최신
기관총이다.

● 중량 : 8.4kg

베트남 전쟁 해병대

주력 기관총으로 활약한 M60이지
만, 몇몇 단점도 있어서 병사들은
애착과 불만을 담아 '피그(돼지)'라
불렀다.

화력은 좋았지만,
들고 다니기에는
무거운데다 발사
반동도 컸다.

걸프전 해병대

M60E3은 경량화되어
다루기가 쉬워졌다.

해군 SEALS

M60은 든든한 지원 화기이다.

M60E4

200발 파우치

33 RPG-7

RPG-7은 소련군이 1950년대에 제식화한 개인 휴대형 대전차유탄발사기(로켓 발사기)로, 소형 경량이며 취급이 용이한 구 소련/러시아의 대표적인 대전차 화기다. 구 동구권을 비롯한 제3세계에도 대량으로 공급되면서 세계에서 가장 많이 사용된 무기 가운데 하나로 꼽힌다. 장갑이 강화된 현대의 전차를 격파하기는 어렵지만, 경장갑차량이나 보병들의 근접전투에서는 여전히 강력한 무기로, 아프가니스탄을 포함한 세계 각지의 분쟁 지역에서 여전히 사용되고 있다. 말 그대로 '게릴라의 야포'로 여전히 유력한 무기다.

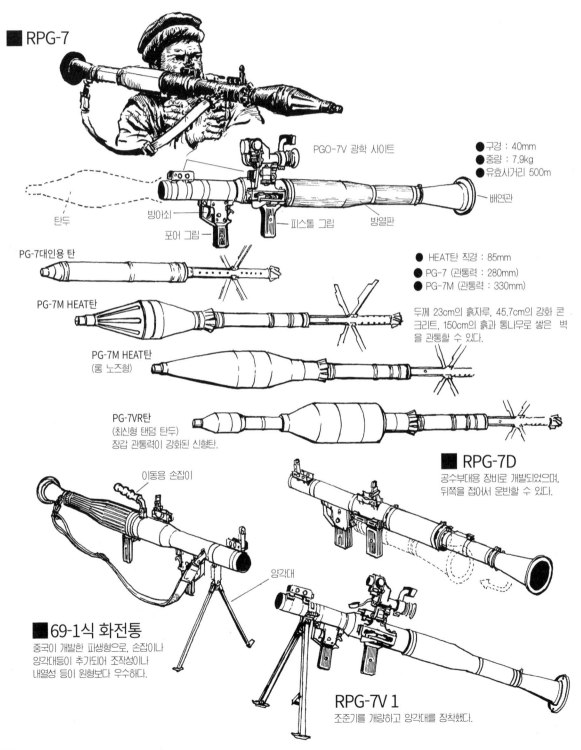

■ RPG-7

PGO-7V 광학 사이트

● 구경 : 40mm
● 중량 : 7.9kg
● 유효사거리 500m

탄두

방아쇠

포어 그립

피스톨 그립

방열판

배연관

PG-7대인용 탄

● HEAT탄 직경 : 85mm
● PG-7 (관통력 : 280mm)
● PG-7M (관통력 : 330mm)

PG-7M HEAT탄

두께 23cm의 흙자루, 45.7cm의 강화 콘크리트, 150cm의 흙과 통나무로 쌓은 벽을 관통할 수 있다.

PG-7M HEAT탄
(롱 노즈형)

PG-7VR탄
(최신형 탠덤 탄두)
장갑 관통력이 강화된 신형탄.

■ RPG-7D

공수부대용 장비로 개발되었으며, 뒤쪽을 접어서 운반할 수 있다.

이동용 손잡이

양각대

■ 69-1식 화전통

중국이 개발한 파생형으로, 손잡이나 양각대등이 추가되어 조작성이나 내열성 등이 원형보다 우수하다.

RPG-7V 1

조준기를 개량하고 양각대를 장착했다.

■RPG-7의 발사

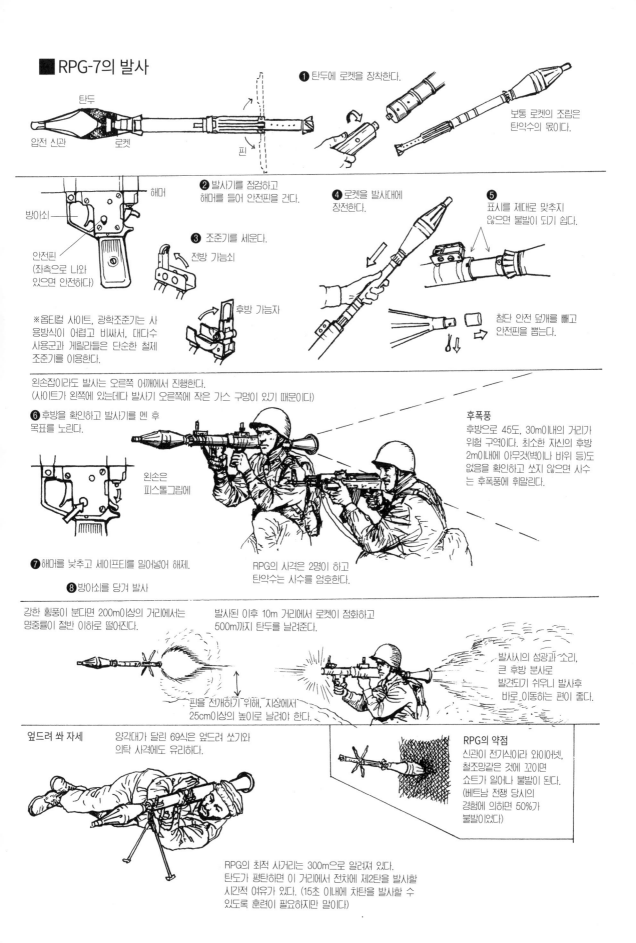

탄두
압전 신관
로켓
핀

❶ 탄두에 로켓을 장착한다.

보통 로켓의 조립은
탄약수의 몫이다.

해머
방아쇠
안전핀
(좌측으로 나와
있으면 안전이다)

❷ 발사기를 점검하고
해머를 들어 안전핀을 건다.

❸ 조준기를 세운다.

전방 가늠쇠

후방 가늠자

❹ 로켓을 발사대에
장전한다.

❺ 표시를 제대로 맞추지
않으면 불발이 되기 쉽다.

첨단 안전 덮개를 빼고
안전핀을 뽑는다.

※옵티컬 사이트, 광학조준기는 사
용방식이 어렵고 비싸서, 대다수
사용군과 게릴라들은 단순한 철제
조준기를 이용한다.

왼손잡이라도 발사는 오른쪽 어깨에서 진행한다.
(사이트가 왼쪽에 있는데다 발사기 오른쪽에 작은 가스 구멍이 있기 때문이다)

❻ 후방을 확인하고 발사기를 멘 후
목표를 노린다.

왼손은
피스톨그립에

후폭풍
후방으로 45도, 30m이내의 거리가
위험 구역이다. 최소한 자신의 후방
2m이내에 아무것(벽이나 바위 등)도
없음을 확인하고 쏘지 않으면 사수
는 후폭풍에 휘말린다.

❼ 해머를 낮추고 세이프티를 밀어넣어 해제.

❽ 방아쇠를 당겨 발사

RPG의 사격은 2명이 하고
탄약수는 사수를 엄호한다.

강한 횡풍이 분다면 200m이상의 거리에서는
명중률이 절반 이하로 떨어진다.

발사된 이후 10m 거리에서 로켓이 점화하고
500m까지 탄두를 날려준다.

핀을 전개하기 위해, 지상에서
25cm이상의 높이로 날려야 한다.

발사시의 섬광과 소리,
큰 후방 분사로
발견되기 쉬우니 발사후
바로 이동하는 편이 좋다.

엎드려 쏴 자세
양각대가 달린 69식은 엎드려 쏘기와
의탁 사격에도 유리하다.

RPG의 약점
신관이 전기식이라 와이어넷,
철조망같은 것에 꼬이면
쇼트가 일어나 불발이 된다.
(베트남 전쟁 당시의
경험에 의하면 50%가
불발이었다)

RPG의 최적 사거리는 300m으로 알려져 있다.
탄도가 평탄하면 이 거리에서 전차에 제2탄을 발사할
시간적 여유가 있다. (15초 이내에 차탄을 발사할 수
있도록 훈련이 필요하지만 말이다)

34 휴대형 대전차/대공 화기 1

제2차 세계대전 중 보병이 전차에 대항하기 위해 독일군, 미군 양측에서 거의 동시에 출현한 무기가 로켓 추진식 성형작약탄을 발사하는 개인 휴대형 대전차 화기, '판저 파우스트'와 '바주카'다. 전후에도 탄두의 개량이나 위력 증가, 무반동포의 소형화 등을 통해 보병의 대전차 전투 능력은 크게 향상되었으며, 유도탄(미사일)의 발달로 보병이 혼자서 운반, 발사할 수 있는 화기는 대공 미사일의 영역까지도 발전했다. 여기서는 개인이 견착 사격할 수 있는 대전차/대공화기를 소개한다.

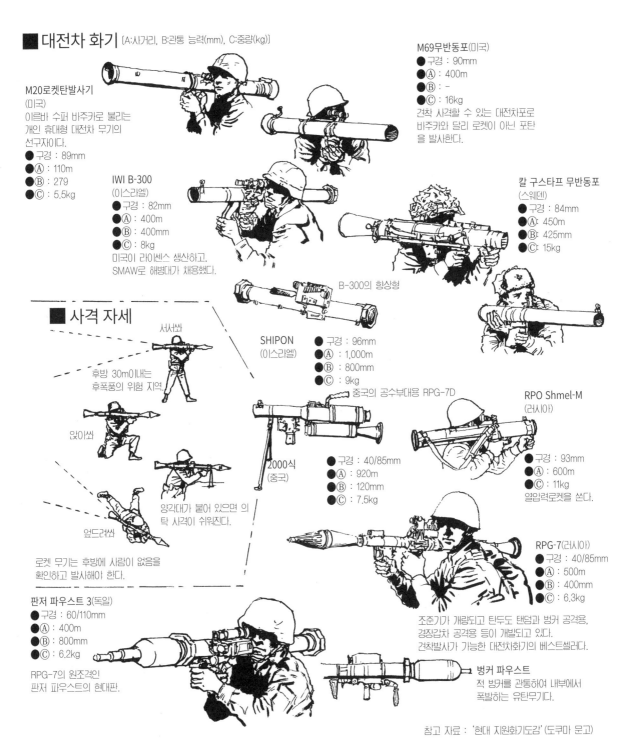

■ 대전차 화기 [A:사거리, B:관통 능력(mm), C:중량(kg)]

M69무반동포(미국)
- 구경 : 90mm
- Ⓐ : 400m
- Ⓑ : -
- Ⓒ : 16kg

견착 사격할 수 있는 대전차포로 바주카와 달리 로켓이 아닌 포탄을 발사한다.

M20로켓탄발사기(미국)
이른바 수퍼 바주카로 불리는 개인 휴대형 대전차 무기의 선구자이다.
- 구경 : 89mm
- Ⓐ : 110m
- Ⓑ : 279
- Ⓒ : 5.5kg

IWI B-300(이스라엘)
- 구경 : 82mm
- Ⓐ : 400m
- Ⓑ : 400mm
- Ⓒ : 8kg

미국이 라이센스 생산하고, SMAW로 해병대가 채용했다.

칼 구스타프 무반동포(스웨덴)
- 구경 : 84mm
- Ⓐ : 450m
- Ⓑ : 425mm
- Ⓒ : 15kg

B-300의 향상형

■ 사격 자세

서서쏴

후방 30m이내는 후폭풍의 위험 지역.

앉아쏴

SHIPON(이스라엘)
- 구경 : 96mm
- Ⓐ : 1,000m
- Ⓑ : 800mm
- Ⓒ : 9kg

양각대가 붙어 있으면 의탁 사격이 쉬워진다.

엎드려쏴

로켓 무기는 후방에 사람이 없음을 확인하고 발사해야 한다.

중국의 공수부대용 RPG-7D

2000식(중국)
- 구경 : 40/85mm
- Ⓐ : 920m
- Ⓑ : 120mm
- Ⓒ : 7.5kg

RPO Shmel-M(러시아)
- 구경 : 93mm
- Ⓐ : 600m
- Ⓒ : 11kg

열압력로켓을 쓴다.

RPG-7(러시아)
- 구경 : 40/85mm
- Ⓐ : 500m
- Ⓑ : 400mm
- Ⓒ : 6.3kg

조준기가 개량되고 탄두도 탠덤과 벙커 공격용, 경장갑차 공격용 등이 개발되고 있다.
견착발사가 가능한 대전차화기의 베스트셀러다.

판저 파우스트 3(독일)
- 구경 : 60/110mm
- Ⓐ : 400m
- Ⓑ : 800mm
- Ⓒ : 6.2kg

RPG-7의 원조격인 판저 파우스트의 현대판.

벙커 파우스트
적 벙커를 관통하여 내부에서 폭발하는 유탄무기다.

참고 자료 : '현대 지원화기도감'(도쿠마 문고)

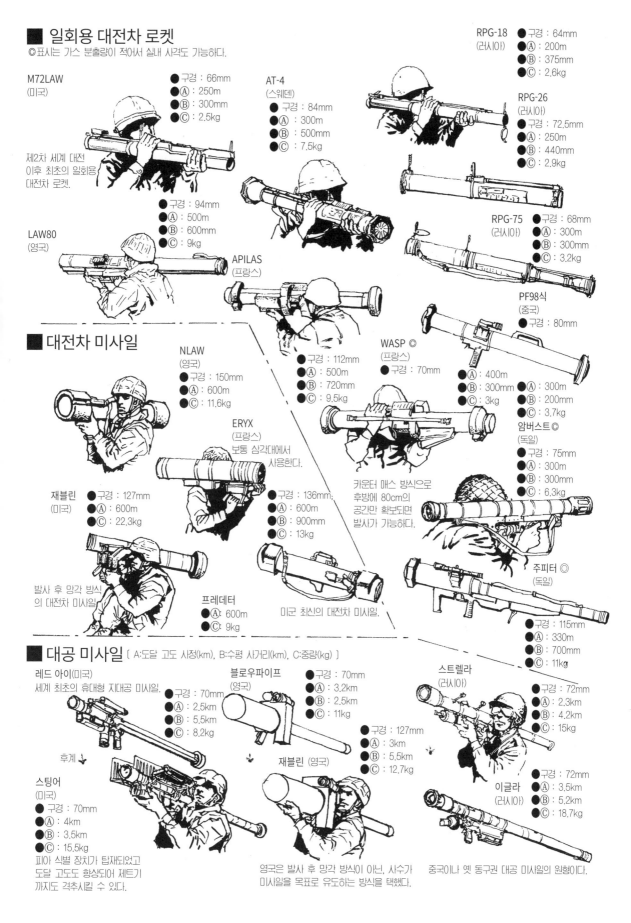

■ 일회용 대전차 로켓

◎표시는 가스 분출량이 적어서 실내 사격도 가능하다.

M72LAW
(미국)
- 구경 : 66mm
- Ⓐ : 250m
- Ⓑ : 300mm
- Ⓒ : 2.5kg

제2차 세계 대전 이후 최초의 일회용 대전차 로켓.

AT-4
(스웨덴)
- 구경 : 84mm
- Ⓐ : 300m
- Ⓑ : 500mm
- Ⓒ : 7.5kg

RPG-18
(러시아)
- 구경 : 64mm
- Ⓐ : 200m
- Ⓑ : 375mm
- Ⓒ : 2.6kg

RPG-26
(러시아)
- 구경 : 72.5mm
- Ⓐ : 250m
- Ⓑ : 440mm
- Ⓒ : 2.9kg

LAW80
(영국)
- 구경 : 94mm
- Ⓐ : 500m
- Ⓑ : 600mm
- Ⓒ : 9kg

APILAS
(프랑스)

RPG-75
(러시아)
- 구경 : 68mm
- Ⓐ : 300m
- Ⓑ : 300mm
- Ⓒ : 3.2kg

PF98식
(중국)
- 구경 : 80mm
- Ⓐ : 400m
- Ⓑ : 300mm
- Ⓒ : 3kg

■ 대전차 미사일

NLAW
(영국)
- 구경 : 150mm
- Ⓐ : 600m
- Ⓒ : 11.6kg

- 구경 : 112mm
- Ⓐ : 500m
- Ⓑ : 720mm
- Ⓒ : 9.5kg

WASP ◎
(프랑스)
- 구경 : 70mm
- Ⓐ : 300m
- Ⓑ : 200mm
- Ⓒ : 3.7kg

암버스트 ◎
(독일)
- 구경 : 75mm
- Ⓐ : 300m
- Ⓑ : 300mm
- Ⓒ : 6.3kg

ERYX
(프랑스)
보통 삼각대에서 사용한다.
- 구경 : 136mm
- Ⓐ : 600m
- Ⓑ : 900mm
- Ⓒ : 13kg

카운터 매스 방식으로 후방에 80cm의 공간만 확보되면 발사가 가능하다.

재블린
(미국)
- 구경 : 127mm
- Ⓐ : 600m
- Ⓒ : 22.3kg

발사 후 망각 방식의 대전차 미사일.

프레데터
- Ⓐ : 600m
- Ⓒ : 9kg

미군 최신의 대전차 미사일.

주피터 ◎
(독일)
- 구경 : 115mm
- Ⓐ : 330m
- Ⓑ : 700mm
- Ⓒ : 11kg

■ 대공 미사일 [A:도달 고도 사정(km), B:수평 사거리(km), C:중량(kg)]

레드 아이(미국)
세계 최초의 휴대형 지대공 미사일.
- 구경 : 70mm
- Ⓐ : 2.5km
- Ⓑ : 5.5km
- Ⓒ : 8.2kg

후계 ↓

스팅어
(미국)
- 구경 : 70mm
- Ⓐ : 4km
- Ⓑ : 3.5km
- Ⓒ : 15.5kg

피아 식별 장치가 탑재되었고 도달 고도도 향상되어 제트기까지도 격추시킬 수 있다.

블로우파이프
(영국)
- 구경 : 70mm
- Ⓐ : 3.2km
- Ⓑ : 2.5km
- Ⓒ : 11kg

- 구경 : 127mm
- Ⓐ : 3km
- Ⓑ : 5.5km
- Ⓒ : 12.7kg

재블린 (영국)

영국은 발사 후 망각 방식이 아닌, 사수가 미사일을 목표로 유도하는 방식을 택했다.

스트렐라
(러시아)
- 구경 : 72mm
- Ⓐ : 2.3km
- Ⓑ : 4.2km
- Ⓒ : 15kg

이글라
(러시아)
- 구경 : 72mm
- Ⓐ : 3.5km
- Ⓑ : 5.2km
- Ⓒ : 18.7kg

중국이나 옛 동구권 대공 미사일의 원형이다.

35 휴대형 대전차/대공 화기 2

전항에서 소개한 개인 휴대형 대전차 화기와 개인 휴대형 대공 미사일은 대부분 발사 튜브 겸 운반용 컨테이너에 불과할 뿐, 발사기에서 날아가 목표를 격파하는 본체는 로켓이나 미사일이다. 여기에서는 이 본체를 그려봤다. 일회용 발사기가 아닌, RPG-7처럼 발사기에 로켓을 장착하거나 칼 구스타프처럼 탄을 장전하는 방식이라면 다양한 목표에 따라 복수의 탄종이 준비되어 있다. 로켓이나 미사일은 포탄과 달리 장약의 폭발로 발생하는 가스압이 아니라, 본체에 붙어있는 로켓 모터의 추진력으로 비행한다. 대부분의 로켓에는 (형태에 따라 다르지만 4~8장의) 작은 날개, 혹은 핀이 붙어 있으며 발사와 동시에 전개되어 비행 중의 탄도를 안정시킨다.

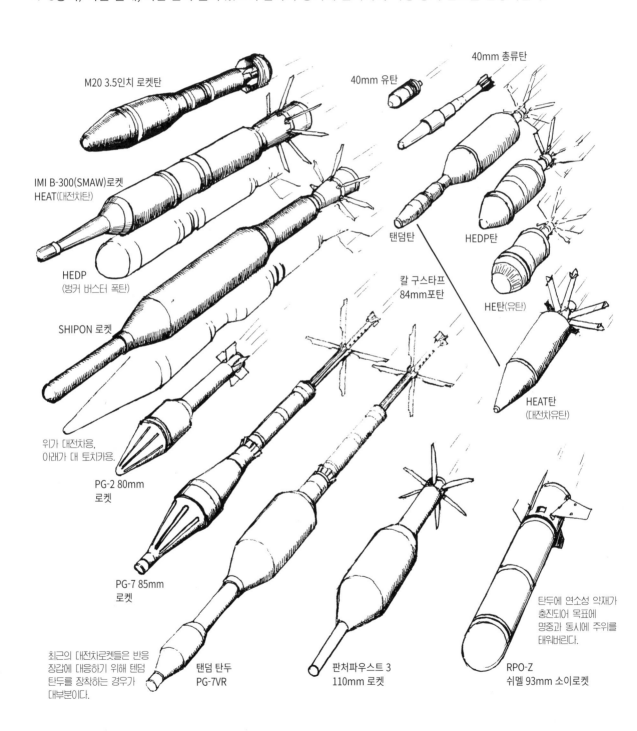

M20 3.5인치 로켓탄

40mm 유탄

40mm 총류탄

IMI B-300(SMAW)로켓
HEAT(대전차탄)

HEDP
(벙커 버스터 폭탄)

탠덤탄

HEDP탄

SHIPON 로켓

칼 구스타프
84mm포탄

HE탄(유탄)

위가 대전차용,
아래가 대 토치카용.

HEAT탄
(대전차유탄)

PG-2 80mm
로켓

PG-7 85mm
로켓

탄두에 연소성 약재가
충진되어 목표에
명중과 동시에 주위를
태워버린다.

최근의 대전차로켓들은 반응
장갑에 대응하기 위해 텐덤
탄두를 장착하는 경우가
대부분이다.

탠덤 탄두
PG-7VR

판처파우스트 3
110mm 로켓

RPO-Z
쉬멜 93mm 소이로켓

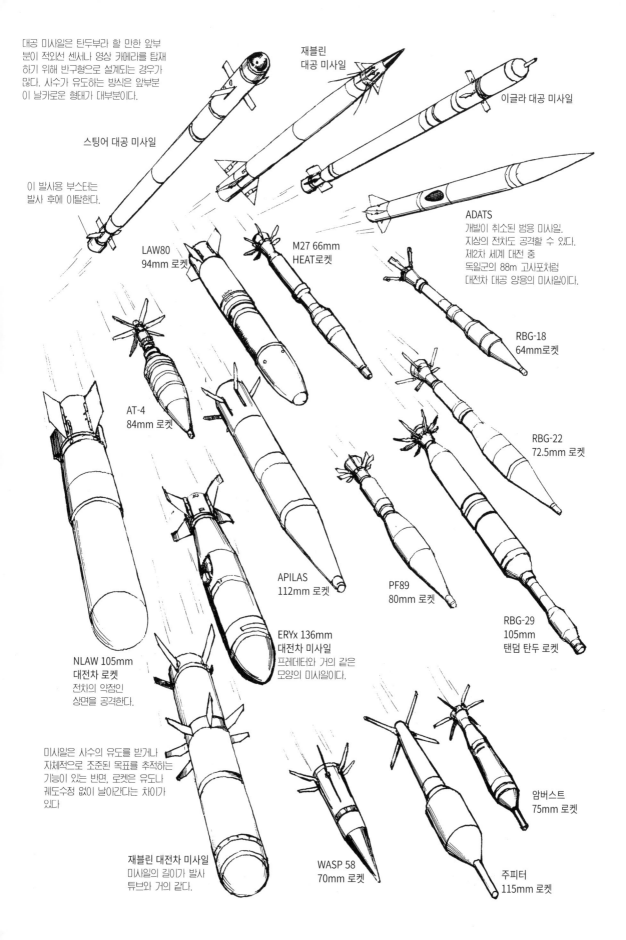

대공 미사일은 탄두부라 할 만한 앞부
분이 적외선 센서나 영상 카메라를 탑재
하기 위해 반구형으로 설계되는 경우가
많다. 사수가 유도하는 방식은 앞부분
이 날카로운 형태가 대부분이다.

재블린
대공 미사일

이글라 대공 미사일

스팅어 대공 미사일

이 발사용 부스터는
발사 후에 이탈한다.

ADATS
개발이 취소된 범용 미사일.
지상의 전차도 공격할 수 있다.
제2차 세계 대전 중
독일군의 88m 고사포처럼
대전차 대공 양용의 미사일이다.

LAW80
94mm 로켓

M27 66mm
HEAT로켓

RBG-18
64mm로켓

AT-4
84mm 로켓

RBG-22
72.5mm 로켓

APILAS
112mm 로켓

PF89
80mm 로켓

RBG-29
105mm
탠덤 탄두 로켓

NLAW 105mm
대전차 로켓
전차의 약점인
상면을 공격한다.

ERYx 136mm
대전차 미사일
프레데터와 거의 같은
모양의 미사일이다.

미사일은 사수의 유도를 받거나
자체적으로 조준된 목표를 추적하는
기능이 있는 반면, 로켓은 유도나
궤도수정 없이 날아간다는 차이가
있다

암버스트
75mm 로켓

재블린 대전차 미사일
미사일의 길이가 발사
튜브와 거의 같다.

WASP 58
70mm 로켓

주피터
115mm 로켓

36 독일군의 대공포

20mm 대공포 Flak38과 88mm 대공포 Flak 18은 제2차 세계 대전 중 독일군의 대표적인 대공포다. 이 포들은 현재 일본에도 들어와 있는데, 식품완구-모형 메이커로 유명한 카이요도(해양당)가 발사기능을 제거한 형태의 실물을 구입해 반입한 것을 필자도 견학한 적이 있다. 실제로 Flak38의 포수 자리에 앉아 보면 야보(독일 병사는 연합군 항공기, 특히 지상공격기를 이렇게 불렀다.)와 대결한 용감한 대공포병들의 전의가 느껴진다. 그리고 Flak18은 트레일러에서 분리, 사격 태세로 전개되는데 그만한 중량이라고는 믿을 수 없는 간편함에 놀랐다.

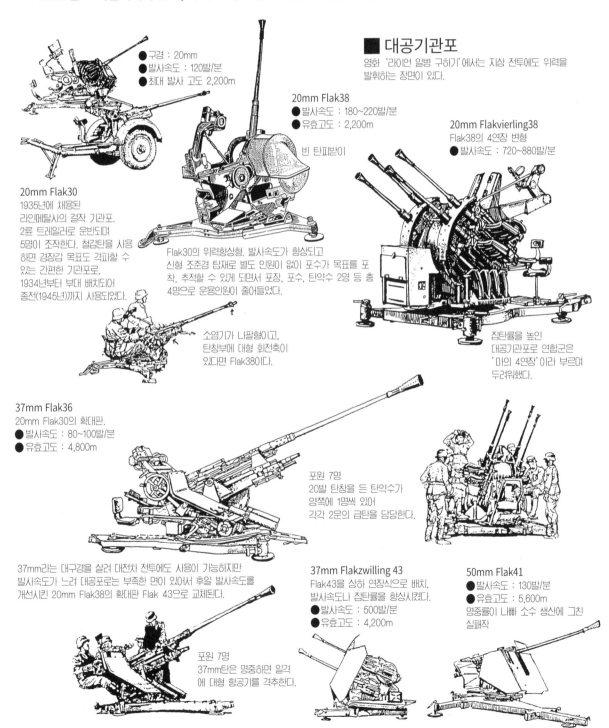

- 구경 : 20mm
- 발사속도 : 120발/분
- 최대 발사 고도 2,200m

20mm Flak38
- 발사속도 : 180~220발/분
- 유효고도 : 2,200m

빈 탄피받이

■ 대공기관포
영화 '라이언 일병 구하기'에서는 지상 전투에도 위력을 발휘하는 장면이 있다.

20mm Flakvierling38
Flak38의 4연장 변형
- 발사속도 : 720~880발/분

20mm Flak30
1935년에 채용된 라인메탈사의 걸작 기관포. 2륜 트레일러로 운반되며 5명이 조작한다. 철갑탄을 사용하면 경장갑 목표도 격파할 수 있는 간편한 기관포로, 1934년부터 부대 배치되어 종전(1945년)까지 사용되었다.

Flak30의 위력향상형. 발사속도가 향상되고 신형 조준경 탑재로 별도 인원 없이 포수가 목표를 포착, 추적할 수 있게 되면서 포장, 포수, 탄약수 2명 등 총 4명으로 운용인원이 줄어들었다.

소염기가 나팔형이고, 탄창부에 대형 회전축이 있다면 Flak38이다.

집탄률을 높인 대공기관포로 연합군은 '마의 4연장'이라 부르며 두려워했다.

37mm Flak36
20mm Flak30의 확대판.
- 발사속도 : 80~100발/분
- 유효고도 : 4,800m

포원 7명
20발 탄창을 든 탄약수가 양쪽에 1명씩 있어 각각 2문의 급탄을 담당한다.

37mm라는 대구경을 살려 대전차 전투에도 사용이 가능하지만 발사속도가 느려 대공포로는 부족한 면이 있어서 후일 발사속도를 개선시킨 20mm Flak38의 확대판 Flak 43으로 교체된다.

포원 7명
37mm탄은 명중하면 일격에 대형 항공기를 격추한다.

37mm Flakzwilling 43
Flak43을 상하 연장식으로 배치, 발사속도나 집탄률을 향상시켰다.
- 발사속도 : 500발/분
- 유효고도 : 4,200m

50mm Flak41
- 발사속도 : 130발/분
- 유효고도 : 5,600m
명중률이 나빠 소수 생산에 그친 실패작

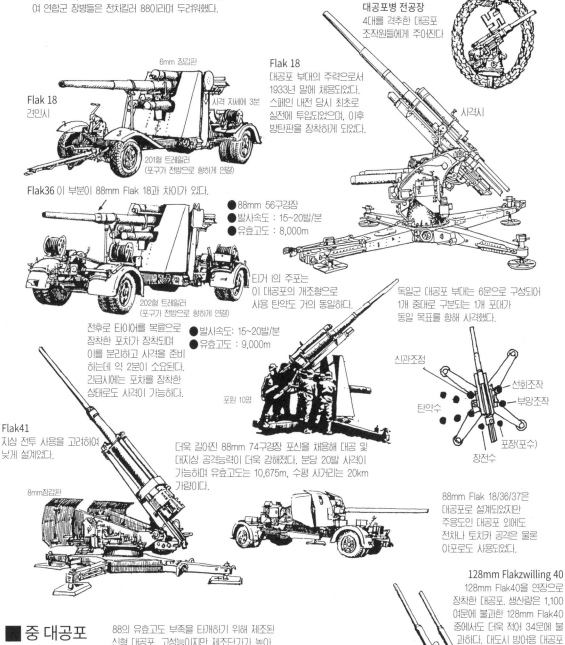

■ 대공포

88mm 대공포

독일군 대공포에 대해 이야기하면 이 88mm 대공포를 가장 먼저 떠올리는 사람들이 많다. 총생산량 약 1만 6000문, 대공포지만 대전차 전투에서도 활약하여 연합군 장병들은 전차킬러 88이라며 두려워했다.

6mm 장갑판

Flak 18
견인시

Flak 18
대공포 부대의 주력으로서 1933년 말에 채용되었다. 스페인 내전 당시 최초로 실전에 투입되었으며, 이후 방탄판을 장착하게 되었다.

사격 자세에 3분

201형 트레일러
(포구가 전방으로 향하게 연결)

대공포병 전공장
4대를 격추한 대공포 조작원들에게 주어진다

사격시

Flak36 이 부분이 88mm Flak 18과 차이가 있다.

● 88mm 56구경장
● 발사속도: 15~20발/분
● 유효고도: 8,000m

202형 트레일러
(포구가 전방으로 향하게 연결)

전후로 타이어를 복륜으로 장착한 포차가 장착되며 이를 분리하고 사격을 준비하는데 약 2분이 소요된다. 긴급시에는 포차를 장착한 상태로도 사격이 가능하다.

● 발사속도: 15~20발/분
● 유효고도: 9,000m

티거 I의 주포는 이 대공포의 개조형으로 사용 탄약도 거의 동일하다.

독일군 대공포 부대는 6문으로 구성되어 1개 중대로 구분되는 1개 포대가 동일 목표를 향해 사격했다.

신관조정
선회조작
탄약수
부앙조작
포장(포수)
장전수

포원 10명

Flak41
지상 전투 사용을 고려하여 낮게 설계었다.

8mm장갑판

더욱 길어진 88mm 74구경장 포신을 채용해 대공 및 대지상 공격능력이 더욱 강해졌다. 분당 20발 사격이 가능하며 유효고도는 10,675m, 수평 사거리는 20km 가량이다.

88mm Flak 18/36/37은 대공포로 설계되었지만 주용도인 대공포 외에도 전차나 토치카 공격은 물론 아포로도 사용되었다.

128mm Flakzwilling 40
128mm Flak40을 연장으로 장착한 대공포. 생산량은 1,100여문에 불과한 128mm Flak40 중에서도 더욱 적어 34문에 불과하다. 대도시 방어용 대공포 탑에 소수 배치되었다. 유효 고도는 약 14,800m다.

■ 중 대공포

88의 유효고도 부족을 타개하기 위해 제조된 신형 대공포. 고성능이지만 제조단가가 높아 총 생산량은 약 400문에 불과했다.

105mm Flak39
63구경장의 장포신
● 최대 고도 : 12,800mm
● 발사속도 : 12발/분

88mm Flak41은 티거 II 전차의 주포와 구경은 같지만 약실과 탄피의 형태가 다르다.

105mm Flak39를 전차포로 개수하여 티거 II 전차의 주포로 사용한다는 계획도 있었다.

37 루거 P08용 홀스터

독일의 루거 P08은 세계적으로 유명한 권총이다. 독일제 다운 중후하고 세련된 디자인 덕에 인기도 높다. 독일 육군이 1908년에 제식 채용하고 제1, 2차 세계대전에 걸쳐 사용했으며, 독일 이외의 나라에서도 군용, 경찰용으로 채용되었다. 여기서는 이런 저런 형태와 색깔의 루거 전용 홀스터와 개머리판에 대해 소개한다.

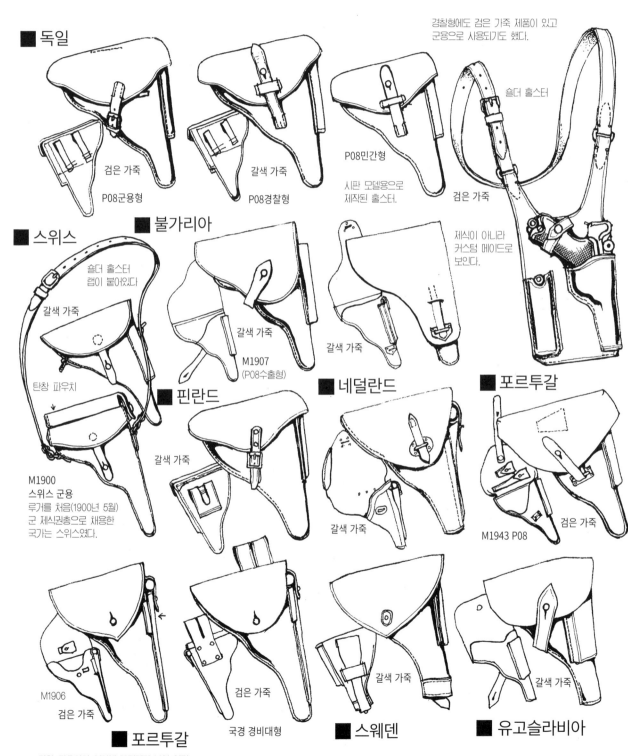

■ 독일

경찰형에도 검은 가죽 제품이 있고 군용으로 사용되기도 했다.

숄더 홀스터

검은 가죽

P08군용형

갈색 가죽

P08경찰형

P08민간형

시판 모델용으로 제작된 홀스터.

검은 가죽

제식이 아니라 커스텀 메이드로 보인다.

■ 스위스

숄더 홀스터 랩이 붙어있다

갈색 가죽

탄창 파우치

M1900
스위스 군용
루거를 처음(1900년 5월)
군 제식권총으로 채용한
국가는 스위스였다.

■ 불가리아

갈색 가죽

M1907
(P08수출형)

갈색 가죽

■ 핀란드

갈색 가죽

■ 네덜란드

갈색 가죽

■ 포르투갈

검은 가죽

M1943 P08

M1906

검은 가죽

■ 포르투갈

탄창 파우치의 위치에 꼬질대가 붙어 있다.

국경 경비대형

검은 가죽

갈색 가죽

■ 스웨덴

갈색 가죽

■ 유고슬라비아

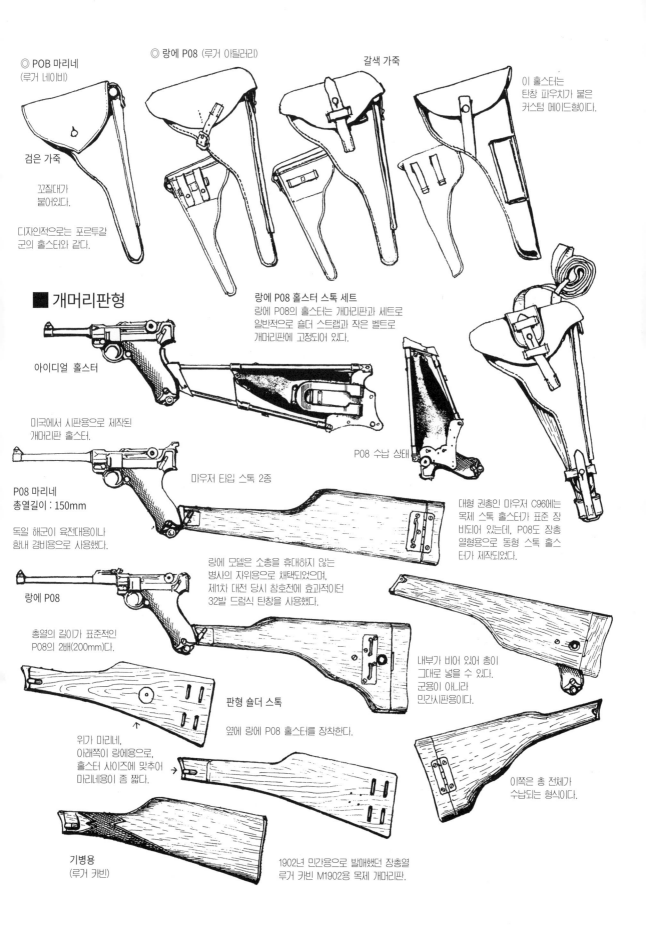

◎ POB 마리네
(루거 네이비)

검은 가죽

꼬질대가
붙어있다.

디자인적으로는 포르투갈
군의 홀스터와 같다.

◎ 랑에 P08 (루거 아틸러리)

갈색 가죽

이 홀스터는
탄창 파우치가 붙은
커스텀 메이드형이다.

■ 개머리판형

랑에 P08 홀스터 스톡 세트
랑에 P08의 홀스터는 개머리판과 세트로
일반적으로 숄더 스트랩과 작은 벨트로
개머리판에 고정되어 있다.

아이디얼 홀스터

미국에서 시판용으로 제작된
개머리판 홀스터.

P08 마리네
총열길이 : 150mm

독일 해군이 육전대용이나
함내 경비용으로 사용했다.

P08 수납 상태

마우저 타입 스톡 2종

대형 권총인 마우저 C96에는
목제 스톡 홀스터가 표준 장
비되어 있는데, P08도 장총
열형용으로 동형 스톡 홀스
터가 제작되었다.

랑에 P08

총열의 길이가 표준적인
P08의 2배(200mm)다.

랑에 모델은 소총을 휴대하지 않는
병사의 자위용으로 채택되었으며,
제1차 대전 당시 참호전에 효과적이던
32발 드럼식 탄창을 사용했다.

판형 숄더 스톡

옆에 랑에 P08 홀스터를 장착한다.

내부가 비어 있어 총이
그대로 넣을 수 있다.
군용이 아니라
민간시판용이다.

위가 마리네,
아래쪽이 랑에용으로,
홀스터 사이즈에 맞추어
마리네용이 좀 짧다.

이쪽은 총 전체가
수납되는 형식이다.

기병용
(루거 카빈)

1902년 민간용으로 발매했던 장총열
루거 카빈 M1902용 목제 개머리판.

38 각국 군대의 지도 케이스

맵 케이스(지도가방)은 장교와 하사관 등 부대 지휘관이 주로 지도와 서류를 수납, 휴대하기 위해 사용하는 야전용 가방이다. 각국 군대에 여러가지 맵 케이스가 있는데, 모두 야외 사용을 배려한 연구를 거쳐 각각 개성적인 디자인과 사용법을 가지고 있으므로, 비교해 보면 재미있다.

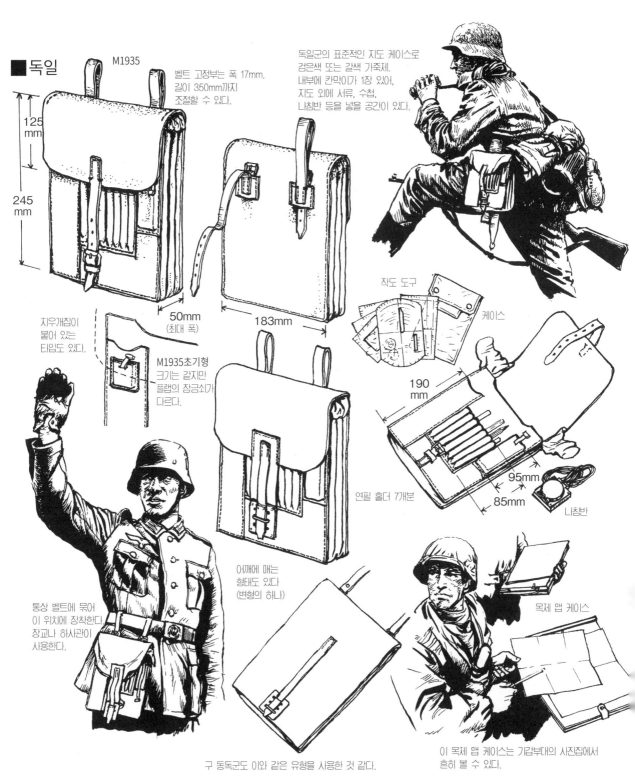

■독일

M1935

벨트 고정부는 폭 17mm. 길이 350mm까지 조절할 수 있다.

독일군의 표준적인 지도 케이스로 검은색 또는 갈색 가죽제. 내부에 칸막이가 1장 있어, 지도 외에 서류, 수첩, 나침반 등을 넣을 공간이 있다.

125 mm

245 mm

지우개집이 붙어 있는 타입도 있다.

50mm (최대 폭)

183mm

M1935초기형 크기는 같지만 플랩의 잠금쇠가 다르다.

작도 도구

케이스

190 mm

연필 홀더 7개분

95mm

85mm

나침반

통상 벨트에 묶어 이 위치에 장착한다. 장교나 하사관이 사용한다.

어깨에 매는 형태도 있다 (변형의 하나)

목제 맵 케이스

구 동독군도 이와 같은 유형을 사용한 것 같다.

이 목제 맵 케이스는 기갑부대의 사진집에서 흔히 볼 수 있다.

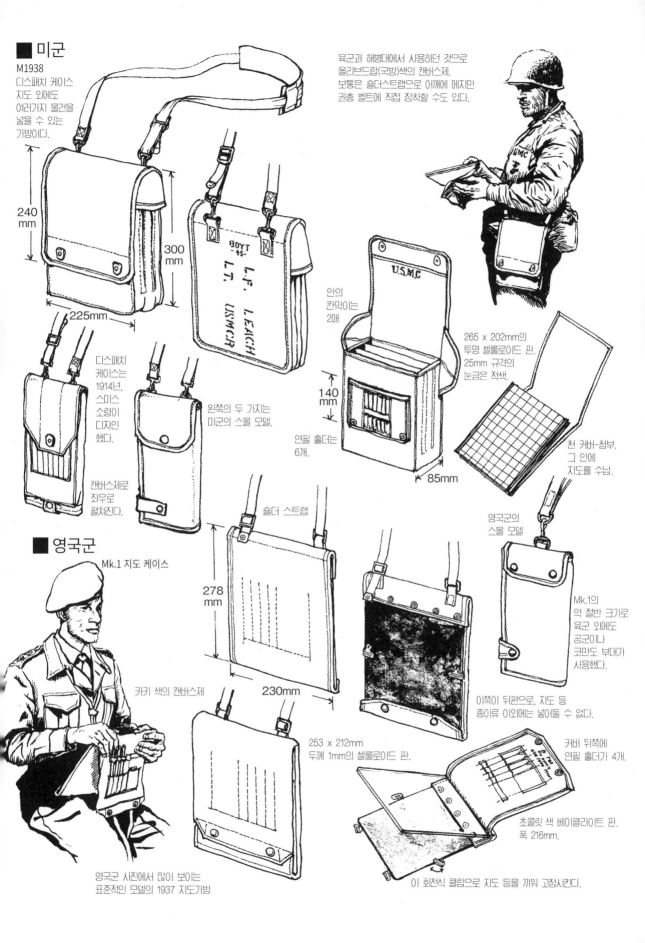

■ 미군

M1938
디스패치 케이스
지도 외에도
여러가지 물건을
넣을 수 있는
가방이다.

240 mm

225mm

300 mm

육군과 해병대에서 사용하던 것으로
올리브드랍(국방)색의 캔버스제.
보통은 숄더스트랩으로 어깨에 메지만
권총 벨트에 직접 장착할 수도 있다.

BOYT
45-
L. F. LEACH
L. T.
USMCR

디스패치
케이스는
1914년,
스미스
소령이
디자인
했다.

왼쪽의 두 가지는
미군의 스몰 모델.

캔버스제로
좌우로
펼쳐진다.

U.S.M.C.

안의
칸막이는
2매

140 mm

연필 홀더는
6개.

85mm

265 x 202mm의
투명 셀룰로이드 판.
25mm 규격의
눈금은 적색.

천 커버-첨부.
그 안에
지도를 수납.

■ 영국군

Mk.1 지도 케이스

카키 색의 캔버스제

숄더 스트랩

278 mm

230mm

영국군의
스몰 모델

Mk.1의
약 절반 크기로
육군 외에도
공군이나
코만도 부대가
사용했다.

253 x 212mm
두께 1mm의 셀룰로이드 판.

이쪽이 뒤편으로, 지도 등
종이류 이외에는 넣어둘 수 없다.

커버 뒤쪽에
연필 홀더가 4개.

영국군 사진에서 많이 보이는
표준적인 모델의 1937 지도가방

초콜릿 색 베이클라이트 판.
폭 216mm.

이 회전식 클립으로 지도 등을 끼워 고정시킨다.

39 탄약상자

'어뮤니션 박스(Ammunition Box)', 이른바 탄약상자라 하면 총탄이나 포탄을 정리하고 보관하거나 운반하기 위한 용기를 총칭하지만 여기에서는 기관총용 탄약상자를 다룬다. 기관총에 탄을 공급할 때는 탈착식의 박스 매거진(상자형 탄창)보다는 천, 혹은 금속제 링크로 연결된 탄을 이용하는 벨트 급탄 방식이 일반적이다. 하지만 발사시에는 벨트 급탄을 한다 하더라도 평시에 탄으로 연결된 벨트(탄띠)를 그대로 들고 다니는 것은 불편한 데다 안전상의 문제가 있으므로 이를 격납하기 위한 전용 상자를 사용하는 편이 좋다. 이 탄약상자는 그 용도에 맞게 상자 자체의 강도와, 뚜껑의 밀폐성이 보장됨은 물론 발사시 기관총을 지탱하는 총가에 그대로 장착이 가능하도록 제작되는 등 여러 가지 배려가 되어 있다.

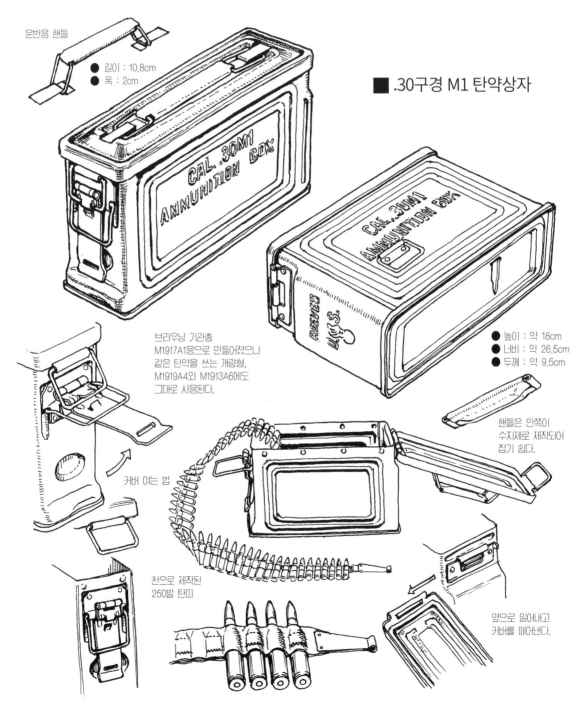

운반용 핸들
● 길이 : 10.8cm
● 폭 : 2cm

■ .30구경 M1 탄약상자

브라우닝 기관총 M1917A1용으로 만들어졌으나 같은 탄약을 쓰는 개량형, M1919A4와 M1913A6에도 그대로 사용된다.

● 높이 : 약 18cm
● 너비 : 약 26.5cm
● 두께 : 약 9.5cm

핸들은 안쪽이 수지제로 제작되어 집기 쉽다.

커버 여는 법

천으로 제작된 250발 탄띠

옆으로 밀어내고 커버를 떼어낸다.

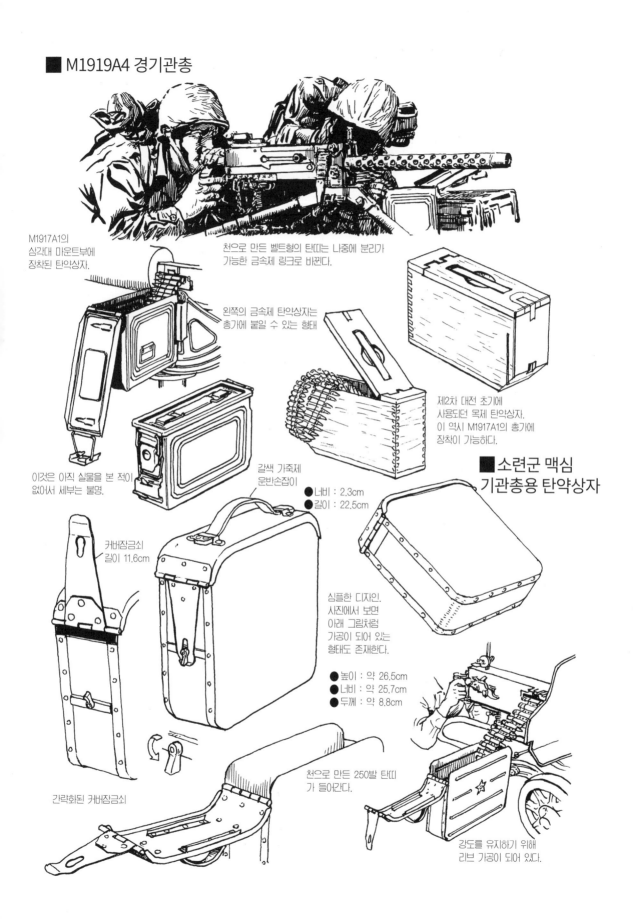

■ M1919A4 경기관총

M1917A1의
삼각대 마운트부에
장착된 탄약상자.

천으로 만든 벨트형의 탄띠는 나중에 분리가
가능한 금속제 링크로 바뀐다.

왼쪽의 금속제 탄약상자는
총가에 붙일 수 있는 형태

제2차 대전 초기에
사용되던 목제 탄약상자.
이 역시 M1917A1의 총가에
장착이 가능하다.

■ 소련군 맥심
기관총용 탄약상자

이것은 아직 실물을 본 적이
없어서 세부는 불명.

갈색 가죽제
운반손잡이

●너비 : 2.3cm
●길이 : 22.5cm

커버잠금쇠
길이 11.6cm

심플한 디자인.
사진에서 보면
아래 그림처럼
가공이 되어 있는
형태도 존재한다.

●높이 : 약 26.5cm
●너비 : 약 25.7cm
●두께 : 약 8.8cm

간략화된 커버잠금쇠

천으로 만든 250발 탄띠
가 들어간다.

강도를 유지하기 위해
리브 가공이 되어 있다.

40 각국의 메스 키트 (제2차 대전기)

'메스 키트(Mess Kit)'란 장병들이 야외에서 취식시에 한 사람분의 필요한 식기를 간결하게 정리한 휴대용 식기 세트를 지칭한다. 다만 최전선에서는 식기를 쓸 여유가 없이 휴대 식량을 그대로 먹는 경우가 일반적이므로 메스 키트를 사용하는 상황은 안전한 후방 지역 등에서 야영하거나 숙영지에서 급식하는 경우에 한한다. 각국 마다 여러 가지 형식이 있지만 크게 나누면 '미트 캔' 유형과 '반합' 유형으로 나눌 수 있으며, 전자는 식기 전용, 후자는 조리 도구를 겸하는 형태일 때가 많다. 메스 키트에도 각국의 식문화의 차이가 나타난다.

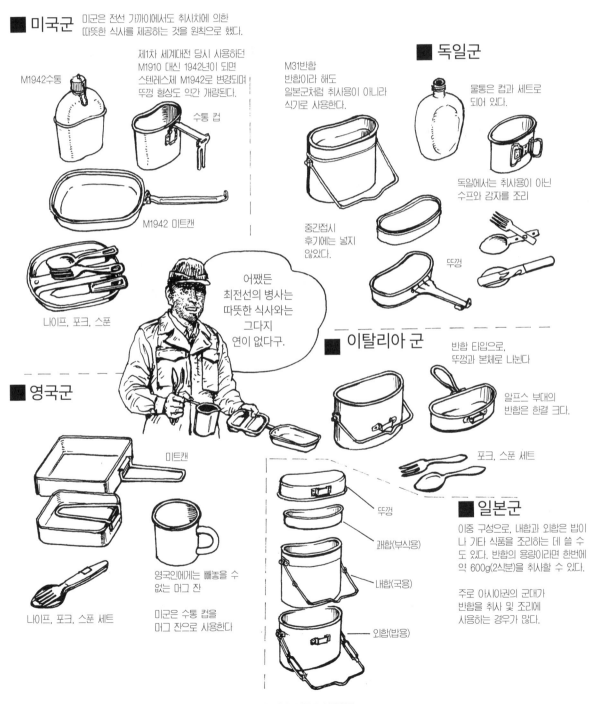

■ 미국군 미군은 전선 가까이에서도 취사차에 의한 따뜻한 식사를 제공하는 것을 원칙으로 했다.

제1차 세계대전 당시 사용하던 M1910 대신 1942년이 되면 스텐레스제 M1942로 변경되며 뚜껑 형상도 약간 개량된다.

M1942수통

수통 컵

M1942 미트캔

나이프, 포크, 스푼

■ 독일군

물통은 컵과 세트로 되어 있다.

M31반합 반합이라 해도 일본군처럼 취사용이 아니라 식기로 사용한다.

독일에서는 취사용이 아닌 수프와 감자를 조리

중간접시 후기에는 넣지 않았다.

뚜껑

어쨌든 최전선의 병사는 따뜻한 식사와는 그다지 연이 없다구.

■ 이탈리아 군

반합 타입으로, 뚜껑과 본체로 나뉜다

알프스 부대의 반합은 한결 크다.

포크, 스푼 세트

■ 영국군

미트캔

영국인에게는 뺴놓을 수 없는 머그 잔

미군은 수통 컵을 머그 잔으로 사용한다

나이프, 포크, 스푼 세트

■ 일본군

이중 구성으로, 내합과 외합은 밥이 나 기타 식품을 조리하는 데 쓸 수 도 있다. 반합의 용량이라면 한번에 약 600g(2식분)을 취사할 수 있다.

주로 아시아권의 군대가 반합을 취사 및 조리에 사용하는 경우가 많다.

뚜껑

괘합(부식용)

내합(국용)

외합(밥용)

여기에서 소개한 반합류는 병사, 부사관용이다. 대다수 국가들은 장교용을 별도로 사용한다.

■ 이탈리아 군 장교용 메스 키트

● 중량:약 25kg

캠프에서 이탈리아 요리를 즐기려는 사람의 식기.
파스타 조리 도구가 모두 들어있다.

75.5cm

30.5cm

31cm

75cm

높이 75cm, 넓이 62 × 75cm
의 탁자가 된다.

이 장에 등장하는 장교용 메스 키트는 2차 세계대전
이후에 사용된 장비로, 대전 중 이탈리아군 장교는 귀
족 계급 출신이 많아 자기 식기를 가져오는 경우도
빈번했다.

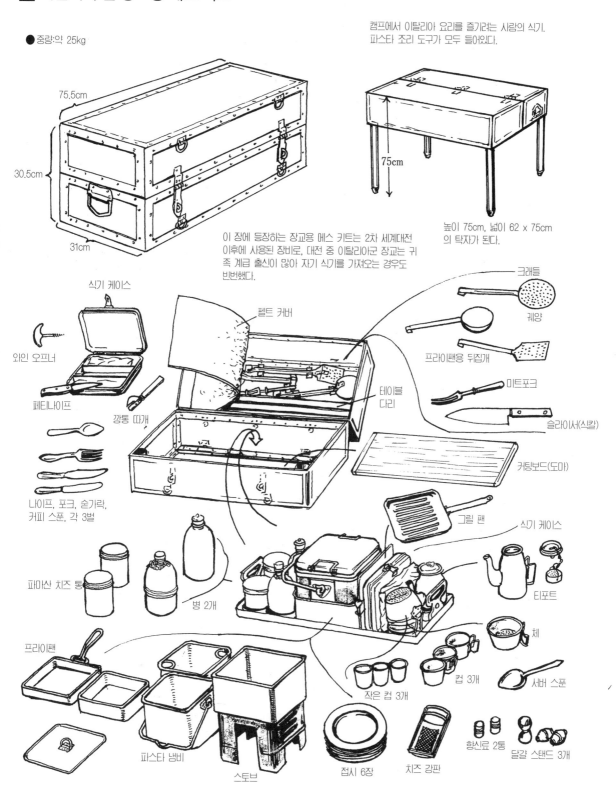

식기 케이스

펠트 커버

크래들

와인 오프너

궤양

페티나이프

프라이팬용 뒤집개

깡통 따개

미트포크

테이블
다리

슬라이서(식칼)

나이프, 포크, 숟가락,
커피 스푼, 각 3벌

커팅보드(도마)

그릴 팬

식기 케이스

파마산 치즈 통

병 2개

티포트

체

프라이팬

컵 3개

서버 스푼

작은 컵 3개

파스타 냄비

스토브

접시 6장

치즈 강판

향신료 2통

달걀 스탠드 3개

085

41 필드키친 (제2차 대전기)

전장의 장병들에 대한 식사 제공(야외 급식)은 후방 지원 업무 가운데 가장 중요한 요소로 꼽힌다. 특히 제대로 조리된 따뜻한 음식의 제공은 장병의 체력 유지와 사기 증진에 중요한 요소다. 제1차 세계대전 당시부터 각국 육군은 전장에서 야외 급식을 위해 조리 시설을 탑재하고 이동이 용이한 야전 취사차(필드키친)를 제작하여 사용한 경우가 많았다. 이러한 야전취사차는 기동전이 전개된 제2차 세계대전 당시에는 부대의 규모에 맞춰 제작되어 그 종류가 다양해졌다. 이 코너에서는 독일군이 널리 사용한 야전취사차를 중심으로 소개하려 한다. 독일군하면 전격전의 주역인 기갑사단을 떠올리는 경우가 많지만 보병사단은 거의 기계화되지 않아서 이동은 문자 그대로 도보로 이뤄졌다. 심지어 일선의 전투부대에 필요한 물품을 수송 보급하는 보급부대도 말이 끄는 수레를 사용하는 경우가 많았는데, 야전취사차도 짐말 2마리 내지 4마리로 견인되는 수레에 실려 이동했다는 점에서 예외가 아니었다. 기계화부대에서는 야전취사차를 트럭으로 견인하거나 아예 전부 트럭에 실어 사용하는 경우가 많았다.

■ 대형 야전취사차 Hf.13

최대 255명분의 식사를 조리할 능력이 있다.
압력솥은 조리 시간 단축에 도움을 주었다.

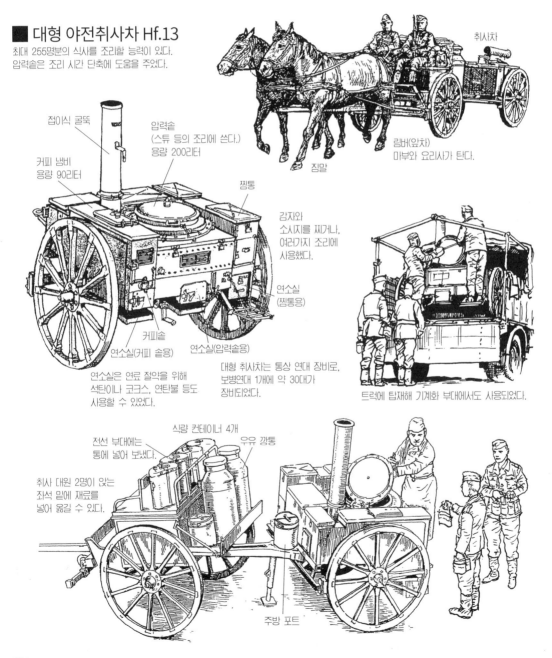

취사차

접이식 굴뚝

압력솥
(스튜 등의 조리에 쓴다.)
용량 200리터

커피 냄비
용량 90리터

찜통

림버(앞차)
마부와 요리사가 탄다.

짐말

감자와
소시지를 찌거나,
여러가지 조리에
사용했다.

연소실
(찜통용)

커피솥
연소실(커피 솥용)

연소실(압력솥용)

연소실은 연료 절약을 위해
석탄이나 코크스, 연탄불 등도
사용할 수 있었다.

대형 취사차는 통상 연대 장비로,
보병연대 1개에 약 30대가
장비되었다.

트럭에 탑재해 기계화 부대에서도 사용되었다.

식량 컨테이너 4개

전선 부대에는
통에 넣어 보냈다.

우유 깡통

취사 대원 2명이 앉는
좌석 밑에 재료를
넣어 옮길 수 있다.

주방 포트

086

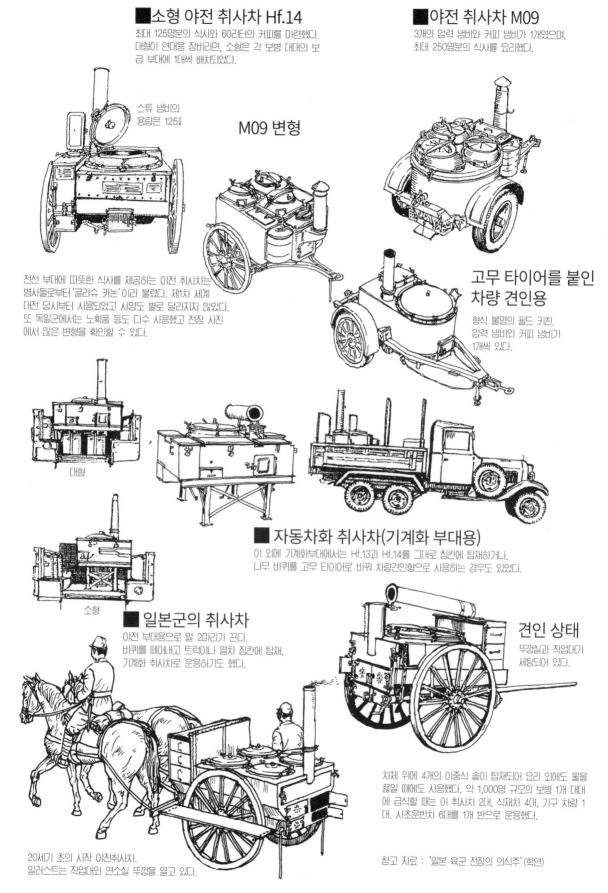

■소형 야전 취사차 Hf.14

최대 125명분의 식사와 60리터의 커피를 마련했다. 대형이 연대용 장비라면, 소형은 각 보병 대대의 보급 부대에 1대씩 배치되었다.

■야전 취사차 M09

3개의 압력 냄비와 커피 냄비가 1개였으며, 최대 250명분의 식사를 요리했다.

스튜 냄비의 용량은 125ℓ

M09 변형

전선 부대에 따뜻한 식사를 제공하는 야전 취사차는 병사들로부터 '굴라슈 카논'이라 불렸다. 제1차 세계 대전 당시부터 사용되었고 시양도 별로 달라지지 않았다. 또 독일군에서는 노획품 등도 다수 사용했고 전장 사진 에서 많은 변형을 확인할 수 있다.

고무 타이어를 붙인 차량 견인용

형식 불명의 필드 키친. 압력 냄비와 커피 냄비가 1개씩 있다.

대형

소형

■자동차화 취사차(기계화 부대용)

이 외에 기계화부대에서는 Hf.13과 Hf.14를 그대로 짐칸에 탑재하거나, 나무 바퀴를 고무 타이어로 바꿔 차량견인형으로 사용하는 경우도 있었다.

■일본군의 취사차

야전 부대용으로 말 2마리가 끈다. 바퀴를 떼어내고 트럭이나 열차 짐칸에 탑재, 기계화 취사차로 운용하기도 했다.

견인 상태

뚜껑실과 직업대가 세팅되어 있다.

차체 위에 4개의 이중식 솥이 탑재되어 요리 외에도 물을 끓일 때에도 사용했다. 약 1,000명 규모의 보병 1개 대대에 급식할 때는 이 취사차 2대, 식재차 4대, 기구 차량 1대, 시초운반차 6대를 1개 반으로 운용했다.

20세기 초의 시작 야전취사차. 일러스트는 직업대와 연소실 뚜껑을 열고 있다.

참고 자료 : '일본 육군 전장의 의식주' (학연)

42 아시아 각국군의 신형 헬멧

1970년대에 들어서자 미군은 군인의 개인 장비의 근대화를 추진했다. 철모도 당시 최신 합성섬유 소재인 케블러를 사용한 신형을 채용했다. 또 인체공학적인 연구를 통해 디자인도 제2차 세계대전 당시 독일군 철모와 비슷한 형태인 '프리츠'타입으로 바뀌었다. 이는 군용 헬멧의 합리적, 이상적인 디자인으로 받아들여졌고, 이제는 세계 각국에서 유사한 형태를 채용하는 사례가 늘어나고 있으며 일본, 대만, 한국, 중국 등 아시아 각국의 군대 또한 헬멧을 프리츠 타입으로 바꾸거나 바꾸고 있는 상태다.

■ 중국 인민해방군

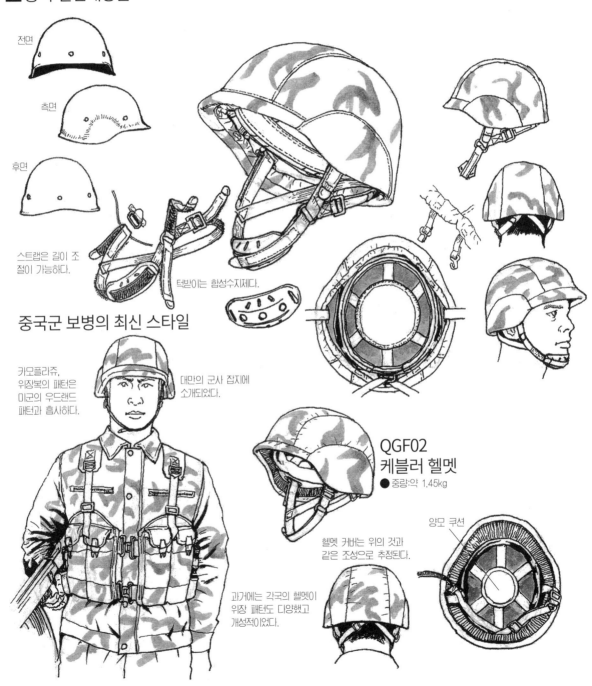

전면

측면

후면

스트랩은 길이 조절이 가능하다.

턱받이는 합성수지제다.

중국군 보병의 최신 스타일

카모플라주, 위장복의 패턴은 미국의 우드랜드 패턴과 흡사하다.

대만의 군사 잡지에 소개되었다.

QGF02 케블러 헬멧
● 중량:약 1.45kg

양모 쿠션

헬멧 커버는 위의 것과 같은 조성으로 추정된다.

과거에는 각국의 헬멧이 위장 패턴도 다양했고 개성적이었다.

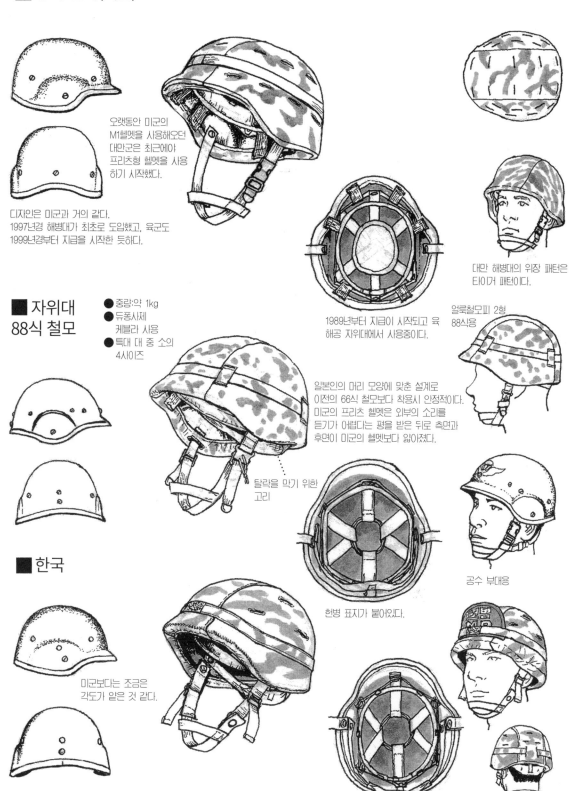

■ 중화 민국(대만)

오랫동안 미군의 M1헬멧을 사용해오던 대만군은 최근에야 프리츠형 헬멧을 사용하기 시작했다.

디자인은 미군과 거의 같다. 1997년경 해병대가 최초로 도입했고, 육군도 1999년경부터 지급을 시작한 듯하다.

대만 해병대의 위장 패턴은 타이거 패턴이다.

1989년부터 지급이 시작되고 육해공 자위대에서 사용중이다.

얼룩철모피 2형 88식용

■ 자위대 88식 철모

● 중량:약 1kg
● 듀퐁사제 케블라 사용
● 특대 대 중 소의 4사이즈

일본인의 머리 모양에 맞춘 설계로 이전의 66식 철모보다 착용시 안정적이다. 미군의 프리츠 헬멧은 외부의 소리를 듣기가 어렵다는 평을 받은 뒤로 측면과 후면이 미군의 헬멧보다 얇아졌다.

탈락을 막기 위한 고리

공수 부대용

■ 한국

미군보다는 조금은 각도가 얕은 것 같다.

헌병 표지가 붙어있다.

43 북한군 병사의 장비

조선민주주의인민공화국(북한)은 폐쇄 국가라서 군에 관한 정보는 극히 드물다. 조선인민군의 조직 편성 장비품 등에 대한 공식 자료는 거의 없다. 여기에 그린 유니폼과 장비는 인민군 창건 기념 퍼레이드의 영상이나 선전용 사진 등을 참고한 것이다. 북한은 원래 옛 소련, 중국과의 관계가 매우 강했기 때문에 장비 체계는 기본적으로 양국에서 공급된 것이 기초가 되고 있다.

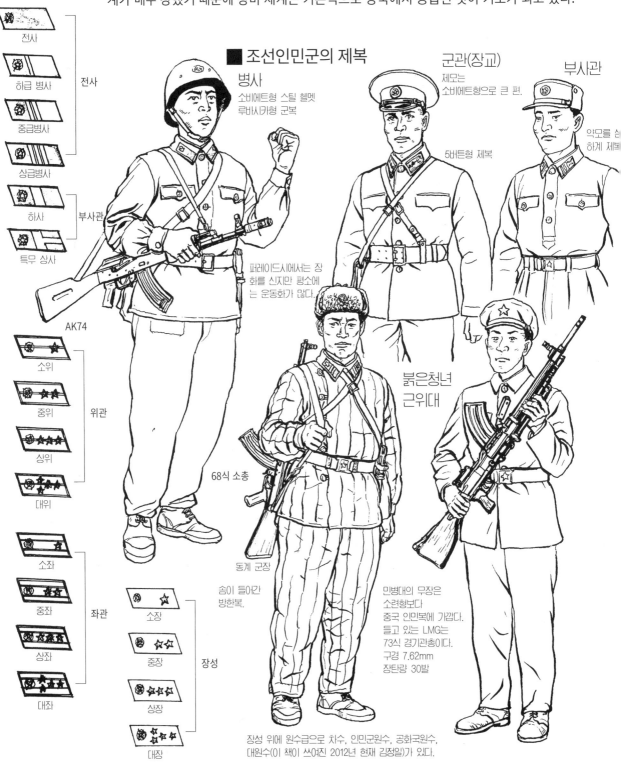

전사

전사

하급 병사

중급병사

상급병사

하사

부사관

특무 상사

AK74

소위

중위

위관

상위

대위

소좌

중좌

좌관

상좌

대좌

소장

중장

장성

상장

대장

■ 조선인민군의 제복

병사
소비에트형 스틸 헬멧
루바시카형 군복

군관(장교)
제모는
소비에트형으로 큰 편.

부사관
약모를 쓴
하게 제복

5버튼형 제복

퍼레이드시에서는 장화를 신지만 평소에는 운동화가 많다.

붉은청년
근위대

68식 소총

동계 군장

솜이 들어간
방한복.

민병대의 무장은
소련형보다
중국 인민복에 가깝다.
들고 있는 LMG는
73식 경기관총이다.
구경 7.62mm
장탄량 30발

장성 위에 원수급으로 차수, 인민군원수, 공화국원수,
대원수(이 책이 쓰여진 2012년 현재 김정일)가 있다.

■ 보병용 소화기

주력 장비는 AK돌격총을 국산화한 68식 소총이다.
그 외에도 옛 소련제 무기가 다수를 차지하고 있다.

58식 소총(AK47)
1960년대에 국산화했으며,
현재는 민병대용 장비다.
● 구경 : 7.62mm
● 장탄량 : 30발

68식 소총(AKM)
북한군의 주력 소총.

58식 개량형

AK74
최근 장비중인 신형 소총.
● 구경 : 5.45mm
● 장탄량 : 30발

68식 권총
(토카레프 개량형)
● 구경 : 7.62mm
● 장탄량 : 8발

70식 권총
(마카로프 개량형)
● 구경 : 7.65mm
● 장탄량 : 8발

RPK 경기관총
AKM 기반의 경기관총.
● 구경 : 7.62mm
● 장탄량 : 40발

RPK74 경기관총
AK74 기반의 경기관총으로,
AK74와 함께 배치되었다.
● 구경 : 7.62mm
● 장탄량 : 40발

SVD드라구노프 저격총
● 구경 : 7.62mm
● 장탄량 : 10발

BG-15
유탄발사기
● 구경 : 40mm

● 구경 : 7.62mm
● 발사속도 : 650발/분

PKM 범용 기관총
삼각대에 올려 중기관총으로도
사용한다.

■ 남파공작원이 사용하는 소형 화기
(이외에도 M16과 FN HP등도 장비)

Vz61스콜피온
● 구경 : 7.62mm
● 장탄량 : 20발

권총급 크기로 각국의
게릴라 조직에서 널리 사용하는
옛 체코슬로바키아제 SMG.

64식 권총 소음기형
● 구경 : 7.65mm
● 장탄량 : 7발
1964년에 북한이 생신을 시작한
FN M1900의 카피판으로, 최근에는
다른 권총이 쓰이는 것 같다.

RPG7
(중국산 69식)
대전차 화기로 기지 공격이나
선박 공격에도 사용할 수 있다.

44 '블랙 호크 다운'의 특수 부대

1993년 미국은 유엔 안전 보장 이사회 결의에 기초해 아프리카의 동부의 소말리아 내전에 개입, 힘에 의한 혼란 수습을 도모했지만 치안 회복을 위해 파견된 미군 부대가 소말리아의 일반 주민과 민병대가 뒤섞인 난전과 격렬한 저항에 직면해, 소기의 목적을 달성하지 못하고 철수를 강요당해 실패라는 결과로 끝났다. 이때의 작전상황과 전투를 그린 논픽션 '강습 부대/미국 최강 스페셜 포스의 전투 기록'(마크 보우든 저 : 하야카와 책방/1999년)은 미국, 소말리아 양측의 취재에 근거하여 그 실상을 생생하게 기록하고 있다. 이 책은 2001년에 '블랙호크 다운'이란 제목으로 영화화되기도 했다. 여기에서는 이 작전의 주인공인 미군 특수 부대원을 소개한다.

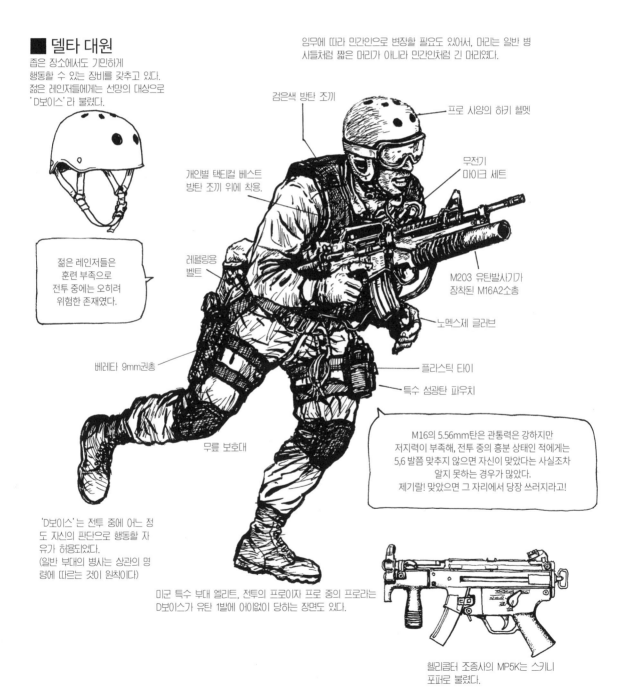

■ 델타 대원

좁은 장소에서도 기민하게 행동할 수 있는 장비를 갖추고 있다. 젊은 레인저들에게는 선망의 대상으로 'D보이스'라 불렸다.

젊은 레인저들은 훈련 부족으로 전투 중에는 오히려 위험한 존재였다.

임무에 따라 민간인으로 변장할 필요도 있어서, 머리는 일반 병사들처럼 짧은 머리가 아니라 민간인처럼 긴 머리였다.

검은색 방탄 조끼

프로 사양의 하키 헬멧

무전기 마이크 세트

개인별 택티컬 베스트 방탄 조끼 위에 착용.

레펠링용 벨트

M203 유탄발사기가 장착된 M16A2소총

노멕스제 글러브

베레타 9mm권총

플라스틱 타이

특수 섬광탄 파우치

무릎 보호대

M16의 5.56mm탄은 관통력은 강하지만 저지력이 부족해, 전투 중의 흥분 상태인 적에게는 5,6 발쯤 맞추지 않으면 자신이 맞았다는 사실조차 알지 못하는 경우가 많았다. 제기랄! 맞았으면 그 자리에서 당장 쓰러지라고!

'D보이스'는 전투 중에 어느 정도 자신의 판단으로 행동할 자유가 허용되었다. (일반 부대의 병사는 상관의 명령에 따르는 것이 원칙이다)

미군 특수 부대 엘리트, 전투의 프로이자 프로 중의 프로라는 D보이스가 유탄 1발에 어이없이 당하는 장면도 있다.

헬리콥터 조종사의 MP5K는 스키니 포퍼로 불렸다.

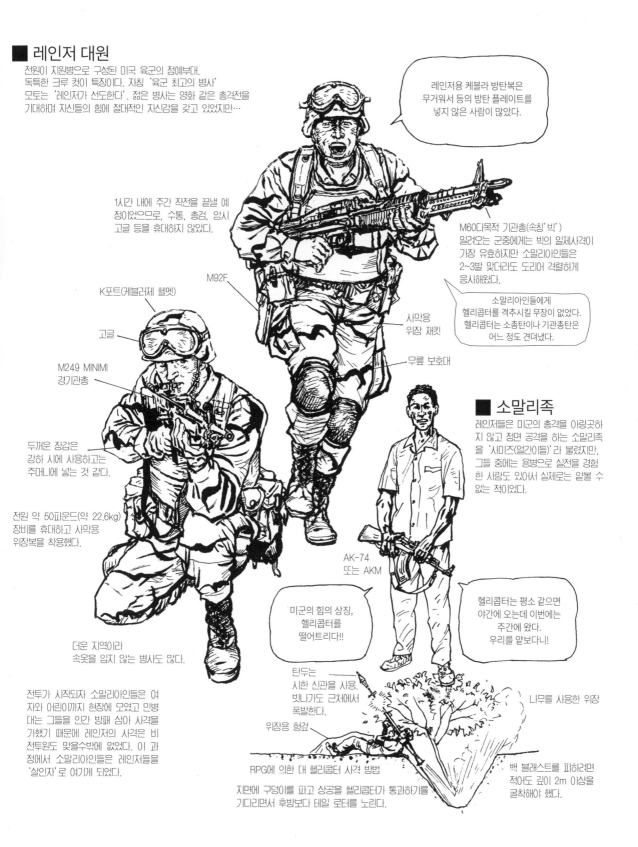

45 내폭 방호복(EOD수트)

2010년 아카데미 상에 빛난 영화 「허트 로커」는 이라크에서 활동하는 미군 폭발물 처리반 병사들의 모습을 실감나게 그린 작품이다. 본작에는 그들이 EOD(ExplosiveOrdnanceDisposal) 슈트를 착용하고 폭발물을 처리하는 장면이 등장한다. 이 EOD수트는 영국군이 IRA의 테러와 장기간 충돌하는 과정에서 발전했다.

■미군
한국 전쟁

베트남 전쟁

1953년에 시작된 보디 아머. 강판을 옷에 꿰매붙였다.

베트콩의 부비 트랩 처리에 활약한 내폭 방호복.

직업 중에 스틸 헬멧은 방해가 되므로 착용하지 않는다.

와이어 트랩을 걸어서 폭발시키는 앵커.

하체 방호용 앞치마 위에 보디 아머를 착용했다.

움직이기 편하도록 가운데가 갈라져 있다.

보디 아머 위에 양팔과 두발의 보호대를 착용하고 있다. 보기에도 움직이기 어려울 것 같아 보이듯, 시험제작으로 끝났다.

폭탄 처리에는, 오늘날에는 처리 작업 로봇이 사용되고 있지만 로봇을 사용할 수 없는 장소나 작업도 많다. EOD 슈트를 입은 폭발물 처리반이 출동했다.

전문가의 부족으로 전장에서 부비트랩이나 폭발물 처리는 병사들이 해야 하는 상황도 많다.

화학 섬유를 사용한 보디 아머.

PA-800
● 중량 : 16kg,

■미국 국내 경찰용 방호복
PA-810A
PA-800의 개량형.

■ EOD 방호복

만일 폭발물이 발화 폭발하더라도 병사의 피해를 더 줄이도록 만들어졌다.
방호 능력이 높을 뿐 아니라 강력한 폭풍도 완충시키는 능력이 있다.

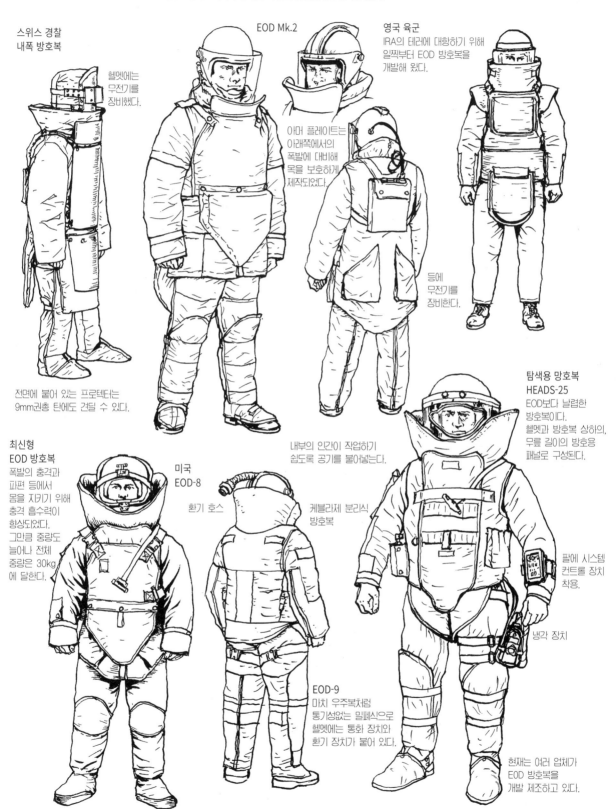

**스위스 경찰
내폭 방호복**

헬멧에는
무전기를
장비했다.

EOD Mk.2

영국 육군
IRA의 테러에 대항하기 위해
일찍부터 EOD 방호복을
개발해 왔다.

아머 플레이트는
아래쪽에서의
폭발에 대비해
목을 보호하게
제작되었다.

전면에 붙어 있는 프로텍터는
9mm권총 탄에도 견딜 수 있다.

등에 무전기를
장비한다.

**탐색용 망호복
HEADS-25**
EOD보다 날렵한
방호복이다.
헬멧과 방호복 상하의,
무릎 길이의 방호용
패널로 구성된다.

**최신형
EOD 방호복**
폭발의 충격과
파편 등에서
몸을 지키기 위해
충격 흡수력이
향상되었다.
그만큼 중량도
늘어나 전체
중량은 30kg
에 달한다.

**미국
EOD-8**

환기 호스

내부의 인간이 작업하기
쉽도록 공기를 불어넣는다.

케블라제 분리식
방호복

팔에 시스템
컨트롤 장치
착용.

냉각 장치

EOD-9
마치 우주복처럼
통기성없는 밀폐식으로
헬멧에는 통화 장치와
환기 장치가 붙어 있다.

현재는 여러 업체가
EOD 방호복을
개발 제조하고 있다.

참고 자료 : '대테러 대 범죄의 보안 시스템' (문림도)

46 제1차 세계대전 당시의 참호와 야전축성

제1차 세계대전 초반, 서부 전선에서 대치하던 독일군과 연합군의 전선은 교착 상태에 빠졌고, 전장은 양측이 방어용 참호에 들어간 채 지구전이 되었다. 개전 직후에는 깊은 구덩이에 지나지 않던 참호도 급속히 발전, 튼튼 하고 복잡한 구조의 견고한 진지가 되어 갔다. 전쟁이 종결되는 시점에서 벨기에에서 프랑스에 걸친 전선에 축 성된 양측 참호 진지의 총연장은 수백킬로미터에 이르게 되었다. 여기에서는 영국군의 참호 진지를 소개한다.

■ 옆에서 본 참호 진지의 단면

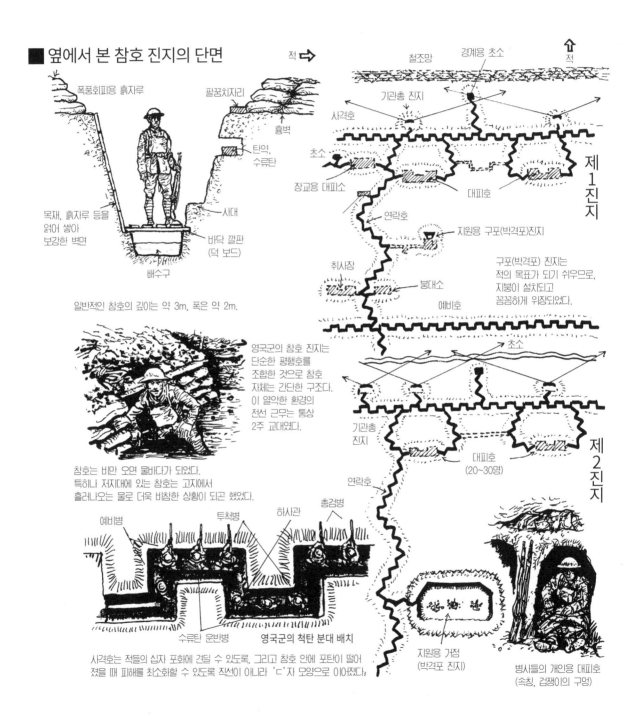

폭풍회피용 흙자루
팔꿈치자리
흉벽
탄약, 수류탄
목재, 흙자루 등을 얽어 쌓아 보강한 벽면
사대
바닥 깔판 (덕 보드)
배수구

일반적인 참호의 깊이는 약 3m, 폭은 약 2m.

영국군의 참호 진지는 단순한 평행호를 조합한 것으로 참호 자체는 간단한 구조다. 이 열악한 환경의 전선 근무는 통상 2주 교대였다.

참호는 비만 오면 물바다가 되었다.
특히나 저지대에 있는 참호는 고지에서
흘러나오는 물로 더욱 비참한 상황이 되곤 했었다.

예비병
투척병
하사관
총검병
수류탄 운반병
영국군의 척탄 분대 배치

사격호는 적들의 십자 포화에 견딜 수 있도록, 그리고 참호 안에 포탄이 떨어
졌을 때 피해를 최소화할 수 있도록 직선이 아니라 'ㄷ'자 모양으로 이어졌다.

적 ➡
철조망
경계용 초소
적 ⬆
기관총 진지
사격호
초소
장교용 대피소
연락호
취사장
붕대소
예비호
대피호
지원용 구포(박격포)진지

제1진지

구포(박격포) 진지는
적의 목표가 되기 쉬우므로,
지붕이 설치되고
꼼꼼하게 위장되었다.

초소
기관총 진지
대피호 (20~30명)
연락호

제2진지

지원용 거점 (박격포 진지)
병사들의 개인용 대피호 (속칭, 겁쟁이의 구멍)

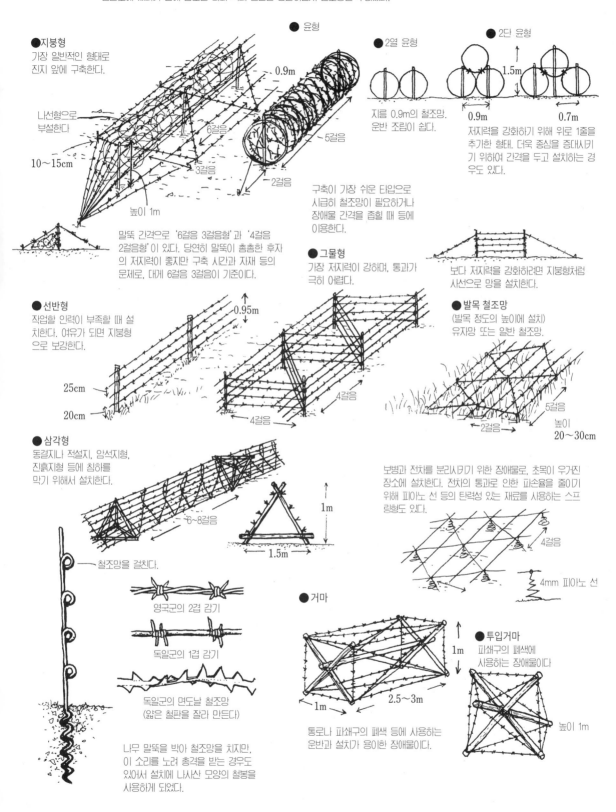

■ 철조망

참호는 몇겹씩 둘러싼 철조망에 의한 방어되어 양군의 병사들은
순찰호에 있다가 밤에 참호를 나와 적의 전선을 정찰하면서 철조망을 수리했다.

●지붕형
가장 일반적인 형태로
진지 앞에 구축한다.

나선형으로
부설한다

10~15cm

6걸음

3걸음

2걸음

높이 1m

0.9m

5걸음

말뚝 간격으로 '6걸음 3걸음형'과 '4걸음
2걸음형'이 있다. 당연히 말뚝이 촘촘한 후자
의 저지력이 좋지만 구축 시간과 자재 등의
문제로, 대게 6걸음 3걸음이 기준이다.

● 윤형

●2열 윤형
지름 0.9m의 철조망.
운반 조립이 쉽다.

●2단 윤형
1.5m
0.9m   0.7m
저지력을 강화하기 위해 위로 1줄을
추가한 형태. 더욱 종심을 증대시키
기 위하여 간격을 두고 설치하는 경
우도 있다.

구축이 가장 쉬운 타입으로
시급히 철조망이 필요하거나
장애물 간격을 좁힐 때 등에
이용한다.

● 그물형
가장 저지력이 강하며, 통과가
극히 어렵다.

보다 저지력을 강화하려면 지붕형처럼
사선으로 망을 설치한다.

● 선반형
작업할 인력이 부족할 때 설
치한다. 여유가 되면 지붕형
으로 보강한다.

0.95m

25cm

20cm

4걸음

4걸음

● 발목 철조망
(발목 정도의 높이에 설치)
유지망 또는 일반 철조망.

2걸음

5걸음

높이
20~30cm

● 삼각형
동결지나 적설지, 암석지형,
진흙지형 등에 침하를
막기 위해서 설치한다.

6~8걸음

1m

1.5m

철조망을 걸친다.

영국군의 2겹 감기

독일군의 1겹 감기

독일군의 면도날 철조망
(얇은 철판을 잘라 만든다)

나무 말뚝을 박아 철조망을 치지만,
이 소리를 노려 총격을 받는 경우도
있어서 설치에 나사산 모양의 철봉을
사용하게 되었다.

보병과 전차를 분리시키기 위한 장애물로, 초목이 우거진
장소에 설치한다. 전차의 통과로 인한 파손율을 줄이기
위해 피아노 선 등의 탄력성 있는 재료를 사용하는 스프
링형도 있다.

4걸음

4mm 피아노 선

● 거마

1m

1m   2.5~3m

통로나 파쇄구의 폐색 등에 사용하는
운반과 설치가 용이한 장애물이다.

●투입거마
파쇄구의 폐색에
사용하는 장애물이다.

높이 1m

47 추억의 'COMBAT!'

과거의 인기 TV드라마 시리즈 '컴뱃!'(한국에서는 7~80년대에 '전투'라는 제목으로 방영되었다)은 밀리터리라는 분야의 자료나 정보라고는 아무 것도 없던 시절에 방영되어서, 이 드라마에서 따온 소년지의 특집 기사가 소년들을 열광시켰다. 이 지면에서는 이들을 재현해 보았다. 지금은 유치하게 보일지도 모를 이런저런 설정이나 해설도 당시로서는 멋지고 매력적이어서, '컴뱃' 방영을 계기로 많은 밀리터리 팬이 자라났다.

■ 독일군 보병

미군 병사는 지퍼식 상의에 군화. 독일군 병사는 목까지 단추를 채우는 군복에 가죽 장화를 신고 있었다. 비슷해보였지만 헬멧의 형태로 구분이 가능했다.

- 철모
- 마우저 Kar98K 소총
- 병과장
- 계급장
- 탄입대
- 방독면
- 대검
- 장화

미군과 달리 독일군은 자료가 없었으며 특히 무장 친위대의 존재를 알게된 것은 한참 뒤의 일이었다.

■ 미군 보병

전장의 미군 병사들은 모두 수류탄을 가지고 있었다. 샌더스 분대의 병사들이 일제히 건물에 던져 넣으면 포탄이 명중한 것 같은 위력을 발휘했다.

- 철모
- 배낭
- 수류탄
- 계급장
- 탄띠
- 응급 세트
- 잡낭 지질구레한 것들을 넣어두는 가방. 수류탄 가방이라고 오기한 책도 있었다.
- 대검
- M1소총 반자동 소총 (허리에 붙인 소총용 탄띠에는 한 포에 8발씩 들어갔으며 10발 짜리도 있었다.)
- 컴뱃 부츠 가죽 각반이 붙어있어 움직이기 편한 전투화

■ 시가전의 공격 법

시가전에 이기려면, 아군이 엄호 사격으로 적을 끌어 놓고

조용한 마을에 안심하고 들어간 미군을 기관총으로 기습하는 것이 독일군의 일상적인 전법이다.

그늘진 곳을 따라 적의 발밑까지 빠르게 숨어들어가 수류탄을 던져넣는다.

'COMBAT!'의 병사들은 용감하다. 독일군 전차가 나타나도 아랑곳없이 수류탄으로 공격한다. 그리고 전진 또 전진만이 있을 뿐이다.

■ 전장으로 돌격하는 병사의 장비

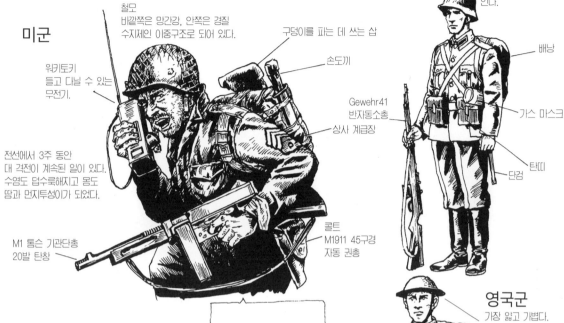

미군

철모
바깥쪽은 망간강, 안쪽은 경질
수지제인 이중구조로 되어 있다.

워키토키
들고 다닐 수 있는
무전기.

전선에서 3주 동안
대 격전이 계속된 일이 있다.
수영도 덥수룩해지고 몸도
땀과 먼지투성이가 되었다.

구덩이를 파는 데 쓰는 삽

손도끼

Gewehr41
반자동소총

상사 계급장

콜트
M1911 45구경
자동 권총

M1 톰슨 기관단총
20발 탄창

독일군
무게 1.4kg
두께 1.02mm
일본의 철모보다 방탄성능
이 우수하고 주위가 잘 보
인다.

적군 역할인 독일 병사가 점점
멋있게 보이기 시작했다.

배낭

가스 마스크

탄띠

단검

영국군
가장 얇고 가볍다.
두께는 1mm지만,
맞추기 어렵다.

레인코트

탄띠

단검

영국군은 미군보다
장비는 좋지 않다.
식량도 별로지만
기관단총은 성능이 좋다.
병사들은 제법 끈질기다.

엔필드 No.1
마크 3 소총

기관단총은
아군 병사를 적에게
접근시키기 위한
엄호 사격에
힘을 발휘한다.
고참 샌더스 중사는
이 엄호 사격을 잘 한다.

당시 나카타쇼텐에서 입수 가능한 'COMBAT!' 관련상품

미군 철모
외측모자 ￥ 800(중고)
내측모자 ￥ 1000(신품)
내측 모자는
재해 때 도움이 된다.
서스펜더 ￥ 250
전투복상의 ￥ 1500
바지 ￥ 1200
삽 ￥ 650
수통 ￥ 600
권총 벨트 ￥ 250
M1 카빈 탄창 ￥ 100
전투화 ￥ 3200
M1 개런드 탄띠 ￥ 420

방영 당시인 1964년에는 독일군 관련상
품이 아무것도 없었다.

철모
무게 약 1kg.
비교적 두꺼운
두께 1mm.

38식 볼트 액션
소총

배낭을
메고 있다.

단검

집닝

끈으로 된 각반

일본군
미군과 같은 무기를 가지고 있다면,
일본군은 지지 않았을 것이라 생각된다.
일본군은 패배해서 도망치거나
포로가 되는 것을 부끄러워하며
끝까지 싸울 강한 투지를 가지고 있다.

전투복은 병사의 임무와
싸움마다 다르지만
여기에서는 완전 무장의 경우.

참고 문헌 : '소년선데이' '소년 매거진' '소년 킹', 나카타 상점 카탈로그

48 'COMBAT!' 세대의 총기

전항에 이어 TV드라마 시리즈 '컴뱃!'의 방영 당시 소년지에 게재된 밀리터리 특집들에서 총을 주제로 한 것들을 재현해봤다. '컴뱃!' 방영 전부터 서부극이나 총기 붐이 일어서 이런 특집자료도 총에 대한 해설이 지리멸렬한 경우는 거의 없었지만, 사진과 자료가 부족해서, 일러스트의 자동 권총들은 좌우 양쪽이 똑같이 그려진 경우도 많았다.

■ 각국의 권총

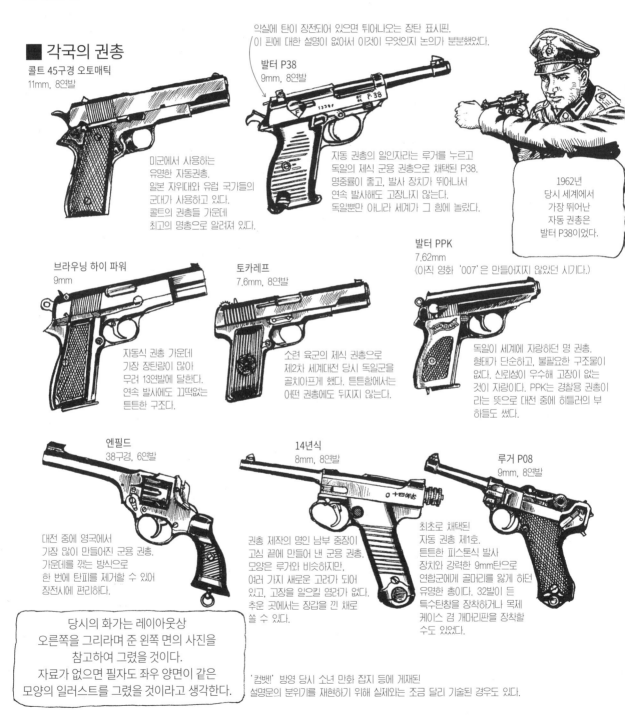

악실에 탄이 장전되어 있으면 튀어나오는 장탄 표시핀.
이 핀에 대한 설명이 없어서 이것이 무엇인지 논의가 분분했었다.

콜트 45구경 오토매틱
11mm, 8연발

발터 P38
9mm, 8연발

미군에서 사용하는
유명한 자동권총.
일본 자위대와 유럽 국가들의
군대가 사용하고 있다.
콜트의 권총들 가운데
최고의 명총으로 알려져 있다.

자동 권총의 일인자라는 루거를 누르고
독일의 제식 군용 권총으로 채택된 P38.
명중률이 좋고, 발사 장치가 뛰어나서
연속 발사해도 고장나지 않는다.
독일뿐만 아니라 세계가 그 힘에 놀랐다.

1962년
당시 세계에서
가장 뛰어난
자동 권총은
발터 P38이었다.

브라우닝 하이 파워
9mm

토카레프
7.6mm, 8연발

발터 PPK
7.62mm
(아직 영화 '007'은 만들어지지 않았던 시기다.)

자동식 권총 가운데
가장 장탄량이 많아
무려 13연발에 달한다.
연속 발사에도 끄떡없는
튼튼한 구조다.

소련 육군의 제식 권총으로
제2차 세계대전 당시 독일군을
골치아프게 했다. 튼튼함에서는
어떤 권총에도 뒤지지 않는다.

독일이 세계에 자랑하던 명 권총.
형태가 단순하고, 불필요한 구조물이
없다. 신뢰성이 우수해 고장이 없는
것이 자랑이다. PPK는 경찰용 권총이
라는 뜻으로 대전 중에 히틀러의 부
하들도 썼다.

엔필드
38구경, 6연발

14년식
8mm, 8연발

루거 P08
9mm, 8연발

대전 중에 영국에서
가장 많이 만들어진 군용 권총.
가운데를 꺾는 방식으로
한 번에 탄피를 제거할 수 있어
장전시에 편리하다.

권총 제작의 명인 남부 중장이
고심 끝에 만들어 낸 군용 권총.
모양은 루거와 비슷하지만,
여러 가지 새로운 고려가 되어
있고, 고장을 일으킬 염려가 없다.
추운 곳에서는 장갑을 낀 채로
쓸 수 있다.

최초로 채택된
자동 권총 제1호.
튼튼한 피스톤식 발사
장치와 강력한 9mm탄으로
연합군에게 골머리를 앓게 하던
유명한 총이다. 32발이 든
특수탄창을 장착하거나 목제
케이스 겸 개머리핀을 장착할
수도 있었다.

당시의 화가는 레이아웃상
오른쪽을 그리라며 준 왼쪽 면의 사진을
참고하여 그렸을 것이다.
자료가 없으면 필자도 좌우 양면이 같은
모양의 일러스트를 그렸을 것이라고 생각한다.

'컴뱃!' 방영 당시 소년 만화 잡지 등에 게재된
설명문의 분위기를 재현하기 위해 실제와는 조금 달리 기술된 경우도 있다.

■ 이런 저런 자위대의 총

M3 기관단총
구경 : 11.4mm, 길이 75.7cm

1분에 450발의 속도로
쏠 수 있다. 공수부대가
사용했다.

M1919A6 경기관총
구경 : 7.6mm, 길이 : 96.4cm
무게는 14kg 이지만 혼자
운반하면서 600m 전방의
적을 공격할수 있다.

M1919A6 중기관총
구경 : 7.6mm, 길이 : 134.6cm
두 명이 운용하며, 1분에 550발
가량을 사격할 수 있다.

M1918A2 소총
(대원이 들고 있는 총)
구경 : 7.62mm
길이 : 121.4cm
1분에 350발을 쏠 수 있는
자동소총으로, 500m 이내의
적에게 사용한다.
기관총과 소총의 중간적
존재로, 휴대가 편리하다.

M1소총
8연발 보병용 소총으로
500m까지는 명중률이
매우 높다.

M1917A1 중기관총
구경:7.62mm, 길이 98.2cm
1,000m이상에서도 명중률이 높고
최대 3,200m까지 교전이 가능하다.

■ 각국의 기관총

기관단총은 총열이 짧아 운반에 편리한데다
권총과 탄을 혼용하고 연사도 가능하다.
따라서 여러가지 용도로 활용 가능하므로,
군용 총기의 중핵으로 활약했다.

M2 중기관총
구경 : 12.7mm, 길이 : 165.4cm
진지 내에서 전차나 비행기를
노리는 총으로 6,000m 이상
까지 사격이 가능하다.

콜트 M1911
구경 : 11.4mm, 8연발
자동권총이 부족한 미국이
자랑하는 대형 군용 권총.

MP38 (독일)
독일이 자랑하는 돌격용 기관단총.
작고 힘있는 기관단총으로 공수부대
의 주력 총기였다. MP38은 구조가
매우 튼튼하다.

스텐 Mark.2 (영국)
해병대가 상륙할 때 주로 사용하던 기관단총이다.
스텐은 개머리판이 접철식이므로 좁은 배 안에서도
방해가 되지 않는다.

빅커스 기관총 (영국)
명중률 면에서 세계 제일의 중기관총,
달아오른 총열은 수냉식으로 냉각한다.

PPShM1941 (소련)
1941년에 만들어졌지만
우수하므로 지금도 세계 각국에서 쓰인다.
1분에 900발을 발사할 수 있다.

라인메탈 MG34기관총 (독일)
삼각대를 붙이면 중기관총,
대공총가를 붙이면 대공기관총이 되는
독일군의 명기관총.
그 위력은 연합군에 공포를 빠뜨렸다.
1분에 900발 발사가 가능하다.

브렌 경기관총 (영국)
총 위에 30발 탄창을 장착하는
형식으로, 분당 500발 사격이 가
능한, 당대 세계에서 가장 뛰어난
경기관총.

49 과거에 상상하던 미래전 병사

옛날 소년지에 게재되었던 밀리터리 특집 중에는 '미래'를 테마로 한 것도 많았다. 1950년대나 70년대의 관점에서는 머나먼 미래였던 21세기의 전장을 상상하며 그린 육해공의 무기나 우주용 무기 등이 등장했다. 여기서 재현한 미래의 보병도 그중 하나다. 이런 상상의 산물 중에는 실제로 연구된 장비도 있고, SF적 초현실적인 공상의 세계도 있었다. 어쨌거나 당시의 소년지 다운 꿈같은 내용으로 가득했다.

적외선 쌍안경
밤에도 잘 보인다.
낮에는 위에 올린다.

안테나

헬멧

마이크

마이크

■ 원폭전의 보병

마스크는 방사능이나
고열 때만 얼굴을 덮는다.
보통 쓰지 않는다.

신형 소총은
M14다.

헬멧 안에는
소형 수신 / 송화 장치와
공기 흡입 장치가 붙어 있다.

전투복
신체의 급소부를 티타늄
판으로 덮고 있다. 특수 방수
장갑은 열이나 방사선을 막아
주며, 팔에는 옷 전체의 자동
온도 조절 장치가 붙어 있다.

등 뒤에는 작고 강력한
로켓 장치가 장비되어
지뢰밭이나 적병,
강과 늪 등의 장애물을
날아 넘어 전진한다.

강철제 헬멧

탄띠

방호복

소형 원자
바주카 포

비행플랫폼

발밑에
기관총을
장비했다.

1960년대 초, 미국 육군이 연구하던 보병 장비로
방사능 오염 속에서 활동하는 보병을 추구했다.
핵무기 시대의 지상전은 죽음의 방사능이 쌓이는 중에도
싸울 것이 요구된 것이다.

등에 짊어진
로켓 장치

지뢰를 밟아도
안전한 부츠

■ 1970년대에 상상한
핵전쟁용 보병 장비

■사이보그 병사

당시의 밀리터리 소년들은 이것이 21세기
보병의 모습일 것이라고 생각하고 있었다.

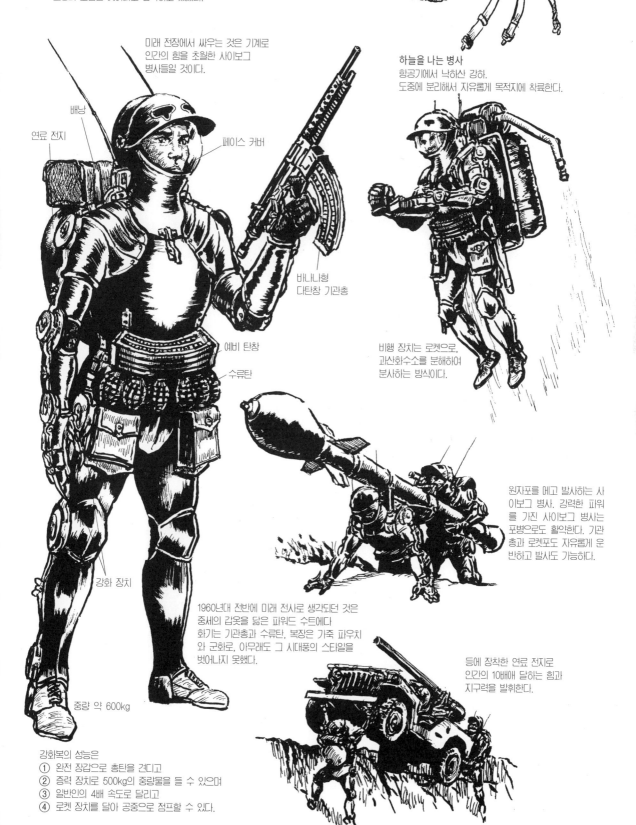

미래 전장에서 싸우는 것은 기계로
인간의 힘을 초월한 사이보그
병사들일 것이다.

안테나

페이스 커버

배낭

연료 전지

바나나형
다탄창 기관총

예비 탄창

수류탄

강화 장치

중량 약 600kg

하늘을 나는 병사
항공기에서 낙하산 강하.
도중에 분리해서 자유롭게 목적지에 착륙한다.

비행 장치는 로켓으로,
과산화수소를 분해하여
분사하는 방식이다.

원자포를 메고 발사하는 사
이보그 병사. 강력한 파워
를 가진 사이보그 병사는
포병으로도 활약한다. 기관
총과 로켓포도 자유롭게 운
반하고 발사도 가능하다.

1960년대 전반에 미래 전사로 생각되던 것은
중세의 갑옷을 닮은 파워드 수트에다
화기는 기관총과 수류탄, 복장은 가죽 파우치
와 군화로, 아무래도 그 시대풍의 스타일을
벗어나지 못했다.

등에 장착한 연료 전지로
인간의 10배에 달하는 힘과
지구력을 발휘한다.

강화복의 성능은
① 완전 장갑으로 총탄을 견디고
② 증력 장치로 500kg의 중량물을 들 수 있으며
③ 일반인의 4배 속도로 달리고
④ 로켓 장치를 달아 공중으로 점프할 수 있다.

50 전쟁 속의 동물 전사들

오래 전부터 전쟁에 가장 많이 이용되던 동물은 말이다. 말은 고대 이래 군대의 이동 및 수송 수단이었고, 수레를 끄는 동력으로 쓰였으며, 그 돌파력으로 적을 찢어발기는 기병은 오랫동안 육전의 꽃으로 자리매김해왔다. '동물 전사'라는 주제로 역사 자료를 살펴보면, 말 이외에 직접 전투에 사용되었던 동물은 코끼리나 낙타 정도다. 다른 동물은 사육과 훈련이 어렵거나 힘이나 속도 등의 능력 부족으로 전투에 이용할 수 없었기 때문이다. 근대의 전장에서는 동물은 점점 사라졌지만 개는 여전히 경비견, 폭발물 탐지견, 수색 구조견 등의 영역에서 군용동물로 폭넓게 활약하고 있다. 이 코너에서는 별로 알려지지 않은 고대의 '전투 코끼리'와 그동안 사용된 이런저런 군용 동물을 소개한다.

■전투 코끼리

코끼리를 군용으로 가장 많이 이용한 국가는 역시 인도로, 1526년부터 1858년까지 이어진 무굴 제국(단, 제국의 이름은 바블이 카불을 정복한 1504년부터)에서는 코끼리 부대를 편성했다. 대부분 짐 운반용이었지만 일부는 전투용으로 조련되었다.

기원전 200년 경 카르타고군은 로마군을 상대로 코끼리를 사용했다. 제1차 포에니 전쟁(기원전 265년 ~ 255년) 당시에는 상당히 위력을 발휘했고 그때까지 코끼리의 존재를 모르던 로마군의 기병과 보병 부대에 위협이었다. 그러나 그 후 로마군도 코끼리에 익숙해지고 대책이 강구되면서 유명한 한니발의 로마 공세 (한니발 전쟁으로도 불리는 기원전 218년 기원전 201년 사이의 제2차 포에니 전쟁) 시기에는 별다른 힘을 쓰지 못했다.

아프리카 코끼리 3.5m　인도 코끼리 3m　숲 코끼리 2.5m

전투 코끼리의 주된 역할은 깃발처럼 병사들을 집합시키는 지표, 혹은 지휘관의 지휘대였지만 때로는 갑옷을 입은 코끼리가 기병대를 들이받아 말을 튕겨내기도 했다.

카르타고군이 사용한 코끼리는 숲 코끼리로 불리는 작은 코끼리다. 병사는 태우기보다는 코끼리의 돌진으로 적을 혼란시켰다.

로마군이 사용한 코끼리 전차
(기원전 200년경)

쿠빌라이 칸의 4마리 코끼리에 얹은 장갑 코끼리 전차(1200년경) 다만 전투용으로 쓰였다고 생각하기는 어렵다.

무굴 제국 후기의 코끼리용 갑옷

■군용 동물의 꽃이었던 말

말은 식량으로는 그다지 환영받지 못했지만 이동 수단이나 전차용 동력으로 인간에게 사육되면서 일찍부터 군용으로 이용되었다.

말을 전투용으로 이용한 전차는 고대 오리엔트 시대에 등장했고 히타이트 제국은 전차의 전투력을 활용해 메소포타미아를 지배했다. 이 뒤 승마 기술이 확산되면서 전차대는 기마대로 바뀌어 갔다.

▼ 16세기 말 장갑 기병

◀ 수메르의 전차
(기원전 2500년경)

처음에는 말이 아닌 당나귀였다.

◀ 히타이트인의 전차
(기원전 1800년경)

이집트에서는 전차에 창병 대신 궁수를 태웠다. (기원전 1400년 경) ▶

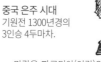

중국 은주 시대 기원전 1300년경의 3인승 4두마차.

낙타

사막의 아랍군이 사용하던 동물. 기수와 사수를 태우고 2인승 병종으로 활약했다. (기원전 7세기 경)

마갑은 파르티아(이란)의 기병이 2세기경부터 사용하기 시작했고, 로마 제국도 일정 규모를 전력화했다. 이후 15세기 후반부터 기창 경기와 함께 유럽에서 부활했지만, 화기의 발달로 금방 사라졌다.

군용견

군용견의 연구는 영국이 가장 먼저 시도했으며, 제1차 세계 대전부터 본격적으로 각국의 육군이 실전에서 사용했다. 주인에게 충실한 개는 전령과 보초, 경계, 부상병 및 탄약 운반 등 여러가지 임무에 쓰였다.

전서구

전서구는 통신 기기가 발달할 때까지 중요한 전달 수단이었다.

▼ 소련의 폭탄개

제2차 세계대전 당시, 독소전 초기의 소련군이 독일군 전차를 저지하기 위해서 사용했다. 실전에서는 총성에 놀라 오줌을 지리며 도망쳐 오는 바람에 거의 성공하지 못한다.

셰퍼드는 대표적인 군견이다.

카나리아

제1차 세계대전 당시 독가스 감지에 사용했다. 일본에서도 사린 사건에 이용되었다.

잠수 요원들의 수중 작업을 돕거나, 상어를 쫓거나, 침몰한 잠수함을 찾는 등 여러 분야에 활용되었다.

접촉침
폭약

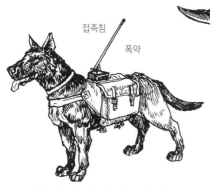

폭약이 아니라 초음파 탐지기를 장비했다.

전차 밑에 기어들어가도록 훈련한 개에 접촉침(신관)이 구부러지거나 부러지면 폭발하도록 만들어진 폭탄가방을 메게 했다.

돌고래
베트남 전쟁 당시(1967년)북 베트남 함선을 공격하기 위한 자폭 돌고래가 있다며 논란이 되었지만, 실제로는 초음파 탐지기를 메고 북 베트남의 잠수함과 프로그맨(잠수원)을 경계하는 경비임무를 수행하기 위해 만 내를 초계하고 있었다.

고성능 탐지기

미군에서는 물개도 돌고래처럼 훈련했었다.

51 형태를 바꾸는 무기들

영화 '트랜스포머'는 여러가지 것들로 모습을 바꾸는 로봇이 등장하는 SF액션 작품이다. 이와 비슷하게 현실에서도 형태가 변하는 소위 '트랜스포머' 무기들이 있다. 그 능력을 보다 효과적으로 발휘하도록 본체 일부가 크게 이동하거나 탑재한 부속물을 전개시키도록 설계된 '변형' 무기들이 여기에 해당하는데, 비행 성능을 향상시키기 위해 가변익을 갖춘 항공기, 무기나 기재를 접었다가 필요시에 한해 펼칠 수 있는 전투 차량, 가동되는 수중 날개를 갖춘 함선 등이 여기에 속한다. 그밖에 실험적인 무기들까지 합치면 변형 무기의 범위는 더욱 늘어나는데, 여기에서는 실용화된 현용 '변신 무기'들을 소개한다.

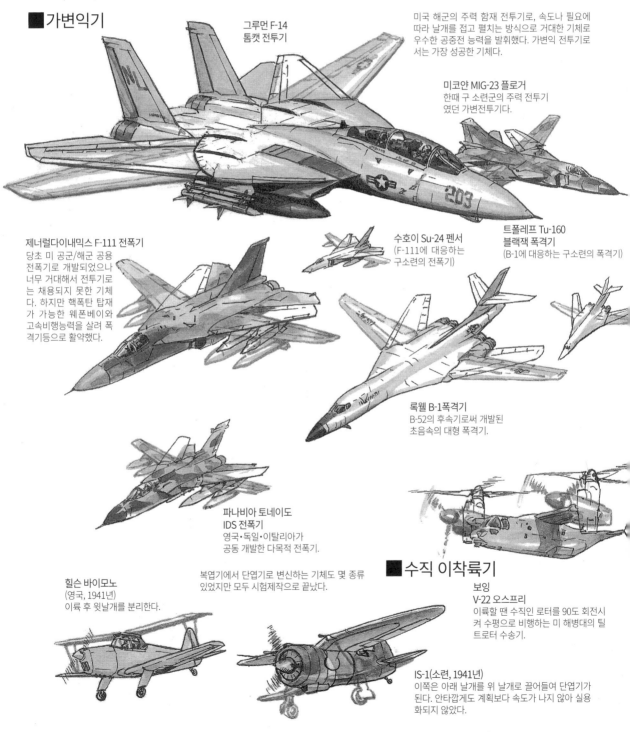

■ 가변익기

그루먼 F-14 톰캣 전투기

미국 해군의 주력 함재 전투기로, 속도나 필요에 따라 날개를 접고 펼치는 방식으로 거대한 기체로 우수한 공중전 능력을 발휘했다. 가변익 전투기로서는 가장 성공한 기체다.

미코얀 MIG-23 플로거
한때 구 소련군의 주력 전투기였던 가변전투기다.

제너럴다이내믹스 F-111 전폭기
당초 미 공군/해군 공용 전폭기로 개발되었으나 너무 거대해서 전투기로는 채용되지 못한 기체다. 하지만 핵폭탄 탑재가 가능한 웨폰베이와 고속비행능력을 살려 폭격기등으로 활약했다.

수호이 Su-24 펜서
(F-111에 대응하는 구소련의 전폭기)

트폴레프 Tu-160 블랙잭 폭격기
(B-1에 대응하는 구소련의 폭격기)

록웰 B-1폭격기
B-52의 후속기로써 개발된 초음속의 대형 폭격기.

파나비아 토네이도 IDS 전폭기
영국·독일·이탈리아가 공동 개발한 다목적 전폭기.

복엽기에서 단엽기로 변신하는 기체도 몇 종류 있었지만 모두 시험제작으로 끝났다.

힐슨 바이모노
(영국, 1941년)
이륙 후 윗날개를 분리한다.

■ 수직 이착륙기

보잉 V-22 오스프리
이륙할 땐 수직인 로터를 90도 회전시켜 수평으로 비행하는 미 해병대의 틸트로터 수송기.

IS-1(소련, 1941년)
이쪽은 아래 날개를 위 날개로 끌어들여 단엽기가 된다. 안타깝게도 계획보다 속도가 나지 않아 실용화되지 않았다.

M901 ITV 자주식 대전차 미사일 차량 (미국)
기립식 발사기에 TOW
대전차 미사일을 장비했다.

미사일 발사기는 이
동시에 후방으로 접
힌다.

FH-77 155mm 자주포
(스웨덴)
볼보 사제 장갑 트럭에 155mm 야포를
탑재. 장전과 발사는 원격 제어된다.

SNEZ-KA
정찰차량 (체코)
최대 14m까지 늘어나는 승
강식 관측 장치를 탑재한다.

BRDM-3
(러시아)
BRDM-2의 기관포탑을 제거하고 9M14 말류츠카(AT-3 새
거) 대전차미사일 6기를 탑재한 차량.

특2식 내화정 (일본)
바다에서는 플로트를 장착한 상태로 선박처럼, 상륙 후에는 차체 전후
의 플로트를 투기하고 전차처럼 기동하는 수륙양용 전차다.

EFV수륙 양용 강습 차량 (미국)
미 해병대 상륙용 장갑 병력 수송차량. 수상 항해시에는 저항 감
쇄용 패널을 전개하고 유압기구로 현수장치와 궤도를 차체 하
부로 끌어들여 고속 수상주행이 가능하나 개발을 완료하지 못
하고 사업이 취소되었다.

70식 자주중문교(육상자위대)
플로트를 전개한 자주중문교 차량을 연결해 부교를
설치한다.

M60 AVLB (미국)
가장 화려한 변신 차량이라면 역시나 차량의
위에 놓인 교량을 전개하여 다리를 부설하는
교량전차를 빼놓을 수 없다. M60 AVLB는 구
형이라 교량판을 수직으로 세운 뒤, 양쪽의 판
을 열면서 교차시키는 시저스식 교량이지만
현대의 가교전차들은 교량판을 수평으로 밀
어낸 뒤 결합시켜 교량을 구성하는 캔틸레버
식을 사용한다.

수중익 미사일정 '페가수스'
하푼 대함미사일을 발사하는 고속정으로 개발되었
다. 수중익과 가스 터빈식 워터 제트 추진기구를 조
합해 최대속도 48kt(약 88.9km/h)를 발휘한다. 엔진
이 강화된 2번함 이후에는 55kt의 속도를 낼수 있다.

**그리즐리 전투
공병 차량**
굴삭기, 마인플로, 도저
등을 장비할 수 있는 독
특한 형식의 공병차량
이지만 2008년 사업이
취소되었다.

10량을 연결하면
총연장 91m의 가교를 구
성할수 있다.

특설 순양함 '호코쿠마루' (일본)
'가장순양함'으로 불리는, 대형 상선/여객선을 무장시켜 적국 상선에
은밀하게 접근하여 통상 파괴전을 수행하는 위장선박이다. 150mm
함포 8문, 533mm 어뢰 발사관, 대공기관총, 수상기 등을 장비했으나
방어력이 떨어져 본격적인 해전 임무 수행은 어렵다.

52 군용 소형차의 걸작 지프

군용 차량으로 너무나 유명한 지프(Jeep)는 2차대전 당시 미국의 무기(차량)가운데 가장 다양한 영역에서 가장 많이 활약한 장비로 꼽힌다. 우수한 주행 성능과 범용성을 양립시켜 현대 군용 소형 4륜 구동차량의 원형으로 자리매김했다. 지프에 관한 모든 것을 이 지면에서 소개하기는 불가능하니, 이 장에서는 제2차 세계대전 당시 지프의 대표적 모델인 윌리스 MB로 발전하는 과정과 무기 탑재형의 변화를 그려보기로 한다.

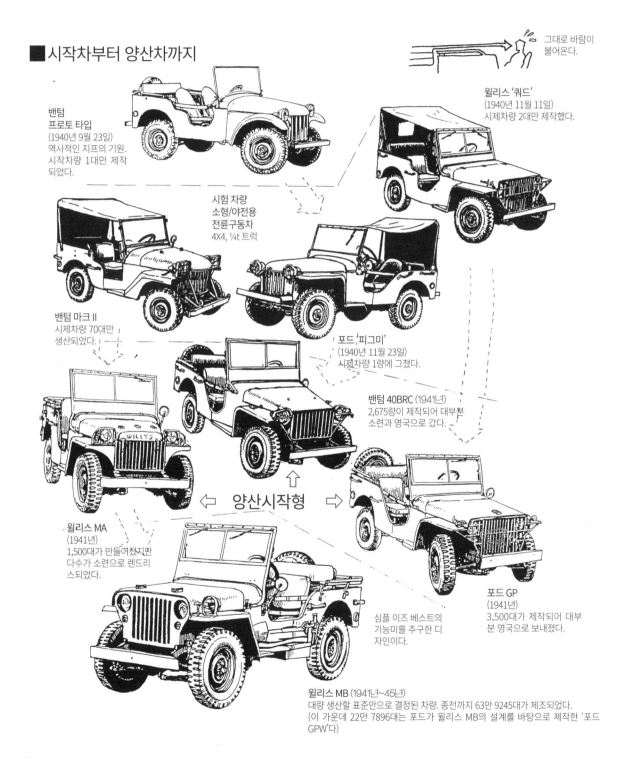

■시작차부터 양산차까지

그대로 바람이 불어온다.

밴텀 프로토 타입
(1940년 9월 23일)
역사적인 지프의 기원.
시작차량 1대만 제작
되었다.

윌리스 '쿼드'
(1940년 11월 11일)
시제차량 2대만 제작했다.

시험 차량
소형/야전용
전륜구동차
4X4, ¼t 트럭

밴텀 마크Ⅱ
시제차량 70대만 생산되었다.

포드 '피그미'
(1940년 11월 23일)
시제차량 1량에 그쳤다.

밴텀 40BRC (1941년)
2,675량이 제작되어 대부분
소련과 영국으로 갔다.

← 양산시작형 →

윌리스 MA
(1941년)
1,500대가 만들여졌지만
다수가 소련으로 렌드리
스되었다.

심플 이즈 베스트의
기능미를 추구한 디
자인이다.

포드 GP
(1941년)
3,500대가 제작되어 대부
분 영국으로 보내졌다.

윌리스 MB (1941년~45년)
대량 생산할 표준안으로 결정된 차량. 종전까지 63만 9245대가 제조되었다.
(이 가운데 22만 7896대는 포드가 윌리스 MB의 설계를 바탕으로 제작한 '포드 GPW'다)

■건지프

지프에는 변종이 다수 있지만,
여기에서는 야전용 건캐리어들을 모아 보았다.

M31 마운트에 .50구경
M2중기관총을 장비했
다. 영화 등에 낯익은
건마운트로, 진동은 심
했지만 사수가 후방좌
석에 앉은 채로 사격할
수 있다.

표준적인 건지프의 장비. M31 마운트와
P743 지지대, .30구경 M1919A1기관총.
화력은 M2에 뒤지지만 안정적인 조합이다.

후방에 BAR, 조수석 측면에 50구경 M2중기관총이라
면 상당히 강력한 장비. M2는 동 체급의 중기관총
가운데 발군의 위력을 자랑했다.

조수석 전방 M48 대시보드 마운트에
30구경 M1919A1기관총을 장착했다.

M2중기관총/M31 마운트를 세우고 지지
대를 용접해 붙인 뒤, 차체 양쪽에도 접이
식 지지대를 추가하여 대공기관총 차량으
로 사용했다.

조수석 옆의 총안에
M1919A을 장비했다.

필요하면 윈드실드를
세울 수 있다.

연장 비커스
303기관총

■영국군 S.A.S. 사양

조수석에 항공기용
연장 비커스 303 기관총을 장비했다.

운전자 전면에 장갑판

조수석 전방에 항공기용
50구경 AN-M2

운전자 측면에
브렌 303기관총

중무장 SAS의
표준 사양이다.

운전자 측면에 브렌 303
경기관총을 얹었다.

■중무장

37mm 대전차포와 조수석 앞에
M1917A1 기관총을 장착했다.

아무래도 지프에 대전차포까지 탑재하기는
무리가 많아서 시제품에 그쳤다.

106mm 무반동총

무반동포 탑재형 지프는
실전에서도 사용되었다.

4.5인치 로켓 발사기 (12연장)

로켓의 폭풍을 막기 위해
철판 덮개를 추가했다.

53 병사들의 생명을 구한 야전용 구급차

야전용 구급차는 전선의 부상자나 병자를 후송하기 위해 의무대가 사용하는 차량으로, 전선에 접근하기 위해
어느 정도 야지주행능력이 있는 차량을 개조하고 쉽게 식별할 수 있도록 차체의 전후좌우, 상면에 적십자 표
식을 붙였다. 각국의 야전용 구급차량은 대부분 트럭 등을 개조하고 의료장비를 갖췄지만, 정규 구급차량 외
에도 소형 차량을 들것이 적재되도록 간단히 개조하여 야전 구급차로 사용하는 경우 역시 빈번했다. 지프는
이런 용도에서도 범용성을 발휘해서 여러 종류의 '앰블런스 지프'들이 활약했다.

■미국 윌리스 MB(지프) ¼t, 4x4

제2차 세계 대전에서 미군은 3만 7073대에 달하는 각종 제식 야전 구급차량을 사용했으나, 전선에
서는 그마저도 부족해서 들것을 지프에 고정할 수 있도록 간단한 야전개조를 하는 경우가 많았다.

뒤에 들것 두 개를 올리는
가장 간단한 예.

들것 3개

들것 5개

해병대의 개조 방안. 좌석 앞뒤로 2개씩, 총 4개
의 들것을 싣도록 개조했다. 차체에 L자형 마운
트를 설치했다.

영국군
지프의 개조는 영국, 캐나다
양군이 가장 활발했다.

캐나다군

가장 본격적으로 개조된 사례다.
보닛 위에는 짐을 실을 수 있는 캐
리어를 설치했다.

들것 4개

들것 3개

독일군 퀴벨바겐
개조 구급차
들것 1개

해병대 사양

리어 시트가
옆으로 이동

수납함

차체 우측을 개조하여 3개의 프레임을 세우고
2단 들것에 2명의 환자를 태운다. 밀림이나 해
안 지대에서는 회전반경이 작은 지프가 활약할
여지가 많았다.

타국에서도 시도가 없는 것은 아니지만 사례 자체가 적다.
범용성의 문제가 아니라 절대 생산량의 부족으로 보는 편이
보다 현실적일 듯하다.

■미국

닷지 WC54, T214 ¾t, 4x4

웨폰 캐리어라 불리며 다양한 용도에 사용되던 닷지 ¾t 트럭의 구급차 개조형으로, 미군의 전체 구급차 가운데 80% 가량을 차지했다.

4개의 침상이 설치되어 있으며, 최대 12명(승무원 2명 포함)을 실어나를 수 있다.

닷지 WC64DK, T214

1944년에 등장한 녹다운형.

DK형은 공수부대용으로, 수용실은 착탈 가능한 접이식이다.

■영국

오스틴 K2, 4x2

영국군이 가장 많이 사용한 차량으로, 프랑스, 노르웨이, 소련, 심지어 미국에도 공급된 차량이다. 들것 4개, 혹은 환자 10명을 수용할 좌석을 설치했다.

쉐보레 C8A, 4x4

캐나다군의 구급차로, 좌측에 들것 2개, 후륜 아치 위에 의약품 보관함을, 우측 로커에 2인용 벤치형 좌석을 두었다.

포드 V3000 앰뷸런스 4x4

호주산 차량으로, 인도 육군에서도 사용했다.

들것 4개

■소련

GAZ-05-193 1½t, 6X4

소련의 표준형 트럭 GAZ-AAA 기반의 구급차로, 총 9명 탑승이 가능하다.

■독일

패노멘 그라니트 25H 4x2 Kfz31

독일 국방군에서 가장 일반적인 구급차. 들것 4개 또는 8명분의 환자용 시트를 장비한다.

패노멘 그라니트 1500S 4x4 Kfz31

WWII 말기에 사용된 4륜 구동형 전선용 야전 구급차.

■이탈리아

피아트 Spa38R 2½t 4x 2

이탈리아 육군의 대표적인 중형 트럭을 개조했다. 들것 4개를 싣는다.

■일본

대4식 환자차

94식 6륜 트럭을 베이스로 제작된 차량. 통상 경상자 12명, 또는 들것 4개의 병상을 수용한다. 만주 등의 한랭지 운용을 상정한 난방 설비도 갖추고 있다.

54 2차대전 당시 미군의 수송 차량

자동차는 제2차 세계대전 당시 지상군의 기동과 보급을 담당하는 주역이었다. 당시 세계 제일의 자동차 대국이던 미국은 그 거대한 공업 자원을 활용해 1939~45년 간 320만 436대의 군용차량을 생산했다. 그 가운데 트럭은 소형(¼t, ½t. ¾4t)이 98만 8167대, 중대형(2.5t급)이 82만 2262대 제작되어 생산량의 대부분을 차지했다. 중형 트럭(1.5t급)은 42만 8196대, 대형트럭(2.5t 이상)도 15만 3686대가 생산되었다. 미국의 군용 트럭이라면 '지프(¼ 트럭)'와 '지미(2.5t 트럭)' 등이 유명하지만, 그 밖에도 다양한 차량이 운용되었는데, 이 장에서는 비교적 대량으로 운용된 기본적인 차량들을 그려보았다. 수송용 외에도 이를 토대로 야전용 구급차, (물과 연료같은 액체를 운반하는) 탱크로리, 덤프, 견인차량과 크레인 등의 작업차량도 생산되었다.

¼ t, 4X4 '윌리스 MB'
너무도 유명한 지프.
초기에는 '비프'나
'블리츠 버기'
등으로 불렸다.

½t, 4X4 '닷지 VC3 T202'
이 차도 지프라 불렸지만 1942년
부터는 ¼t 4x4 구성의 소형차만
지프라 불리게 되었다.

1 ½t 급의 트럭은 1930~40년간 미국 트럭 생산의 반수 이상을 차지했으며, 많은 양이 수출되었다. 포드 등의 경쟁사도 동급의 트럭을 대량 생산했다.

¾t, 4x4 '닷지 WC52, T214'
튼튼한 수송차량으로, 전후 전 세계에서 사용되었다.

'더 비프'라는 애칭이 있었다.

1 ½t, 4x2 '쉐보레 MR'

1 ½t 4x4 '쉐보레 YPG4112'
군용으로 개발된 소형 트럭.

1 1/2t 6x6 '닷지 WC62, T-223'
¾t 닷지의 장축형.

2 ½t, 4x2
'인터내셔널 K-7'
민수용 트럭.
주로 미 해군이 사용했다.

2 ½t 6x4 'GMCCCW-353'

이외에도 소련에 대량으로 수출되어, 전후 소련에서는 그대로 복사해서 생산했다.

험지주행에 유리한 전륜구동계가 필요하지 않는 곳에서 물자 수송에 사용된 차량으로, 외형은 CCKW-353과 동일하며, 도로 주행에 한정한다면 수송능력도 차이가 없었다. 화물 적재량은 5t.

2 ½t, 6x6 'CCKW-353'

미국 군용트럭의 대표주자. 약 800,000대 이상이 생산되었는데, 그 가운데 56만 2750대를 GMC가 생산했다. '지미'라는 애칭으로 불리며 미 육군의 군마로 전 세계에서 활약했다.

오픈 캡/윈치부착형

2 ½t 6x6 '스투드베커 US-U2'

렌드리스법에 의거, 대부분 영국, 소련으로 보내고 미군에서는 거의 사용하지 않았다. 작은 밀폐형 캐빈이 특징적이다.

2 ½ 6x6 COE 'GMC AFKWX-353'

민수용 트럭을 군용화했다. 전면의 대형 라디에이터 가드가 특징이다.

장축형 트럭으로 15피트(약 4.5m)형과 17피트(약 5.1m)형의 2종류가 있었다.

6t, 6x6 '화이트 666'

자중 10t급 전륜 구동형 대형 트럭

GMC 'CCKW-353A1' 숏 휠베이스 타입

밀폐형 캐빈

2 ½t, 6x6 '인터내셔널 M5H6'

해군 및 해병대에서 사용되었다.

둥근 펜더와 모난 헤드라이트 가드가 특징이다.

4t 6X6, '다이아몬드 T968A'

2 ½t에 이어 폭넓게 사용된 중대형 트럭이다.

7 ½t, 6 x 6 '마크 No.2'

대부분이 건트럭으로 사용되었다.

55 M2/M3 하프트랙 장갑차

하프트랙 장갑차는 제2차 세계대전 당시 최초로 등장했다. 미국군과 독일군 기갑 부대의 핵심 병력 수송차량으로 활약했으며 다양한 변형들이 탄생했다. 이 코너에서는 대전기 미군 반궤도 장갑차의 주력이자 전후에도 많은 나라의 군대에서 사용된 M2, M3 반궤도 장갑차와 그 파생형 일부를 소개한다.

■ 병력 수송차

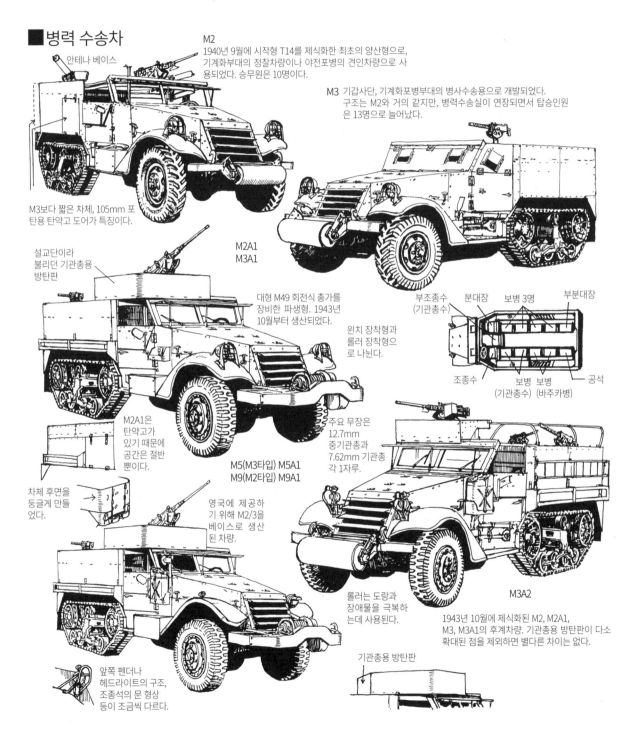

안테나 베이스

M2
1940년 9월에 시작형 T14를 제식화한 최초의 양산형으로, 기계화부대의 정찰차량이나 야전포병의 견인차량으로 사용되었다. 승무원은 10명이다.

M3 기갑사단, 기계화포병부대의 병사수송용으로 개발되었다. 구조는 M2와 거의 같지만, 병력수송실이 연장되면서 탑승인원은 13명으로 늘어났다.

M3보다 짧은 차체, 105mm 포탄용 탄약고 도어가 특징이다.

설교단이라 불리던 기관총용 방탄판

M2A1
M3A1

대형 M49 회전식 총가를 장비한 파생형. 1943년 10월부터 생산되었다.

윈치 장착형과 롤러 장착형으로 나뉜다.

부조종수 (기관총수) · 분대장 · 보병 3명 · 부분대장

조종수 · 보병 (기관총수) · 보병 (바주카병) · 공석

M2A1은 탄약고가 있기 때문에 공간은 절반 뿐이다.

주요 무장은 12.7mm 중기관총과 7.62mm 기관총 각 1자루.

차체 후면을 둥글게 만들었다.

M5(M3타입) M5A1
M9(M2타입) M9A1

영국에 제공하기 위해 M2/3을 베이스로 생산된 차량.

롤러는 도랑과 장애물을 극복하는데 사용된다.

M3A2

1943년 10월에 제식화된 M2, M2A1, M3, M3A1의 후계차량. 기관총용 방탄판이 다소 확대된 점을 제외하면 별다른 차이는 없다.

앞쪽 펜더나 헤드라이트의 구조, 조종석의 문 형상 등이 조금씩 다르다.

기관총용 방탄판

114

M2, M3의 변형　이 차량의 변형은 수없이 많다. 여기에서는 실전에 사용된 화기 탑재형들만 소개한다.

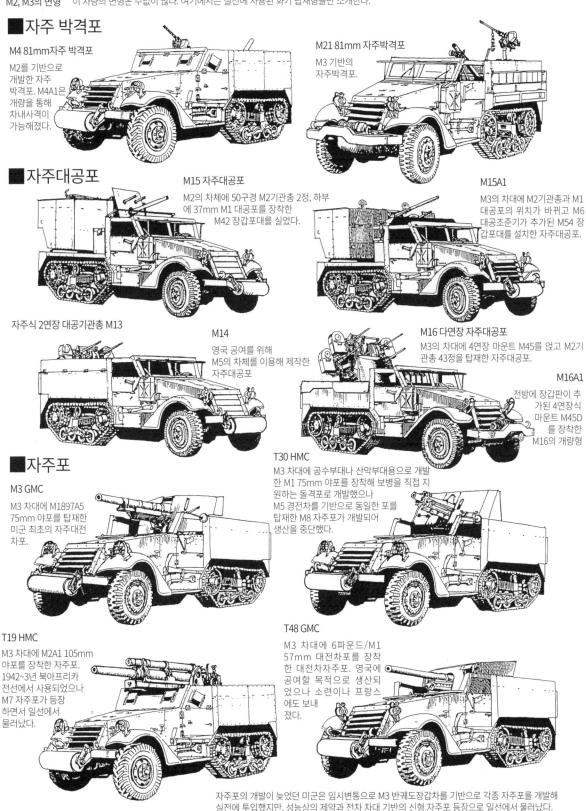

■자주 박격포

M4 81mm자주 박격포
M2를 기반으로 개발한 자주 박격포. M4A1은 개량을 통해 차내사격이 가능해졌다.

M21 81mm 자주박격포
M3 기반의 자주박격포.

■자주대공포

M15 자주대공포
M2의 차체에 50구경 M2기관총 2정, 하부에 37mm M1 대공포를 장착한 M42 장갑포대를 실었다.

M15A1
M3의 차대에 M2기관총과 M1 대공포의 위치가 바뀌고 M6 대공조준기가 추가된 M54 장갑포대를 설치한 자주대공포.

자주식 2연장 대공기관총 M13

M14
영국 공여를 위해 M5의 차체를 이용해 제작한 자주대공포

M16 다연장 자주대공포
M3의 차대에 4연장 마운트 M45를 얹고 M2기관총 43정을 탑재한 자주대공포.

M16A1
전방에 장갑판이 추가된 4연장식 마운트 M45D를 장착한 M16의 개량형

■자주포

M3 GMC
M3 차대에 M1897A5 75mm 야포를 탑재한 미군 최초의 자주대전차포.

T30 HMC
M3 차대에 공수부대나 산악부대용으로 개발한 M1 75mm 야포를 장착해 보병을 직접 지원하는 돌격포로 개발했으나 M5 경전차를 기반으로 동일한 포를 탑재한 M8 자주포가 개발되어 생산을 중단했다.

T19 HMC
M3 차대에 M2A1 105mm 야포를 장착한 자주포. 1942~3년 북아프리카 전선에서 사용되었으나 M7 자주포가 등장하면서 일선에서 물러났다.

T48 GMC
M3 차대에 6파운드/M1 57mm 대전차포를 장착한 대전차자주포. 영국에 공여될 목적으로 생산되었으나 소련이나 프랑스에도 보내졌다.

자주포의 개발이 늦었던 미군은 임시변통으로 M3 반궤도장갑차를 기반으로 각종 자주포를 개발해 실전에 투입했지만, 성능상의 제약과 전차 차대 기반의 신형 자주포 등장으로 일선에서 물러났다.

56 티거-I 중전차의 내부 구조

전차 팬들 가운데 제2차 세계대전 당시 가장 유명한 전차로 독일의 티거를 꼽는 데 주저하는 사람은 그리 많지 않을 것이다. 그 압도적인 화력과 방어력으로 연합군 전차를 짓밟아 버리는 독일 기갑사단의 상징이라 할 만한 중전차다. 팬들 사이에서 티거의 인기는 시들해지는 커녕 나날이 높아져서, 모형계에서 신제품이 그치지 않고 전문지 특집기사의 단골 소재로 지면을 채우기도 한다. 티거는 필자도 많이 그려봤는데, 이번에는 도해로 티거의 내부 구조를 소개하고자 한다.

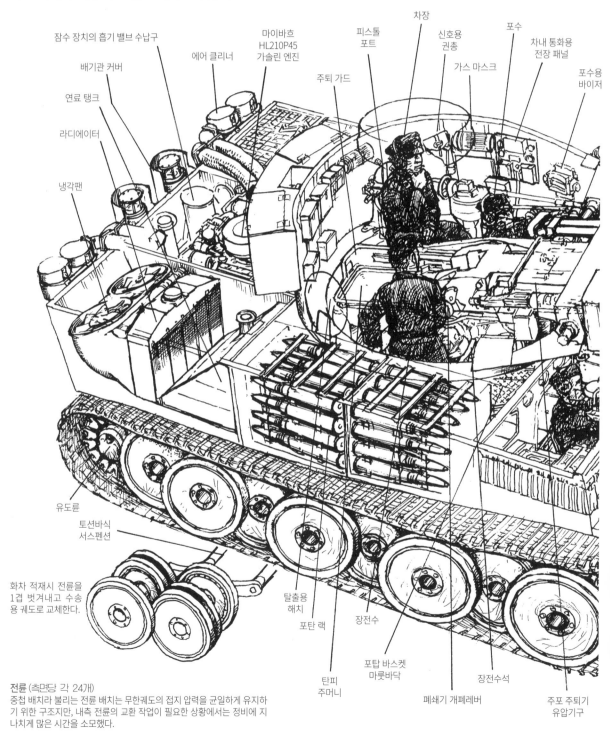

잠수 장치의 흡기 밸브 수납구
배기관 커버
연료 탱크
라디에이터
냉각팬
마이바흐 HL210P45 가솔린 엔진
에어 클리너
주퇴 가드
피스톨 포트
차장
신호용 권총
가스 마스크
포수
차내 통화용 전장 패널
포수용 바이저

유도륜
토션바식 서스펜션

화차 적재시 전륜을 1겹 벗겨내고 수송용 궤도로 교체한다.

탈출용 해치
포탄 랙
탄피 주머니
장전수
포탑 바스켓 마룻바닥
폐쇄기 개폐레버
장전수석
주포 주퇴기 유압기구

전륜 (측면당 각 24개)
중첩 배치라 불리는 전륜 배치는 무한궤도의 접지 압력을 균일하게 유지하기 위한 구조지만, 내측 전륜의 교환 작업이 필요한 상황에서는 정비에 지나치게 많은 시간을 소모했다.

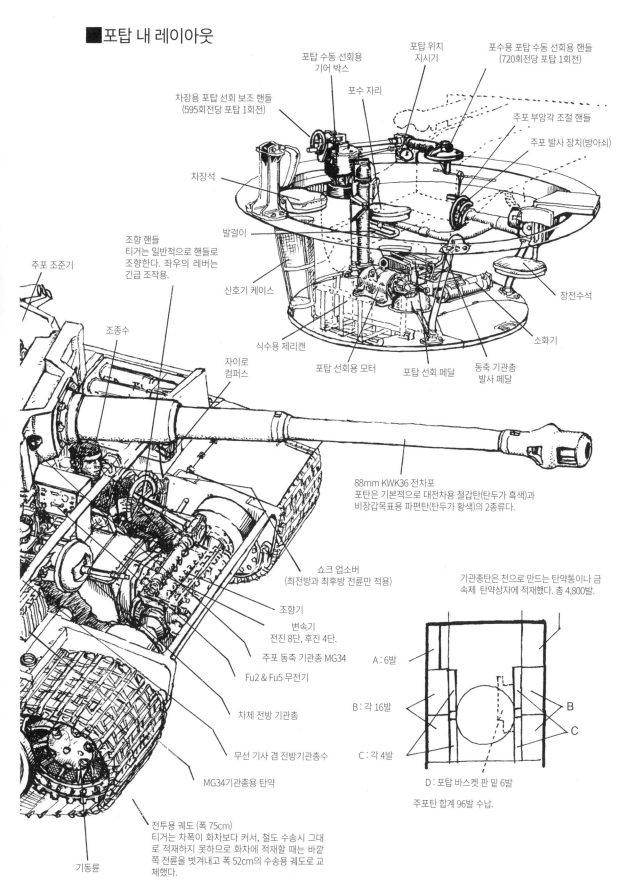

■포탑 내 레이아웃

차장용 포탑 선회 보조 핸들
(595회전당 포탑 1회전)

포탑 수동 선회용
기어 박스

포탑 위치
지시기

포수 자리

포수용 포탑 수동 선회용 핸들
(720회전당 포탑 1회전)

주포 부앙각 조절 핸들

주포 발사 장치(방아쇠)

차장석

발걸이

신호기 케이스

주포 조준기

조향 핸들
티거는 일반적으로 핸들로
조향한다. 좌우의 레버는
긴급 조작용.

조종수

자이로
컴퍼스

식수용 제리캔

포탑 선회용 모터

포탑 선회 페달

동축 기관총
발사 페달

장전수석

소화기

88mm KWK36 전차포
포탄은 기본적으로 대전차용 철갑탄(탄두가 흑색)과
비장갑목표용 파편탄(탄두가 황색)의 2종류다.

쇼크 업소버
(최전방과 최후방 전륜만 적용)

조향기

변속기
전진 8단, 후진 4단.

주포 동축 기관총 MG34

Fu2 & Fu5 무전기

차체 전방 기관총

무선 기사 겸 전방기관총수

MG34기관총용 탄약

기관총탄은 천으로 만드는 탄약통이나 금
속제 탄약상자에 적재했다. 총 4,800발.

A : 6발

B : 각 16발

C : 각 4발

D : 포탑 바스켓 판 밑 6발

주포탄 합계 96발 수납.

B

C

전투용 궤도 (폭 75cm)
티거는 차폭이 화차보다 커서, 철도 수송시 그대
로 적재하지 못하므로 화차에 적재할 때는 바깥
쪽 전륜을 벗겨내고 폭 52cm의 수송용 궤도로 교
체했다.

기동륜

57 적을 속이는 디코이 전차

전장에서 디코이(미끼/가짜 구조물)은 적을 기만하는 용도로 사용된다. 아군의 배치, 능력, 기도를 오인시켜서 적에 오판에 의한 행동이나 화력의 소비를 유도하면 전투는 한층 유리해진다. 제2차 세계 대전 중 디코이의 활용 사례는 여러 전장에서 찾아볼 수 있으며, 특히 지상군에게 가장 큰 위협인 전차를 위장하는 경우가 많았다. 그밖에도 항공기 부대의 존재를 위장하기 위해 널판과 대나무를 짜서 제작하는 항공기 디코이도 있었다.

■중국군

북부 전선에서 중국군이 제작한 위장 전차로, 바퀴가 붙어 있다. 1대씩 제작하는 바람에 그려진 무늬가 모두 달랐다.

디코이는 방어측이 주로 사용하는 수단으로, 중국군의 기만전차에 속았던 일본군은 나중에 미군 상대로 기만을 시도했다.

■일본군

필리핀 민다나오 섬

이동식이다. 대전차 공격 훈련용으로 제작해서 디코이로도 활용한 것 같다.

오키나와전

목제 경전차. 이것도 이동식이다.

이오지마에서는 암석으로 기만체를 제작했다. 측면의 바퀴 등은 바위를 깎아내 만들었다.

대전차 전투 교육 훈련용의 위장 M4셔먼

돌을 쌓아 통나무를 꽂은 전차. 멀리서는 전차로 보였을지도 모른다.

일본 육군사관학교의 교재로, 각부에 장갑 두께와 경사각이 씌어 있다.

독일군은 이 가동 모형을 육박 공격 훈련에 사용했다.

■독일군

목제 T34. 자동차 위에 덮어씌웠다.

미군의 M10 전차로 위장한 판터 전차. 벌지전투에 투입되었다.

이 판터 전차와 오른쪽 페이지의 북아프리카 전선의 영국군 전차는 위장 전차다.

레일 위를 달렸던 목제 KV-1중전차.

■연합군

D-Day
노르망디 상륙 작전을 위해서 연합군이 준비한 기만 부대용으로 전차와 야포, 트럭, 상륙용 주정 등의 기만체가 대량으로 제작되었다.

이탈리아 전선
약 20분이면 부풀릴 있는 풍선식 M4 셔먼. 안치오 전선에서 사용되었다.

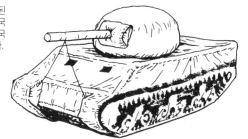

세부까지 잘 묘사된 풍선식 M4셔먼. 영국군의 아이디어로 미국 굿이어에서 제조했다.

숲 속에 매복한 티거 전차

간단한 틀에 목제 포탑을 올린 기만체지만, 티거에 대한 연합군의 공포로 인해 효과는 발군이었다.

골조에 시트를 씌운 구조로, 이탈리아에서 사용하던 위장차량과 동일한 형태다.

■독일군

M3 그랜트 전차. 캔버스제 위장 덮개를 뒤집어 씌워 트럭으로 변신했다.

북 아프리카 전선
롬멜의 독일 아프리카 군단이 사용한 퀴벨바겐 기반의 디코이. 캔버스 덮개를 거는 간단한 구조지만, 모래바람 속에서 돌진하면 나름대로 효과가 있었던 것 같다.

영국군은 모습을 감출만한 차폐물이 없는 사막에서 전차부대를 감추기 위해 전차를 전차가 아닌 다른 차량으로 위장했다. 반면 독일군은 이런 식의 위장은 하지 않았다.

매우 희소한, 미군의 디코이. 지프에 종이로 만든 M3 경전차 모형을 씌워 전차로 가장했다. 롬멜에 대한 경쟁심이 강했던 패튼의 아이디어로 여겨진다.

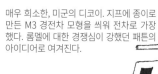

트럭으로 위장한 크루세이더 전차. 최대한 트럭처럼 보이도록 덮개 외에 도색까지도 정교하게 위장했다.

■소련군

러시아 전선
시트를 씌워 제작한 T34의 디코이.

풀더미로 만든 전차. 쿠르스크 전투 당시에 사용되었다.

119

58 전장을 질주하는 고속 공격 차량

미국군은 1970년대 후반부터 기존의 소형 범용 차량을 무장시킨 전투 차량 외에 고속 기동성을 중시한 고속 공격 차량(FAV : Fast Attack Vehicle)을 개발, 채용했다. 오프로드 레저 차량인 소위 '버기카'의 차체를 이용해 전투에 적합하게 개량한 이 차량들은 긴급 사태에 경쾌하고 기민하게 대응할 수 있는 경보병 부대 구상과 함께 태어났다.

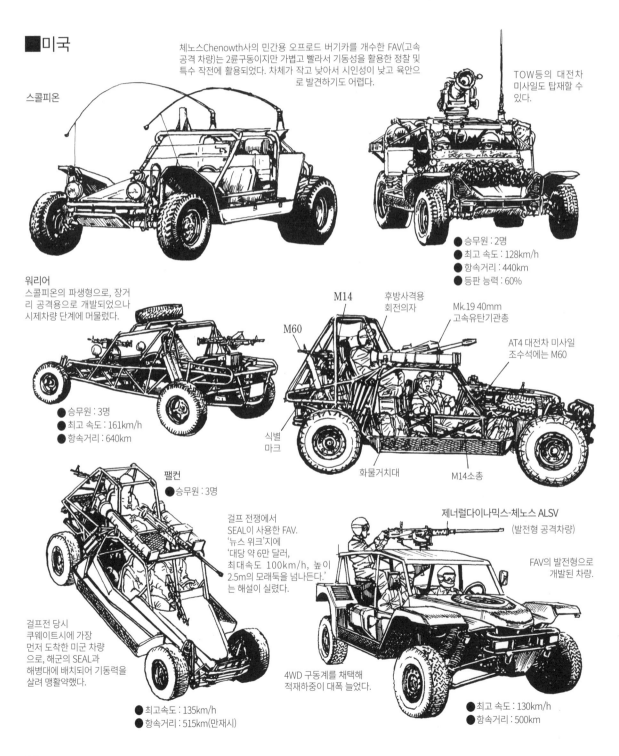

■미국

체노스Chenowth사의 민간용 오프로드 버기카를 개수한 FAV(고속 공격 차량)는 2륜구동이지만 가볍고 빨라서 기동성을 활용한 정찰 및 특수 작전에 활용되었다. 차체가 작고 낮아서 시인성이 낮고 육안으로 발견하기도 어렵다.

스콜피온

TOW등의 대전차 미사일도 탑재할 수 있다.

● 승무원 : 2명
● 최고 속도 : 128km/h
● 항속거리 : 440km
● 등판 능력 : 60%

워리어
스콜피온의 파생형으로, 장거리 공격용으로 개발되었으나 시제차량 단계에 머물렀다.

M14
M60

후방사격용 회전의자

Mk.19 40mm 고속유탄기관총

AT4 대전차 미사일 조수석에는 M60

● 승무원 : 3명
● 최고 속도 : 161km/h
● 항속거리 : 640km

식별 마크

화물거치대

M14소총

팰컨
● 승무원 : 3명

걸프 전쟁에서 SEAL이 사용한 FAV. '뉴스 워크'지에 '대당 약 6만 달러, 최대속도 100km/h, 높이 2.5m의 모래둑을 넘나든다.'는 해설이 실렸다.

제너럴다이나믹스-체노스 ALSV
(발전형 공격차량)

FAV의 발전형으로 개발된 차량.

걸프전 당시 쿠웨이트시에 가장 먼저 도착한 미군 차량으로, 해군의 SEAL과 해병대에 배치되어 기동력을 살려 맹활약했다.

4WD 구동계를 채택해 적재하중이 대폭 늘었다.

● 최고속도 : 135km/h
● 항속거리 : 515km(만재시)

● 최고 속도 : 130km/h
● 항속거리 : 500km

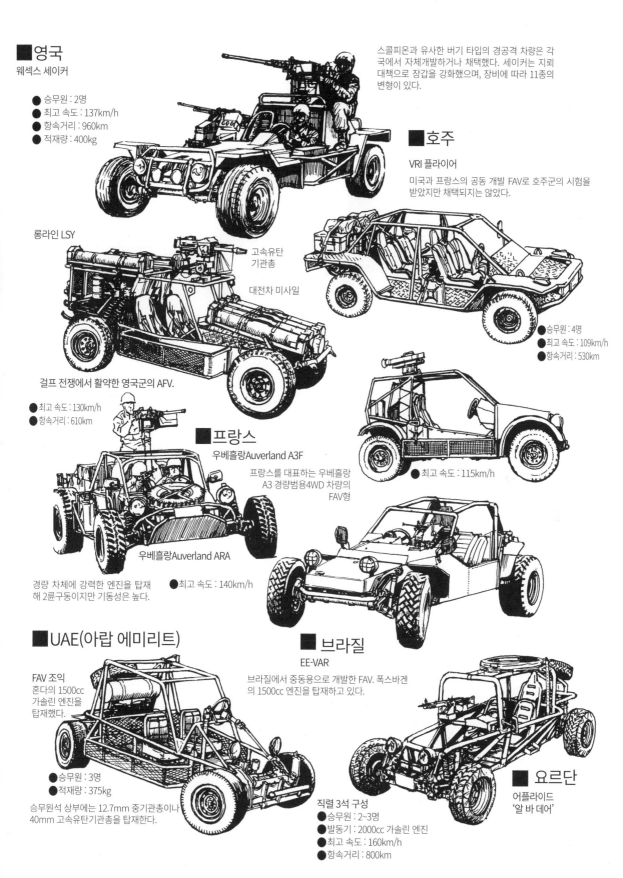

■영국

웨섹스 세이커

- ● 승무원 : 2명
- ● 최고 속도 : 137km/h
- ● 항속거리 : 960km
- ● 적재량 : 400kg

스콜피온과 유사한 버기 타입의 경공격 차량은 각 국에서 자체개발하거나 채택했다. 세이커는 지뢰 대책으로 장갑을 강화했으며, 장비에 따라 11종의 변형이 있다.

■호주

VRI 플라이어

미국과 프랑스의 공동 개발 FAV로 호주군의 시험을 받았지만 채택되지는 않았다.

- ● 승무원 : 4명
- ● 최고 속도 : 109km/h
- ● 항속거리 : 530km

롱라인 LSY

고속유탄
기관총

대전차 미사일

걸프 전쟁에서 활약한 영국군의 AFV.

- ● 최고 속도 : 130km/h
- ● 항속거리 : 610km

■프랑스

우베흘랑Auverland A3F

프랑스를 대표하는 우베흘랑
A3 경량범용4WD 차량의
FAV형

우베흘랑Auverland ARA

경량 차체에 강력한 엔진을 탑재
해 2륜구동이지만 기동성은 높다.

- ● 최고 속도 : 140km/h

- ● 최고 속도 : 115km/h

■UAE(아랍 에미리트)

FAV 조익
혼다의 1500cc
가솔린 엔진을
탑재했다.

- ● 승무원 : 3명
- ● 적재량 : 375kg

승무원석 상부에는 12.7mm 중기관총이나
40mm 고속유탄기관총을 탑재한다.

■브라질

EE-VAR

브라질에서 중동용으로 개발한 FAV. 폭스바겐
의 1500cc 엔진을 탑재하고 있다.

직렬 3석 구성

- ● 승무원 : 2~3명
- ● 발동기 : 2000cc 가솔린 엔진
- ● 최고 속도 : 160km/h
- ● 항속거리 : 800km

■요르단

어플라이드
'알 바 데어'

59 대응 부대의 주역 '스트라이커'

미국 육군은 2000년부터 해외에 긴급 사태 발생 시, 신속전개능력을 향상시키기 위해 BCT(Brigade Combat Team : 여단 전투단)을 중심으로 하는 새로운 편제를 도입했다. 신규 편제는 기갑 부대를 주력으로 전투력에 중점을 둔 HBCT(Heavy Brigade Combat Team : 중여단 전투단), 험비를 중심으로 하여 전개능력에 중점을 둔 경보병 부대인 IBCT(Infantry Brigade Combat Team : 보병 여단 전투단), 그리고 양자의 절충적 부대로 기병부대적 성격을 지닌 SBCT(Striker Brigade Combat Team : 스트라이커 여단 전투단)의 3종으로 구분되며 이중 SBCT의 주력장비로 캐나다군의 LAV-3(피라냐 III 8x8의 별칭)를 기반으로 개량한 스트라이커 장갑차를 2002년에 채택했다.

■피라냐III 8X8
LAV-III의 원형.

■LAV-25
미국 해병대가 1982년 채용했다.
원형은 피라냐 8x8이다.

25mm 기관포 포탑 탑재.

피라냐 장갑차는 스위스의 MOWAG가 1970년대부터 수출 상품으로 판매하던 차륜식 장갑차 시리즈로, 파생형이 매우 많다. 미 해병대가 채용하면서 단숨에 주목을 받았다.

수상 주행용으로 차체 후방에 프로펠러를 장비했다.

RWS식 12.7mm M2 장착형

■M1126 CV
보병 수송 차량

스트라이커는 LAV시리즈의 최신형, LAVIII 기반의 차량이므로 해병대의 LAV-25와 유사점이 많지만, 내부 용적을 늘리고 엔진을 교체하거나 장갑을 강화하는 등의 개량을 통해 LAV-25보다 대형화되었고 8x8구동계를 제외하면 LAV-25의 인상은 거의 남아있지 않다. 12.7mm 기관총을 장착한 RWS 탑재형이 스트라이커의 표준형이다.

SBCT(스트라이커 여단 전투단)이외에도 제75레인저. 연대, 공군 경비 부대 등에 배치되기 시작했다.

RWS식 40mm 유탄발사기 탑재형

볼트온 방식의 증가 장갑을 장착해 14.5mm 철갑탄의을 방어한다.

스티어링(조향)은 전방의 2축이 담당한다.

슬랫 아머
RPG 방어를 위해 차체에서 18인치(약 46cm) 정도 이격시켜 차체 전체를 감싸는 케이지, 혹은 철망 모양의 장갑.

스트라이커는 2003년 11월부터 이라크에서 실전에 투입되었다.

차체 후방의 병력탑승구획에 8명의 병사가 탑승한다. 전투실 상면과 후면에 해치를 설치했지만, 승차전투는 생각하지 않았으므로 LAV-25와 달리 총안구는 설치하지 않았다.

이 장갑은 실전에서 유효성이 증명되었다.

■스트라이커 패밀리

M1127 RV 정찰차
주야간용 감시 장치, 레이저 측거기를 장비했다.

M1128 MGS 직사화력지원차
유압식 자동 장전 장치가 부착된 선회식 오버헤드 마운트 105mm포를 장비한 화력 지원 차량.

M1129 MC 120mm 자주박격포

무전기를 증설하고 GPS항법 장치를 장착한 지휘차량.

M1130 CV 지휘통신차

SBCT를 구성하는 차량은 C-130J 수송기로 1대, C-17 수송기로 2대, C-5 수송기로 4대를 수송할 수 있다.

M1131 FSV 사격통제차량

M1132 FSV 공병차량

스트라이커 여단은 309대의 각종 스트라이커 장갑차를 운용 한다.

도저 블레이드

지뢰 처리 장치

M1133 MEV 장갑 앰뷸런스

지뢰 폭파용 롤러

지뢰 제거용 블레이드

M1135 NBC-RV NBC 정찰차

TOW미사일은 HE탄도 발사할 수 있다.

M1134 ATGM 대전차 미사일 탑재차량

가동식 연장 미사일 발사기를 장비한다.

60 여명기의 기록을 만든 항공기

항공기는 인류의 가장 혁명적인 발명품 중 하나다. 1903년 라이트 형제가 처음으로 동력 비행에 성공한 뒤, 항공기는 불과 십여 년 뒤에 실용 무기로 제1차 세계대전에 사용되어 전장을 하늘로 넓혔다. 그 후에도 교통-수송 수단과 무기로 말 그대로 비약적인 발달을 이룬 기계는 항공기 외에는 없다 해도 과언이 아니다. 여기에서는 제1차 세계대전 이전, 다양한 기록으로 남아있는 세계 최초의 항공기를 소개한다.

■초기의 비행 기계들

1783년 프랑스

인류 최초의 비행은 몽골피에의 열기구로, 파리 시내에서 교외까지 9km를 약 25분 만에 비행했다.

1852년 최초의 동력 비행

프랑스의 앙리 니제르는 3마력의 증기 엔진을 장착한 비행선으로 9km/h, 비행 거리 27km를 기록했다.

1894년 독일 최초의 글라이더

릴리엔탈 형제의 글라이더. 여러가지 글라이더를 만들어 최대 275m를 활공했다. 그러나 1896년에 형이 추락사하면서 실험은 중단되었다.

■1903년 12월 17일 미국 라이트 플라이어 1호

수냉식 4기통 12마력 엔진　프로펠러　방향타

승강기

파일럿

자전거 제조업자였던 라이트 형제가 자작 소형 가솔린 엔진(자작)을 얹은 비행기 '라이트 플라이어 1호'로 세계 최초의 동력 비행에 성공했다. 이후 네 차례 더 비행했으며 최고 기록은 59초, 거리는 260m였다.

해안에서 실험했기 때문에 목제 레일에서 이륙하는 방법을 채택해서 바퀴는 장착하지 않았다.

■사실은 이쪽이 세계 최초?

1874년 프랑스

펠릭스 두 탐블 드 라 크루아가 제작한 증기기관을 설치한 비행기. 자력으로 이륙에 성공했다고 하나 아마 조금 떠오르는 데 그쳤을 것이다.

1884년 러시아

해군 대위 알렉산드르 표드르비치 모자이스키가 제작한 증기기관 비행기.

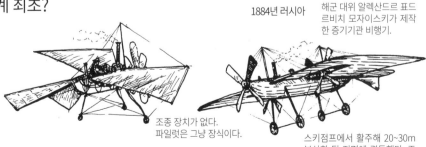

조종 장치가 없다. 파일럿은 그냥 장식이다.

스키점프에서 활주해 20~30m 부상한 뒤 지면에 격돌했다. 조종사는 무사했다.

■ 태동기의 비행기록을 세운 기체들

1906년 11월 12일 프랑스
산토스 듀몽Santos-Dumont 14bis
유럽에서 최초로 비행에 성공했다.

1907년 프랑스
콜뉴 동력 헬리콥터
30cm 높이로 20초가량 비행한
세계 최초의 헬리콥터이다.

9월에 7m, 10월에 고도 3m로 60m를 날았으며 11월에는
21.2초 만에 고도 6미터로 220m를 비행했다. 프랑스 비행클럽
의 공인 제1호 비행기록이다.

1908년 프랑스 보아장 표준형
1km 이상의 비행에 성공한 세계 최초의 양산기.
총 20대가 제작되었다.

1909년 프랑스 브레리오Blériot XI
1909년 7월 25일 영불 해협 횡단에
성공했다.

1910년 프랑스 파브르 수상기
센 강에서 모터 보트가 견인하는 방식으로 이륙에
성공한 세계 최초의 수상기이다.

1910년 12월 19일
프랑스 앙리 팔만Henry Farman III형
일본에서 최초로 비행한 비행기.

일본에 수입되어 도쿠가와 대위가 조종했다.
약 3분간 3km를 비행했다.

1911년 미국
커티스 수상기
최초의 본격적인 수상기.

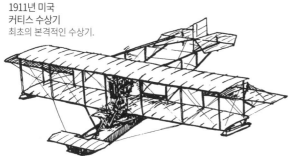

1912년 프랑스
듀페듀상Deperdussin 레이서
203km/h를 기록한 속도기록기.

1913년 러시아
시코르스키 루스키 비티야즈
세계 최초의 4발기이자 익폭 28m
로 당시 최대의 항공기였다. 승무원은 6명
이며 항속거리는 약 170km였다.

61 폭격 임무에도 사용된 '군용 비행선'

비행선은 1800년대 후반에 발명되었다. 이후 지속적인 개량을 통해 실용성을 끌어올린 비행선은 당초 비행기에 비해서 항속거리, 탑재능력, 체공시간 등이 뛰어나 군용으로도 기대를 모았다. 제1차 세계대전 당시, 독일은 본격적인 군용 비행선을 건조해 장거리 폭격 임무에 사용하여 두려움의 대상이 되었다. 그러나 기상 악화에 취약해 운용범위가 제한적었고, 항공기의 성능이 크게 발전하자 비행선의 단독 출격은 자살 행위가 되었다. 비행선이 폭격 임무에서 활약한 기간은 짧았지만, 초계와 경계 감시 임무에는 여전히 유용해서 각국은 지속적으로 비행선을 운용했으며, 제2차 세계대전 당시에도 연안 경비 등에 비행선을 투입했다.

■독일

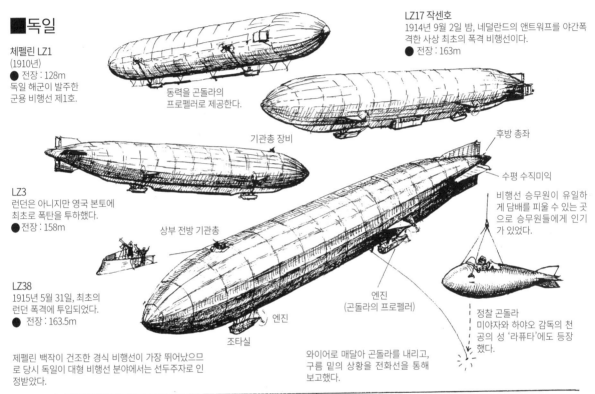

체펠린 LZ1
(1910년)
● 전장 : 128m
독일 해군이 발주한
군용 비행선 제1호.

LZ3
런던은 아니지만 영국 본토에
최초로 폭탄을 투하했다.
● 전장 : 158m

LZ38
1915년 5월 31일, 최초의
런던 폭격에 투입되었다.
● 전장 : 163.5m

제펠린 백작이 건조한 경식 비행선이 가장 뛰어났으므로 당시 독일이 대형 비행선 분야에서는 선두주자로 인정받았다.

동력을 곤돌라의
프로펠러로 제공한다.

기관총 장비

상부 전방 기관총

엔진

조타실

LZ17 작센호
1914년 9월 2일 밤, 네덜란드의 앤트워프를 야간폭격한 사상 최초의 폭격 비행선이다.
● 전장 : 163m

후방 총좌

수평 수직미익

비행선 승무원이 유일하게 담배를 피울 수 있는 곳으로 승무원들에게 인기가 있었다.

엔진
(곤돌라의 프로펠러)

와이어로 매달아 곤돌라를 내리고, 구름 밑의 상황을 전화선을 통해 보고했다.

정찰 곤돌라
미야자키 하야오 감독의 천공의 성 '라퓨타'에도 등장했다.

비행선의 구조

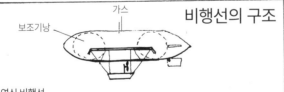

가스

보조기낭

연식 비행선
기구를 그대로 유선형으로 설계한 구조로, 악천후를 만나거나 적재 중량이 무거우면 비틀어지기도 했다. 구조가 간단하고 소형 비행선에 적합하다.

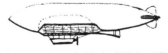

반 경식 비행선
하부의 주요 부분을 경금속 등의 틀로 제작해, 가스를 뽑아도 곤돌라, 엔진 등의 구조는 그대로 남는다. 중형 비행선에 많이 사용했다.

경식 비행선
선체 전체를 경금속이나 플라스틱 등의 틀로 만들고 그 틀에 특수직물로 만든 외피를 입혀 형태를 잡는 구조다. 대형 비행선에 많다.

조종 법

비행선의 전후방에 설치한 보조기낭의 압력을 조절해 진행 각을 조절하고 엔진으로 전진한다.

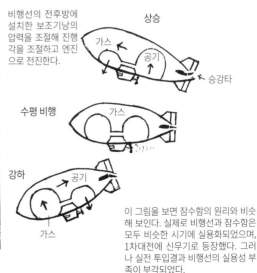

상승
가스
공기
승강타

수평 비행
가스

강하
공기
가스

이 그림을 보면 잠수함의 원리와 비슷해 보인다. 실제로 비행선과 잠수함은 모두 비슷한 시기에 실용화되었으며, 1차대전에 신무기로 등장했다. 그러나 실전 투입결과 비행선의 실용성 부족이 부각되었다.

■영국

SS(Sea Scout) 연식 비행선
제1차 세계대전이 발발하면서 영국 해군은 급거 36척의 비행선을 건조했다. 하지만 곤돌라의 생산에 차질이 생기자 BE2정찰기의 동체를 엔진으로 유용했다. 이 비행선들은 선단 호위에 투입되어 독일의 U보트 발견에 큰 성과를 거뒀다.

R34경식 비행선
1919년 7월 영국 해군의 비행선은 찰스 린드버그보다 8년 먼저 대서양 횡단 비행에 성공했다.
●전장 : 195.9m

■미국

ZMC-2
전금속제 경식 비행선
1929년에 미국 해군이 건조한 소형 비행선. 악천후에 강한 알루미늄 합금제다.
●전장 : 45.54m
●최대속도 : 100km/h

굿이어 L형
연식 비행선
제2차 세계 대전에서 사용된 해군의 정찰 비행선. 현대에도 운용되고 있는 비행선은 이 비행선과 거의 동일하다.
●전장 : 158m

■프랑스

●전장 : 58m

르부아디 파트리
(반경식)
1905년에 최초로 고도 1,000m에서 폭탄 투하실험을 실시했다.

■일본

●전장 : 80.1m

3식 반경식 비행선
1931년 60시간 1분의 일본 체공 기록을 세웠다. 그러나 일본의 비행선대는 런던 군축 회의로 인해 해산되고 말았다.

■독일

1911년 독일의 LZ10 슈바벤호는 선체에 달아둔 에트리히 타우베 2인승 단엽기를 공중에서 발진시키는 데 성공했다.

사상 최강의 비행선
ZRSIV 아크론호
(1931년/경식)
●전장 : 239.3m
●최대속도 : 130km/h

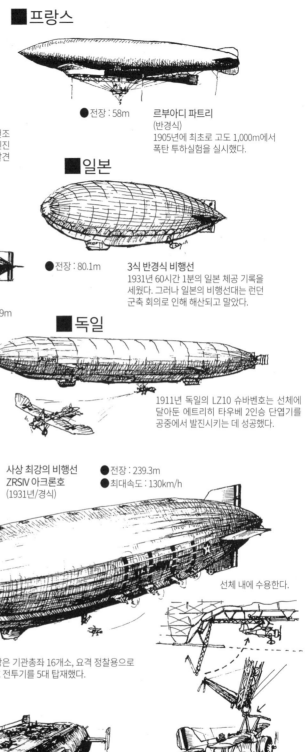

선체 내에 수용한다.

무장은 기관총좌 16개소, 요격 정찰용으로 F9C 전투기를 5대 탑재했다.

커티스 F9C
스패로 호크 전투기
주익 발착용 훅을 설치했다.

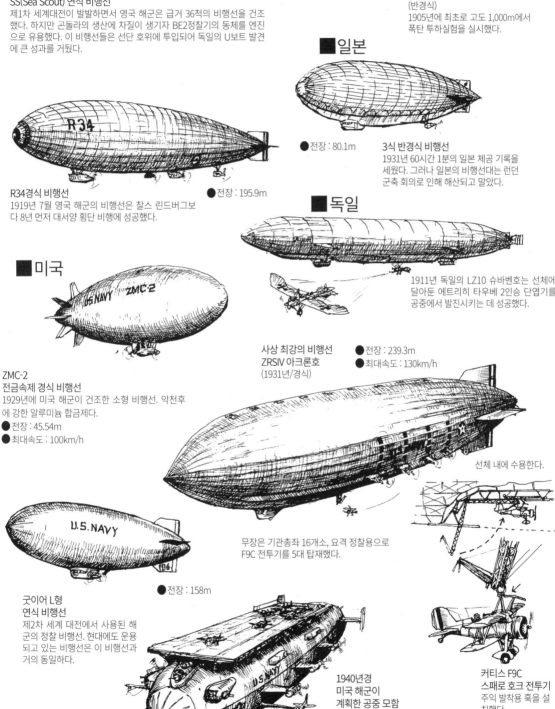

1940년경 미국 해군이 계획한 공중 모함
비행선 아크론의 개조를 검토했다.

62 미군의 수송 헬리콥터

육상 부대가 헬리콥터로 공중 기동하여 작전 지역을 급습, 기습적으로 착륙하여 전투를 벌이는 작전을 '헬리본'작전이라 한다. 헬리본은 미군이 개발한 전술로, 헬리콥터가 처음으로 실전 투입된 한국 전쟁부터 시작되었지만 본격적으로 적용된 시기는 베트남 전쟁이다. 이 장에서는 미군의 수송용 헬리콥터들을 소개한다.

■ 수송 헬리콥터의 발달

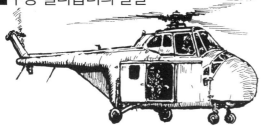

시콜스키 S-55 (1949년)
해병대는 1951년 8월부터 15대 편성의 헬리콥터 수송 중대를 한국 전쟁에 투입했다. 그때까지는 관측이나 구난 등이 주 임무였던 헬리콥터를 급습 수송 목적으로 사용하기 위해 방탄 연료 탱크나 장갑판을 장비했으며, 그 과정에서 승무원은 육군의 H-19보다 2명 줄어들어 8명이 되었다. 해군(H04S), 해병대(HRS), 육군(H-19), 해안 경비대(H04S), 공군(H-19)로 미국 5군이 모두 제식 채용한 최초의 헬리콥터이기도 하다. (이후 1962년 미 국방성의 제식명칭 통일 기준에 의거, 제식명칭을 H-19로 통일했다)

시콜스키 S-51 (1946년)
한국전쟁 초기부터 공군, 해군, 해병대에서 사용하며 구조, 보급, 관측 등의 분야에서 활약하며 헬리콥터의 실용성을 인식시킨 기체다. 제식명은 H-5로 승무원 2명 외에 1~2명의 병사가 탑승할 수 있다.

시콜스키 S-58
S-55의 발전형으로 병사 16명이 탑승할 수 있으며 해군에 HSS-1 시배트로, 해병대와 해안 경비대에 HUS-1 시호스로, 육군에 H-34로 채용되었다. 베트남 전쟁 초기까지 육군과 해병대 주력기로 사용되었고, 1980년에 퇴역했다. 이 기종 역시 1962년 미 국방성의 제식명칭 통일 기준에 따라 H-34 시 호스로 명칭을 통일했다.

피아세키(보잉) H-21
베트남 전쟁에서 최초로 육군이 사용한 수송 헬리콥터 H-21.
동체 모양을 따서 붙인 플라잉 바나나라는 애칭이 더 유명하다. 승무원은 14명.

벨 YH-40
1955년 육군은 중형 다용도 헬리콥터로 벨의 Type 204를 개량한 YH-40를 채택하고 HU-1 이로코이로 명명(1962년부터 UH-1)했다. 한층 격화된 베트남 전쟁에 투입되어 H-21을 점차 교체하게 되었다.

시콜스키 S-56 (1953년)
해병대의 요구를 바탕으로 개발된 개발 당대 최대의 헬리콥터. 병력 23명을 태울 수 있지만, 베트남 전쟁 당시에는 주로 화물 수송에 사용되었다. 제식명은 CH-37 모하비. 미 육군은 제식 채용된 헬리콥터에 아메리카 원주 부족들의 이름을 붙이고 있다.

보잉 CH-46 시나이트 (1962년)
H-19(S-55)의 대체기로서 등장한 해병대의 중형 헬리콥터. 1964년
부터 일선부대에 배치되었고, 근대화를 거쳐 지금도 사용중이다.

벨 UH-1D 이로코이 (1963년)
HU-1를 대형화시켜 탑승병력을 10명에서 13명으로 늘리고, 미국 최초
로 실용 터빈 엔진을 장착한 헬리콥터. 베트남전쟁에서 헬리본 작전의
중핵으로 활약했다. 미국 외에 48개국에서 군용으로 사용되면서 1만대
이상이 생산되었다. 별명은 '휴이'.

보잉 CH-47치누크 (1964년)
육군의 중형 수송 헬리콥터. 최대 55명까지 탑승할 수 있다.

시콜스키 UH-60블랙 호크 (1976년)
걸작 범용 헬리콥터, UH-1후계기로 1976년부터 배치가 시작된
이래 여전히 주력 헬리콥터로 운용중이다.

시콜스키 S-65 (1964년)
해병대의 강습 헬리콥터로 개발된 서구권 최대의 실용 헬리콥
터. 완전무장 병사 38명이 탑승할 수 있으며, 해병대가 CH-53 슈
퍼 스탈리온이라는 이름으로 운용중이다.

벨/보잉 V-22 오스프리
(2007년)
CH-46의 대체기로서 등장한 사상 최초의 실용 틸트로터식 VTOL기. 터보 프롭기 수
준의 고속 순항능력과 긴 항속거리를 살려 원거리에서 해병대를 투입할 수 있다. 속
도와 항속거리가 모두 CH-46의 두 배에 달한다. 24명이 탑승할수 있다.

■시험제작가

해병대가 연구한
원맨 헬리콥터

플라잉 플랫폼
헬리콥터의 원리를 응용한 공격무기.
모두 1960년 전후에 시험제작되었다.

피아세키 59K
일명 '플라잉 지프'
지형지물에 구애를 받지 않는다.

LTVXC-142A
오스프리 이전에 시험제작된 틸트 윙식 VTOL 실험기.
엔진만 회전하는 오스프리와 달리 날개 자체가 회전하
는 방식이다. 32명 탑승을 상정했다.

63 특수전용 헬리콥터

'공중 강습 부대'를 소개하는 장에서 소개한 미국군 특수 작전 부대가 공중 기동 작전에 사용하는 헬리콥터에는 무장과 전술용 전자 기기, 특수 임무용 장비가 추가 장비된 기체도 많다. 여기에서는 현용 특수 작전기를 소개한다.

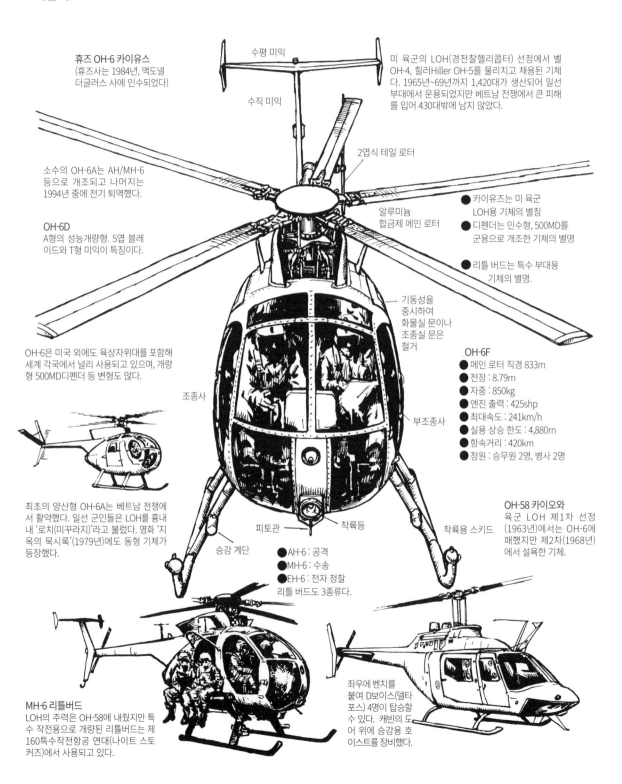

휴즈 OH-6 카이유스
(휴즈사는 1984년, 맥도널 더글러스 사에 인수되었다)

수평 미익

수직 미익

2엽식 테일 로터

미 육군의 LOH(경전찰헬리콥터) 선정에서 벨 OH-4, 힐러Hiller OH-5를 물리치고 채용된 기체다. 1965년~69년까지 1,420대가 생산되어 일선 부대에서 운용되었지만 베트남 전쟁에서 큰 피해를 입어 430대밖에 남지 않았다.

소수의 OH-6A는 AH/MH-6 등으로 개조되고 나머지는 1994년 중에 전기 퇴역했다.

OH-6D
A형의 성능개량형. 5엽 블레이드와 T형 미익이 특징이다.

알루미늄 합금제 메인 로터

● 카이유즈는 미 육군 LOH용 기체의 별칭
● 디펜더는 민수형, 500MD를 군용으로 개조한 기체의 별명

● 리틀 버드는 특수 부대용 기체의 별명.

OH-6은 미국 외에도 육상자위대를 포함해 세계 각국에서 널리 사용되고 있으며, 개량형 500MD디펜더 등 변형도 많다.

조종사

기동성을 중시하여 화물실 문이나 조종실 문은 철거

부조종사

OH-6F
● 메인 로터 직경 833m
● 전장 : 8.79m
● 자중 : 850kg
● 엔진 출력 : 425shp
● 최대속도 : 241km/h
● 실용 상승 한도 : 4,880rn
● 항속거리 : 420km
● 정원 : 승무원 2명, 병사 2명

최초의 양산형 OH-6A는 베트남 전쟁에서 활약했다. 일선 군인들은 LOH를 흉내 내 '로치(미꾸라지)'라고 불렀다. 영화 '지옥의 묵시록'(1979년)에도 동형 기체가 등장했다.

승강 계단

피토관

착륙등

착륙용 스키드

● AH-6 : 공격
● MH-6 : 수송
● EH-6 : 전자 정찰
리틀 버드도 3종류다.

OH-58 카이오와
육군 LOH 제1차 선정(1963년)에서는 OH-6에 패했지만 제2차(1968년)에서 설욕한 기체.

좌우에 벤치를 붙여 D보이스(델타 포스) 4명이 탑승할 수 있다. 캐빈의 도어 위에 승강용 호이스트를 장비했다.

MH-6 리틀버드
LOH의 주력은 OH-58에 내줬지만 특수 작전용으로 개량된 리틀버드는 제160특수작전항공 연대(나이트 스토커즈)에서 사용되고 있다.

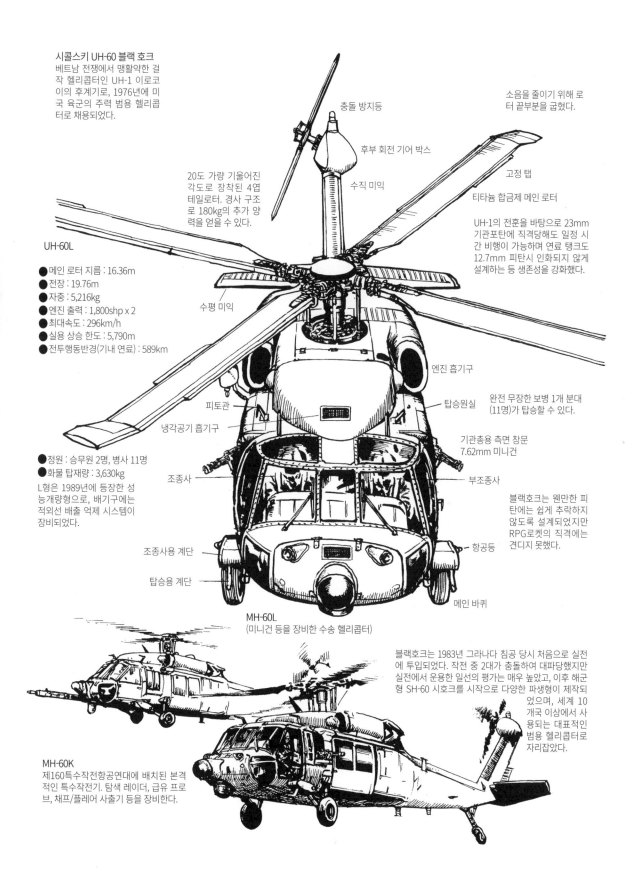

시콜스키 UH-60 블랙 호크
베트남 전쟁에서 맹활약한 걸작 헬리콥터인 UH-1 이로코이의 후계기로, 1976년에 미국 육군의 주력 범용 헬리콥터로 채용되었다.

충돌 방지등

후부 회전 기어 박스

수직 미익

20도 가량 기울어진 각도로 장착된 4엽 테일로터. 경사 구조로 180kg의 추가 양력을 얻을 수 있다.

소음을 줄이기 위해 로터 끝부분을 굽혔다.

고정 탭

티타늄 합금제 메인 로터

UH-1의 전훈을 바탕으로 23mm 기관포탄에 직격당해도 일정 시간 비행이 가능하며 연료 탱크도 12.7mm 피탄시 인화되지 않게 설계하는 등 생존성을 강화했다.

UH-60L

● 메인 로터 지름 : 16.36m
● 전장 : 19.76m
● 자중 : 5,216kg
● 엔진 출력 : 1,800shp x 2
● 최대속도 : 296km/h
● 실용 상승 한도 : 5,790m
● 전투행동반경(기내 연료) : 589km

수평 미익

피토관

냉각공기 흡기구

엔진 흡기구

탑승원실

완전 무장한 보병 1개 분대 (11명)가 탑승할 수 있다.

기관총용 측면 창문 7.62mm 미니건

● 정원 : 승무원 2명, 병사 11명
● 화물 탑재량 : 3,630kg
L형은 1989년에 등장한 성능개량형으로, 배기구에는 적외선 배출 억제 시스템이 장비되었다.

조종사

부조종사

블랙호크는 웬만한 피탄에는 쉽게 추락하지 않도록 설계되었지만 RPG로켓의 직격에는 견디지 못했다.

조종사용 계단

탑승용 계단

항공등

메인 바퀴

MH-60L
(미니건 등을 장비한 수송 헬리콥터)

블랙호크는 1983년 그라나다 침공 당시 처음으로 실전에 투입되었다. 작전 중 2대가 충돌하여 대파당했지만 실전에서 운용한 일선의 평가는 매우 높았고, 이후 해군형 SH-60 시호크를 시작으로 다양한 파생형이 제작되었으며, 세계 10개국 이상에서 사용되는 대표적인 범용 헬리콥터로 자리잡았다.

MH-60K
제160특수작전항공연대에 배치된 본격적인 특수작전기. 탐색 레이더, 급유 프로브, 채프/플레어 사출기 등을 장비한다.

64 '하늘을 나는 장갑차' Mi-24 공격헬리콥터

Mi-24는 1960년대 말 소련 육군이 채용한 대형 공격 헬리콥터다. Mi-8 수송헬리콥터를 원형으로 개발된 기체로, 서방측의 공격 헬리콥터들과 비교하면 꽤나 대형이다. 큰 기체는 보병 1개 분대(8명)를 태우고 강습하는, '하늘을 나는 병력 수송 장갑차'라는 목적을 위한 선택이다. 냉전기를 통해서 개량, 무장 강화형이 만들어졌고 아프가니스탄 등에서의 실전을 거치며 쌓은 운용 실적도 괜찮은 평가를 받고 있다.

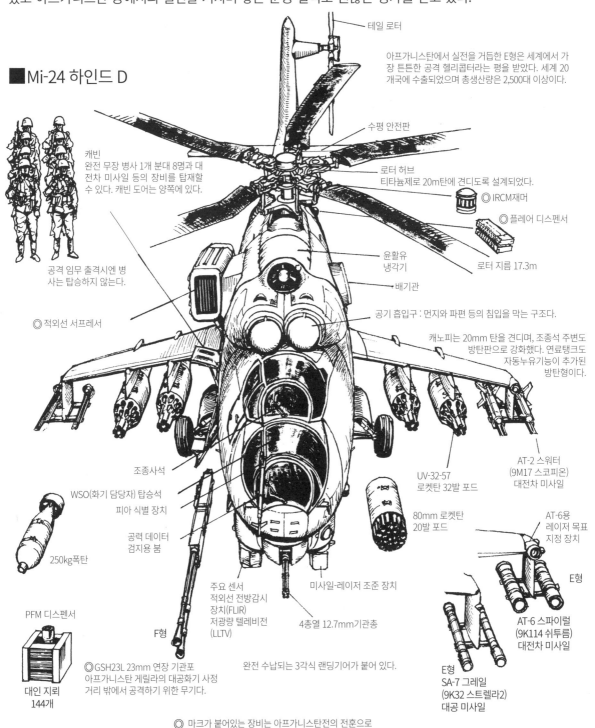

■Mi-24 하인드 D

테일 로터

아프가니스탄에서 실전을 거듭한 E형은 세계에서 가장 튼튼한 공격 헬리콥터라는 평을 받았다. 세계 20개국에 수출되었으며 총생산량은 2,500대 이상이다.

수평 안전판

캐빈
완전 무장 병사 1개 분대 8명과 대전차 미사일 등의 장비를 탑재할 수 있다. 캐빈 도어는 양쪽에 있다.

로터 허브
티타늄제로 20mm탄에 견디도록 설계되었다.

◎ IRCM재머

◎ 플레어 디스펜서

공격 임무 출격시엔 병사는 탑승하지 않는다.

윤활유 냉각기

로터 지름 17.3m

배기관

◎ 적외선 서프레서

공기 흡입구 : 먼지와 파편 등의 침입을 막는 구조다.

캐노피는 20mm 탄을 견디며, 조종석 주변도 방탄판으로 강화했다. 연료탱크도 자동누유기능이 추가된 방탄형이다.

조종사석

WSO(화기 담당자) 탑승석
피아 식별 장치

공력 데이터 검지용 붐

AT-2 스워터
(9M17 스코피온)
대전차 미사일

UV-32-57
로켓탄 32발 포드

AT-6용 레이저 목표 지정 장치

250kg폭탄

80mm 로켓탄 20발 포드

E형

PFM 디스펜서

주요 센서
적외선 전방감시 장치(FLIR)
저광량 텔레비전(LLTV)

미사일-레이저 조준 장치

4총열 12.7mm기관총

AT-6 스파이럴
(9K114 쉬투름)
대전차 미사일

F형

◎GSH23L 23mm 연장 기관포
아프가니스탄 게릴라의 대공화기 사정거리 밖에서 공격하기 위한 무기다.

완전 수납되는 3각식 랜딩기어가 붙어 있다.

E형
SA-7 그레일
(9K32 스트렐라2)
대공 미사일

대인 지뢰 144개

◎ 마크가 붙어있는 장비는 아프가니스탄전의 전훈으로 채용된 개조/증설장비. 이 외에도 여러 가지 장비가 강화되었다.

■옛 소련/러시아의 무장 헬리콥터

Mi-2 호플라이트 (1965년)

Mi-4 하운드 (1951년)

소련 최초의 중형 수송 헬리콥터. 8~12명의 보병들을 수송할 수 있다. 무장으로 동체 아래 에 12.7mm 기관총 포드를 장비하기도 한다.

AT-3 대전차 미사일 또는 로켓포드를 장비하고 8~10명의 보병을 수송할 수 있다. 다양한 무장형이 있고 조종실 왼쪽 측면에 기관총을 장비한 형식도 있었다.

Mi-8 힙 (1961년)

소련의 주력 수송 헬리콥터로, 장갑차 또는 경트럭 1대를 운반할 수 있다. 보병은 3개 분대 (24명)를 수용한다. 민수/군수 도합 12,000 대 이상이 생산되었다. 현재의 최신 개량형은 Mi-17로 불린다.

각종 무장형이 있지만, E형의 경우 미국이 세계에서 가장 많은 무장을 갖춘 무장 헬리콥터로 평가했다.

12.7mm기관총, AT-2 대전차 미사일 4발, UV-32-57 포드 4개가 표준 장비다.

Mi-24 하인드
1974년에 공격 헬리콥터로 부대에 배치되었다.

A형 : 최초의 양산형으로, 조종실 앞쪽에 사수, 후방에 조종수와 항법사를 병렬로 배치했다.

A형
A형은 기수에 12.7mm 기관총, 양날개에 로켓 포드 4개, AT-2 대전차 미사일 4발을 장비했다.

D형 : 조종실을 전면적으로 재설계. 규모, 무장 양면에서 크게 발전했다.

E형 : D형의 발전형으로 AT-6 레이저 호밍 대전차 미사일을 장비했다.

D형

F형 : 연장 23mm 기관포 장비

E형

F형

Mi-24는 대형이지만 비교적 고속으로, 해면 고도에서는 AH-64보다 빠르며, 국제 항공 연맹 공인의 속도 기록을 보유하고 있다

동축 이중 반전형 로터를 채용하여 테일 로터는 없다.

Ka-50 호컴
미국의 AH-64에 대항하기 위해 개발된 기체. 단좌식에 공중전 능력에 비중을 두어, 데이터 상으로는 AH-64를 능가하는 성능을 갖추고 있다. 야간 전투 능력이 향상된 병렬 복좌형 Ka-52는 러시아의 경제 문제로 인해 배치가 다소 지연되었으나, 최근 140대 배치를 목표로 생산이 진행중이다.

Mi-28 하보크
시험 경쟁에서는 카모프사의 Ka-50에 패했지만 2011년 24대가 러시아 공군에 도입된 이래 80여대가 러시아 각 군에 인도되었다. 알제리도 6대 가량 도입했다.

30mm 기관포

65 제2차 세계 대전의 잠수함

잠수함은 제1차 세계대전부터 집중적으로 운용되기 시작했다. 당시 대서양에서 통상 파괴 작전을 전개한 독일 U보트의 활약으로 잠수함이 전략적 능력을 가진 혁신적인 무기가 되었다. 전간기에 주요국 해군은 잠수함 전력의 정비에 주력했고, 제2차 세계대전이 벌어지자 대서양에서 U보트의 통상파괴작전 재개를 시작으로 모든 전역에서 잠수함 전투가 벌어졌다. 여기에서는 제2차 세계대전 중 각국의 주력함이 출현한 1942년 당시 세계의 잠수함들을 그렸다. 각 함 모두 성능적으로는 그리 큰 차이는 없지만 실용 잠항 심도에서는 독일의 U보트가 단연 뛰어났다.

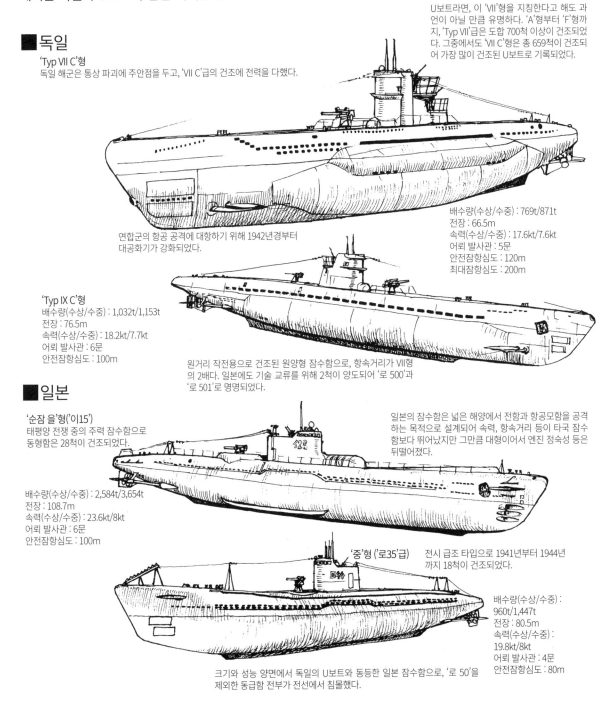

■독일

'Typ VII C'형
독일 해군은 통상 파괴에 주안점을 두고, 'VII C'급의 건조에 전력을 다했다.

U보트라면, 이 'VII'형을 지칭한다고 해도 과언이 아닐 만큼 유명하다. 'A'형부터 'F'형까지, 'Typ VII'급은 도합 700척 이상이 건조되었다. 그중에서도 'VII C'형은 총 659척이 건조되어 가장 많이 건조된 U보트로 기록되었다.

연합군의 항공 공격에 대항하기 위해 1942년경부터 대공화기가 강화되었다.

배수량(수상/수중) : 769t/871t
전장 : 66.5m
속력(수상/수중) : 17.6kt/7.6kt
어뢰 발사관 : 5문
안전잠항심도 : 120m
최대잠항심도 : 200m

'Typ IX C'형
배수량(수상/수중) : 1,032t/1,153t
전장 : 76.5m
속력(수상/수중) : 18.2kt/7.7kt
어뢰 발사관 : 6문
안전잠항심도 : 100m

원거리 작전용으로 건조된 원양형 잠수함으로, 항속거리가 VII형의 2배다. 일본에도 기술 교류를 위해 2척이 양도되어 '로 500'과 '로 501'로 명명되었다.

■일본

'순잠 을'형('이15')
태평양 전쟁 중의 주력 잠수함으로 동형함은 28척이 건조되었다.

일본의 잠수함은 넓은 해양에서 전함과 항공모함을 공격하는 목적으로 설계되어 속력, 항속거리 등이 타국 잠수함보다 뛰어났지만 그만큼 대형이어서 엔진 정숙성 등은 뒤떨어졌다.

배수량(수상/수중) : 2,584t/3,654t
전장 : 108.7m
속력(수상/수중) : 23.6kt/8kt
어뢰 발사관 : 6문
안전잠항심도 : 100m

'중'형('로35'급)
전시 급조 타입으로 1941년부터 1944년까지 18척이 건조되었다.

배수량(수상/수중) :
960t/1,447t
전장 : 80.5m
속력(수상/수중) :
19.8kt/8kt
어뢰 발사관 : 4문
안전잠항심도 : 80m

크기와 성능 양면에서 독일의 U보트와 동등한 일본 잠수함으로, '로 50'을 제외한 동급함 전부가 전선에서 침몰했다.

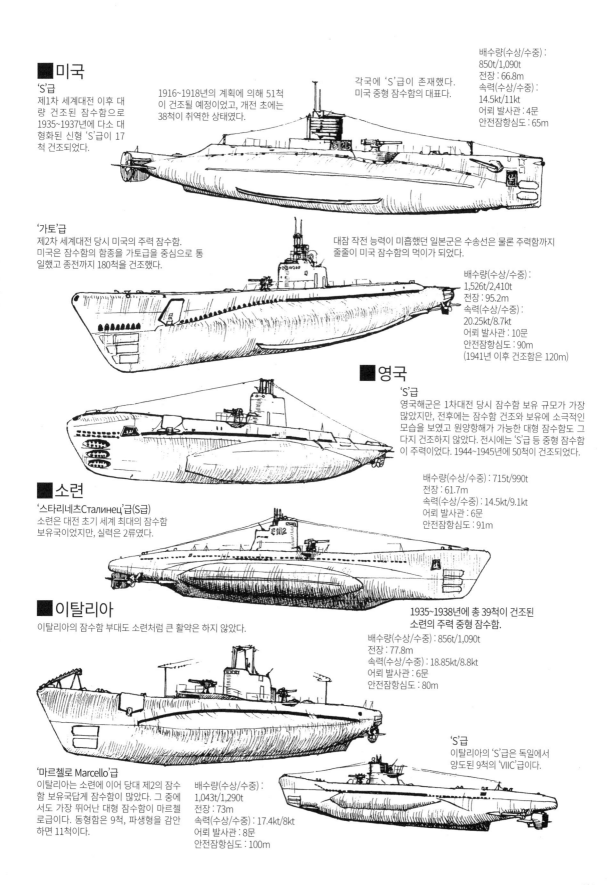

■미국

'S'급

제1차 세계대전 이후 대량 건조된 잠수함으로 1935~1937년에 다소 대형화된 신형 'S'급이 17척 건조되었다.

1916~1918년의 계획에 의해 51척이 건조될 예정이었고, 개전 초에는 38척이 취역한 상태였다.

각국에 'S'급이 존재했다. 미국 중형 잠수함의 대표다.

배수량(수상/수중) : 850t/1,090t
전장 : 66.8m
속력(수상/수중) : 14.5kt/11kt
어뢰 발사관 : 4문
안전잠항심도 : 65m

'가토'급

제2차 세계대전 당시 미국의 주력 잠수함. 미국은 잠수함의 함종을 가토급을 중심으로 통일했고 종전까지 180척을 건조했다.

대잠 작전 능력이 미흡했던 일본군은 수송선은 물론 주력함까지 줄줄이 미국 잠수함의 먹이가 되었다.

배수량(수상/수중) : 1,526t/2,410t
전장 : 95.2m
속력(수상/수중) : 20.25kt/8.7kt
어뢰 발사관 : 10문
안전잠항심도 : 90m
(1941년 이후 건조함은 120m)

■영국

'S'급

영국해군은 1차대전 당시 잠수함 보유 규모가 가장 많았지만, 전후에는 잠수함 건조와 보유에 소극적인 모습을 보였고 원양항해가 가능한 대형 잠수함도 그다지 건조하지 않았다. 전시에는 'S'급 등 중형 잠수함이 주력이었다. 1944~1945년에 50척이 건조되었다.

배수량(수상/수중) : 715t/990t
전장 : 61.7m
속력(수상/수중) : 14.5kt/9.1kt
어뢰 발사관 : 6문
안전잠항심도 : 91m

■소련

'스타리네츠Сталинец'급(S급)

소련은 대전 초기 세계 최대의 잠수함 보유국이었지만, 실력은 2류였다.

1935~1938년에 총 39척이 건조된 소련의 주력 중형 잠수함.

배수량(수상/수중) : 856t/1,090t
전장 : 77.8m
속력(수상/수중) : 18.85kt/8.8kt
어뢰 발사관 : 6문
안전잠항심도 : 80m

■이탈리아

이탈리아의 잠수함 부대도 소련처럼 큰 활약은 하지 않았다.

'마르첼로 Marcello'급

이탈리아는 소련에 이어 당대 제2의 잠수함 보유국답게 잠수함이 많았다. 그 중에서도 가장 뛰어난 대형 잠수함이 마르첼로급이다. 동형함은 9척, 파생형을 감안하면 11척이다.

배수량(수상/수중) : 1,043t/1,290t
전장 : 73m
속력(수상/수중) : 17.4kt/8kt
어뢰 발사관 : 8문
안전잠항심도 : 100m

'S'급

이탈리아의 'S'급은 독일에서 양도된 9척의 'VIIC'급이다.

66 잠수함 승무원의 유니폼

제2차 세계대전 중 각국 잠수함 선원들의 유니폼을 소개한다. 잠수함 승무 가운데 독일 해군의 가죽 재킷은 매우 개성적이다. 독일 각 군의 유니폼은 세련된 디자인으로 밀리터리 팬들에게 인기가 높지만, 이 가죽 재킷 또한 색다른 맛을 느낄 수 있다. 타국 해군의 잠수함 승무원들도 함내에서는 비교적 러프한 스타일이며, 전투 시는 활동적인 작업복을 착용하는 경우가 많다.

■독일

1940년에 채용된 데님제 제복

U보트 전투장
U보트에 타고 두 차례 작전 항해를 하면 수여 되었다.

U보트 함장은 계절에 관계없이 이마 부분 이 하얀 제모를 착용 한다.

하사관 수병용 가죽 재킷
U보트 재킷이라 불리는 대표적인 유니폼.

사관용 가죽 코트
더블 브레스테드형으로 여러 종류가 있다.

원래 잠수함에 탑승 하는 부사관용으로 채택된 복장이다.

프랑스전 당시 입수한 영국 육군 전투복을 참고했다는 이야기가 있다.

잠수함 승무원장

잠수함의 함장은 각국 모두 대위나 소령으로, 일러스트 는 왼쪽이 대위, 오른쪽이 수병이다.

수병은 작업복 으로 밝은 하늘 색 데님제 셔츠 와 암청색의 바 지를 입었다.

■미국

함상 재킷
네이비 블루와 카키색으로 몇 가지 형태 가 있다. 사관은 사복의 가죽 점퍼를 착용 하기도 했다.

밝은 카키색의 하계용 제복

■영국

암청색
사관용 작업복
잠수함 승무원용 흰
터틀넥 스웨터 등도
지급되었다.

수병 모자는
함명 없이 'H.M.S'
만 표시.

■소련

사관용 제복
암청색에 바지는
검은색.

수병의
작업복에는
'보일러 슈트'라
불리는 청색의
멜빵 바지도 있
었다.

영국 수병의
바지는 특히
폭이 넓다.

수병은
세일러복에
작업모.
바지는
검은색.

이탈리아는
모자의
밴드가
계급장이
된다.

■이탈리아

사관은 스웨터 위에 가
죽 점퍼를 착용하는 선
상복식이다.

■일본

제2종 군장(여름용)
남쪽에서는 사관도 병
사도 반팔, 반바지로
구성된 방서 복장을
착용했다.

수병은 베레모에
암청색 작업복을
착용한다.

병사/하사관
작업복
흰색 작업복.

67 핵무기 시대를 연 원자폭탄과 수소폭탄

비키니 환초는 중부 태평양 미크로네시아의 마셜 제도 북서부에 위치한 약 30여개의 산호초 섬으로 구성된 제도다. 이전에는 일본의 위임 통치령이었으나 전후 미국의 유엔 신탁 통치령이 되었다. 미국은 비키니섬과 에 니웨톡섬을 원폭 실험장으로 지정하고 1946년 7월에 제1차 실험을 실시했다. 1954년에 실행한 수소폭탄 실 험 과정에서는 '제5후쿠류마루 사건'이 발생하기도 했다. 핵실험은 1958년까지 계속되었고, 이렇게 비키니는 그동안 원수폭이 인류에게 지대한 영향을 주게 될 것임을 알지 못했던 전 세계에 충격을 가져옴과 동시에 핵 군비 시대를 알리는 개막의 땅이 되었다.

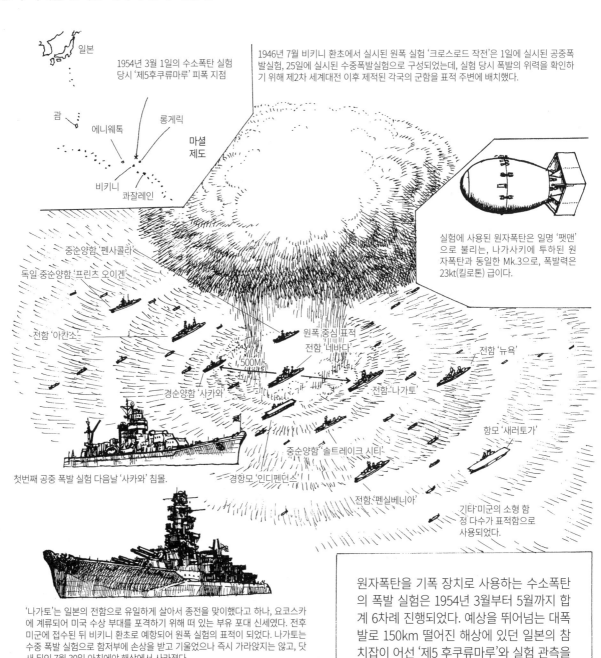

일본

1954년 3월 1일의 수소폭탄 실험 당시 '제5후쿠류마루' 피폭 지점

1946년 7월 비키니 환초에서 실시된 원폭 실험 '크로스로드 작전'은 1일에 실시된 공중폭 발실험, 25일에 실시된 수중폭발실험으로 구성되었는데, 실험 당시 폭발의 위력을 확인하 기 위해 제2차 세계대전 이후 제적된 각국의 군함을 표적 주변에 배치했다.

괌

에니웨톡   롱게릭

마셜
제도

비키니   콰잘레인

실험에 사용된 원자폭탄은 일명 '팻맨' 으로 불리는, 나가사키에 투하된 원 자폭탄과 동일한 Mk.3으로, 폭발력은 23kt(킬로톤) 급이다.

중순양함 '펜사콜라'

독일 중순양함 '프린츠 오이겐'

전함 '아칸소'

원폭 중심 표적
전함 '네바다'

전함 '뉴욕'

500M가

경순양함 '사카와'

전함 '나가토'

항모 '새러토가'

중순양함 '솔트레이크 시티'

첫번째 공중 폭발 실험 다음날 '사카와' 침몰.

경항모 '인디펜던스'

전함 '펜실베니아'

기타 미군의 소형 함 정 다수가 표적함으로 사용되었다.

'나가토'는 일본의 전함으로 유일하게 살아서 종전을 맞이했다고 하나, 요코스카 에 계류되어 미국 수상 부대를 포격하기 위해 떠 있는 부유 포대 신세였다. 전후 미군에 접수된 뒤 비키니 환초로 예항되어 원폭 실험의 표적이 되었다. 나가토는 수중 폭발 실험으로 함저부에 손상을 받고 기울었으나 즉시 가라앉지는 않고, 닷 새 뒤인 7월 30일 아침에야 해상에서 사라졌다.

원자폭탄을 기폭 장치로 사용하는 수소폭탄 의 폭발 실험은 1954년 3월부터 5월까지 합 계 6차례 진행되었다. 예상을 뛰어넘는 대폭 발로 150km 떨어진 해상에 있던 일본의 참 치잡이 어선 '제5 후쿠류마루'와 실험 관측을 하던 미군 다수가 피폭당했다.

Mk.17

미국에서 최초로 개발된 공중 투하형 수소 폭탄으로, 비키니 환초에서 실험된 뒤 전략공군 배치가 시작되었다. 폭발력은 10~25Mt.(메가톤) 이 수소 폭탄이 도쿄 중심부에 투하될 경우, 반경 30km가 증발하고, 반경 50km 내에 노출된 사람들은 중화상을 입으며, 죽음의 재라 불리는 방사성 낙진은 반경 150km까지 확산된다.

제5후쿠류마루

1954년 3월 1일, 1차 수폭 실험 중 피폭. 승무원 쿠보야마 아이키치씨는 세계 최초로 수폭에 의한 피폭희생자가 되었다.

■ 핵폭발의 위력 200kt급

1kt(킬로톤)는 TNT화약 1,000t의 파괴력에 해당한다. 수소폭탄의 Mt(메가톤)은 TNT화약 100만 t의 파괴력이라고는 하지만, 수치상으로는 1,000배라 해도 폭발이 입체적인 현상임을 감안해본다면 실제 체감할 수 있는 범위나 위력은 kt의 10배 정도로 보는 편이 타당하다.

200kt급은 소형 핵무기의 표준 사이즈로 중거리 탄도 미사일과 폴라리스 미사일 등에 탑재되는 크기다.

방사능으로급속사망

급속 사망

중상

경상

폭풍

벽돌·건물·전고

광범위한 붕괴, 공장·주택 붕괴

목조 건축물 피해

자동차 전복

거의 영향이없다 (폭발직후의 초기상태에 한정. 그후에는…?)

열선

폭풍

폭풍

고층 건물·전소

금속 증발·금속 융해

고무·플라스틱 발화 또는 녹는다

나무가 탄다

5km

10km

제3도 화상(피부가 검게 눌어붙음)

제2도 화상(물집이 잡힌다)

제1도 화상(붉게 부어오르고 아프다)

■ 북한(조선 민주주의 인민 공화국)의 미사일

북한 미사일의 사거리는 일본 전역을 커버한다.

① 스커드B
● 사거리 : 320km
● 탄두 : 825kg

● 사거리 : 1,000km
● 탄두 : 1,000kg

● 탄두 : 1,350kg

대포동 2호(예상)
● 사거리 : 3,500~6,000km
● 탄두 : 1,000kg

노동 1호(북한에서는 화성 5호로 부른다)

● 사거리 : 1,600~2,000km

③ 대포동 1호

태평양 상의 괌은 사거리 내에 들어갔고, 웨이크 섬 주변까지도 도달할 수 있다.

무수단
①
원산
②
③
④
도쿄
오키나와

대포동 3호는 미국 본토 도달을 목표로 하고 있다고 한다.

1957년 개발된 스커드A(1957년)는 50kt 핵탄두를 탑재할 수 있다.

미사일에 탑재하기 위한 핵탄두도 개발했다.

68 가공 전기에 등장하는 하이브리드 함

탑재 항공기를 발진시켜 적 함대를 조기에 발견, 공격하고 더 접근하면 대구경 주포의 함포 사격으로 적함을 격침시킨다. 이런 '만능함' 발상의 결과물이 항공전함이다. 태평양 전쟁 중 일본 해군은 미드웨이 해전에서 주력 항공모함 4척을 잃은 뒤로 항모 전력의 급격한 증강을 추구하고 있었다. 그 결과 일본 해군은 항공모함을 최대한 빨리 건조하고, 동시에 다른 함종을 항모로 개조하는 작업에 착수했다. 그 결과물이 일본의 독특한 항공 전함이다.

항공전함 '야마토' 계획
당시 해군은 '야마토'의 개장까지는 생각하지 않았다.

결국 전세 악화로 일본 항공 전함은 한번도 항공 작전에 투입되지 않았다.

■항공전함
일본 해군에서만 실용화한 하이브리드함이다.

'이세'

'휴가'

항공 전함 '이세'

포격전을 실시할 경우, 크레인을 뒤쪽으로 돌린다.

전함 '이세'급
● 배수량 : 36,000t
● 전장 : 216m
● 무장 : 36cm연장 포탑 x 6

1937년 근대화 개수
(건조는 1917년)

④ 결국 탑재기를 수상기로 변경하고 크레인으로 회수하는 운용법을 채용하기로 했다.

③ 후방 포탑 2문을 철거하고 격납고와 비행갑판을 마련해 캐터펄트 발함을 전제로 스이세이 함상폭격기 22대를 탑재한다는 방안이 검토되었다. 이 경우 착함은 불가능하기 때문에 출격한 기체는 다른 항공모함이나 지상 기지가 수용해야 했다.

② 2안으로 주포 4문을 철거하고 110m 급 비행갑판에 40~50대의 함재기를 운용하는 방안도 검토되었으나, 착함이 불가능하고 공사 기간도 여전히 길다는 이유로 취소되었다.

① 최초의 개조안은 완전한 항공모함 개장이었다. 210 x 34m 규격의 비행갑판을 설치학호 54대의 항공기를 탑재했다. 그러나 이 안은 예상 공사 기간이 길고(약 1년 반) 개수할 부분도 너무 많아 취소되었다.

■타국에서 검토되던 항공전함

1923년 영국 빅커스의 군함 설계부장인 조지 서스턴 경이 제안한 항공전함. 전함에 항공모함의 기능을 더한 컨셉으로 주목받았다.

일본의 항공전함이 항공모함 부족을 극복하기 위해 전함을 개조한 결과물이라면, 이하의 항공전함들은 1922년의 워싱턴 군축 조약으로 각국의 전함과 항공모함의 보유량이 제한되자 조약을 회피하기 위해 전함과 항공모함을 혼합시킨 항공전함을 만든다는 발상에서 출발했다. 하지만 연구 결과, 전함으로도 항공모함으로도 쓸 수 없는 함이 되어버려 결국 폐선되거나 항공모함으로 개조를 거쳐 일선에 남았다.

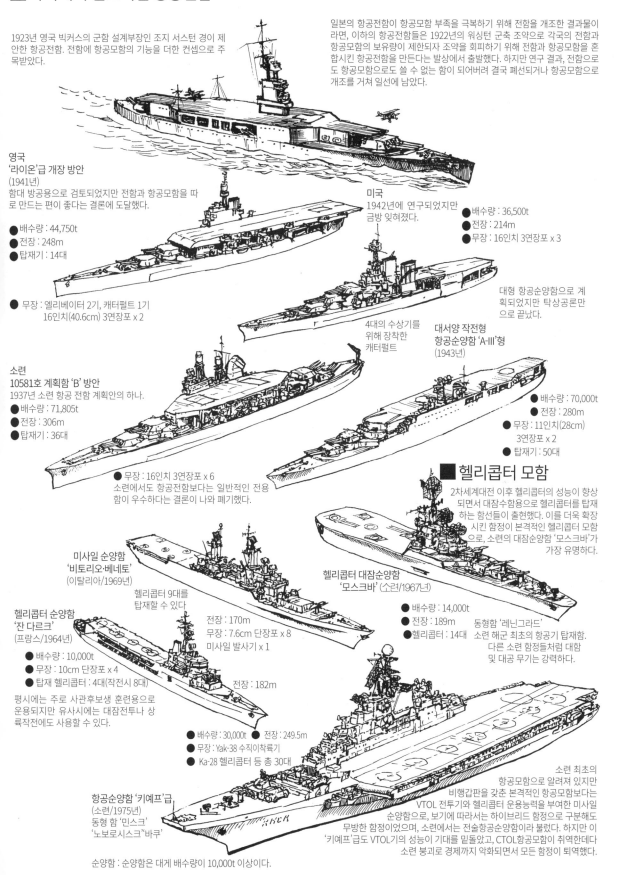

영국
'라이온'급 개장 방안
(1941년)
함대 방공용으로 검토되었지만 전함과 항공모함을 따로 만드는 편이 좋다는 결론에 도달했다.
- 배수량 : 44,750t
- 전장 : 248m
- 탑재기 : 14대
- 무장 : 엘리베이터 2기, 캐터펄트 1기
  16인치(40.6cm) 3연장포 x 2

미국
1942년에 연구되었지만 금방 잊혀졌다.
- 배수량 : 36,500t
- 전장 : 214m
- 무장 : 16인치 3연장포 x 3

대형 항공순양함으로 계획되었지만 탁상공론만으로 끝났다.

소련
10581호 계획함 'B' 방안
1937년 소련 항공 전함 계획안의 하나.
- 배수량 : 71,805t
- 전장 : 306m
- 탑재기 : 36대
- 무장 : 16인치 3연장포 x 6
소련에서도 항공전함보다는 일반적인 전용함이 우수하다는 결론이 나와 폐기했다.

4대의 수상기를 위해 장착한 캐터펄트

대서양 작전형
항공순양함 'A-III'형
(1943년)
- 배수량 : 70,000t
- 전장 : 280m
- 무장 : 11인치(28cm) 3연장포 x 2
- 탑재기 : 50대

■헬리콥터 모함

2차세계대전 이후 헬리콥터의 성능이 향상되면서 대잠수함용으로 헬리콥터를 탑재하는 함선들이 출현했다. 이를 더욱 확장시킨 함정이 본격적인 헬리콥터 모함으로, 소련의 대잠순양함 '모스크바'가 가장 유명하다.

미사일 순양함
'비토리오·베네토'
(이탈리아/1969년)
헬리콥터 9대를 탑재할 수 있다
- 전장 : 170m
- 무장 : 7.6cm 단장포 x 8
- 미사일 발사기 x 1

헬리콥터 순양함
'잔 다르크'
(프랑스/1964년)
- 배수량 : 10,000t
- 무장 : 10cm 단장포 x 4
- 탑재 헬리콥터 : 4대(작전시 8대)
평시에는 주로 사관후보생 훈련용으로 운용되지만 유사시에는 대잠전투나 상륙작전에도 사용할 수 있다.

- 전장 : 182m

헬리콥터 대잠순양함
'모스크바' (소련/1967년)
- 배수량 : 14,000t
- 전장 : 189m
- 헬리콥터 : 14대
동형함 '레닌그라드'
소련 해군 최초의 항공기 탑재함. 다른 소련 함정들처럼 대함 및 대공 무기는 강력하다.

- 배수량 : 30,000t
- 전장 : 249.5m
- 무장 : Yak-38 수직이착륙기
- Ka-28 헬리콥터 등 총 30대

항공순양함 '키예프'급
(소련/1975년)
동형함 '민스크'
'노보로시스크''바쿠'

순양함 : 순양함은 대게 배수량이 10,000t 이상이다.

소련 최초의 항공모함으로 알려져 있지만 비행갑판을 갖춘 본격적인 항공모함보다는 VTOL 전투기와 헬리콥터 운용능력을 부여한 미사일 순양함으로, 보기에 따라서는 하이브리드 함정으로 구분해도 무방한 함정이었으며, 소련에서는 전술항공순양함이라 불렀다. 하지만 이 '키예프'급도 VTOL기의 성능이 기대를 밑돌았고, CTOL항공모함이 취역한데다 소련 붕괴로 경제까지 악화되면서 모든 함정이 퇴역했다.

69 전국 시대의 아시가루와 화승총

일본에 철포(조총)이 전래된 시기는 타네가시마에 도착한 포르투갈 배가 총을 전달한 1543년이 정설이다. 이 총은 화승식 머스켓으로 '타네가시마 총'으로 불리며, 전국시대의 다이묘들 사이에 급속히 보급되었다. 타케다 하루노부(다케다 신겐)는 1555년에 300자루의 총을 보유했으며, 이마가와 요시모토는 1560년에 500자루의 총을 동원해 오다군을 격파하기도 했다. 또한 오다 노부나가는 1575년 나가시노 전투에서 3,000자루의 총을 사용하였다. 1500년대 후반에 이르면 총은 아시가루(영내의 농민병으로 평시에 잡역에 종사하다 전시에는 활이나 창 등으로 무장하고 기마 무사들이 주체가 되는 전통적인 주력군과는 별도의 전투 집단으로 편성되어 전투에 참가하게 된 하급 병사를 지칭한다)들에게 필수불가결한 무기가 되었다.

■화승총의 구조

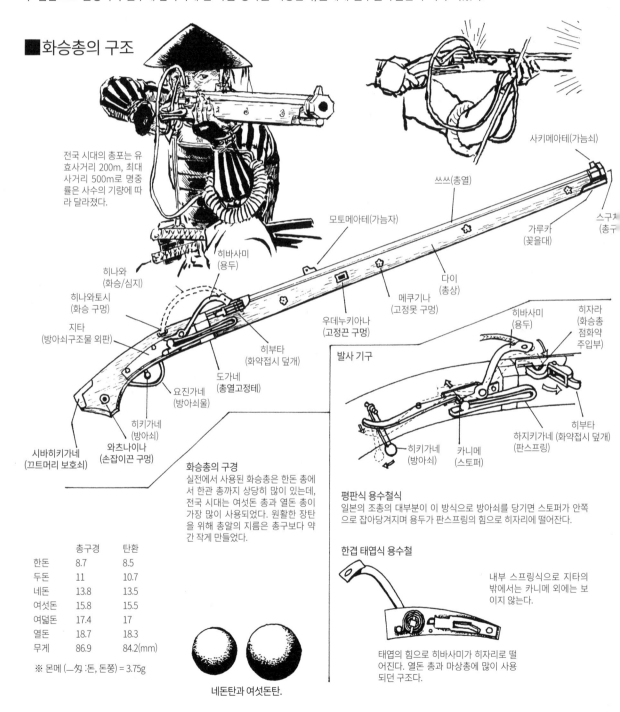

전국 시대의 총포는 유효사거리 200m, 최대 사거리 500m로 명중률은 사수의 기량에 따라 달라졌다.

사키메아테(가늠쇠)

쓰쓰(총열)

모토메아테(가늠자)

가루카(꽂을대)

스구치(총구)

히나와(화승/심지)

히나와토시(화승 구멍)

지타(방아쇠구조물 외판)

히바사미(용두)

다이(총상)

메쿠기나(고정못 구멍)

우데누키아나(고정끈 구멍)

히부타(화약접시 덮개)

도가네(총열고정테)

요진가네(방아쇠울)

히키가네(방아쇠)

와츠나이나(손잡이끈 구멍)

시바히키가네(끄트머리 보호쇠)

발사 기구

히바사미(용두)

히자라(화승 점화약 주입부)

히키가네(방아쇠)

카니메(스토퍼)

하지키가네(화약접시 덮개)(판스프링)

히부타

화승총의 구경

실전에서 사용된 화승총은 한돈 총에서 한관 총까지 상당히 많이 있는데, 전국 시대는 여섯돈 총과 열돈 총이 가장 많이 사용되었다. 원활한 장탄을 위해 총알의 지름은 총구보다 약간 작게 만들었다.

	총구경	탄환
한돈	8.7	8.5
두돈	11	10.7
네돈	13.8	13.5
여섯돈	15.8	15.5
여덟돈	17.4	17
열돈	18.7	18.3
무게	86.9	84.2(mm)

※ 몬메(一匁 :돈, 돈쭝) = 3.75g

네돈탄과 여섯돈탄.

평판식 용수철식

일본의 조총의 대부분이 이 방식으로 방아쇠를 당기면 스토퍼가 안쪽으로 잡아당겨지며 용두가 판스프링의 힘으로 히자리에 떨어진다.

한겹 태엽식 용수철

내부 스프링식으로 지타의 밖에서는 카니메 외에는 보이지 않는다.

태엽의 힘으로 히바사미가 히자리로 떨어진다. 열돈 총과 마상총에 많이 사용되던 구조다.

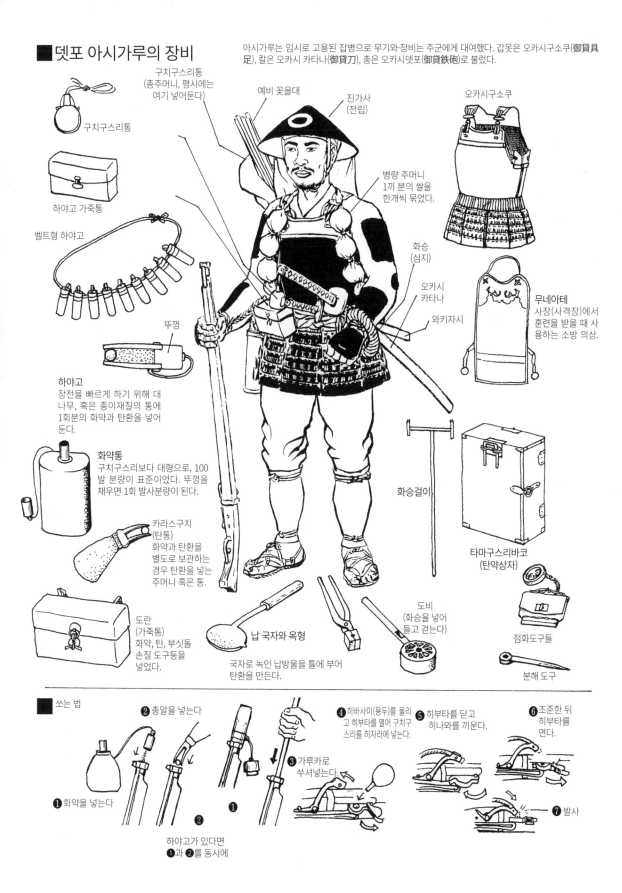

■ 뎃포 아시가루의 장비

아시가루는 임시로 고용된 잡병으로 무기와·장비는 주군에게 대여했다. 갑옷은 오카시구소쿠(御貸具足), 칼은 오카시 카타나(御貸刀), 총은 오카시뎃포(御貸鉄砲)로 불렸다.

구치구스리통

하야고 가죽통

벨트형 하야고

뚜껑

하야고
장전을 빠르게 하기 위해 대나무, 혹은 종이재질의 통에 1회분의 화약과 탄환을 넣어둔다.

화약통
구치구스리보다 대형으로, 100발 분량이 표준이었다. 뚜껑을 채우면 1회 발사분량이 된다.

카라스구치
(탄통)
화약과 탄환을 별도로 보관하는 경우 탄환을 넣는 주머니 혹은 통.

도란
(가죽통)
화약, 탄, 부싯돌 손질 도구등을 넣었다.

구치구스리통
(총주머니, 평시에는 여기 넣어둔다)

예비 꽂을대

진가사
(전립)

병량 주머니
1끼 분의 쌀을 한개씩 묶었다.

화승
(심지)

오카시
카타나

와키자시

오카시구소쿠

무네아테
사장(사격장)에서 훈련을 받을 때 사용하는 소방 의상.

화승걸이

타마구스리바코
(탄약상자)

점화도구들

납 국자와 옥형
국자로 녹인 납방울을 틀에 부어 탄환을 만든다.

도비
(화승을 넣어 들고 걷는다)

분해 도구

■ 쏘는 법

❶ 화약을 넣는다

❷ 총알을 넣는다

하야고가 있다면
❶과 ❷를 동시에

❶

❷

❶

❸ 가루카로 쑤셔넣는다.

❹ 히바사미(용두)를 올리고 히부타를 열어 구치구스리를 히자라에 넣는다.

❺ 히부타를 닫고 히나와를 끼운다.

❻ 조준한 뒤 히부타를 연다.

❼ 발사

70 에도 막부 말기에 수입된 권총

소설이나 드라마에서도 인기를 끄는 에도 막부 말기의 지사, 사카모토 료마가 권총을 소지한 일화는 매우 유명하다. 에도 막부 말기의 일본은 이른바 총기의 '원더랜드'여서, 해외의 여러 총기가 유입되던 시절이었고, 당시 료마가 소지한 S&W 모델 No.2 권총은 그와 친분이 있던 조슈 다이묘의 가신, 다카스기 신사쿠가 상하이에서 구입한 총을 보내어 료마의 무기가 되었다. 이 모델 No.2는 S&W사가 개발한 금속 탄피식 탄을 사용하는 림파이어식신형 권총으로 미국 등에서는 호신용으로 많이 사용되고 있었다. 다만 당시 일본에서는 탄의 입수가 곤란했던 듯 하다.

■ 림파이어

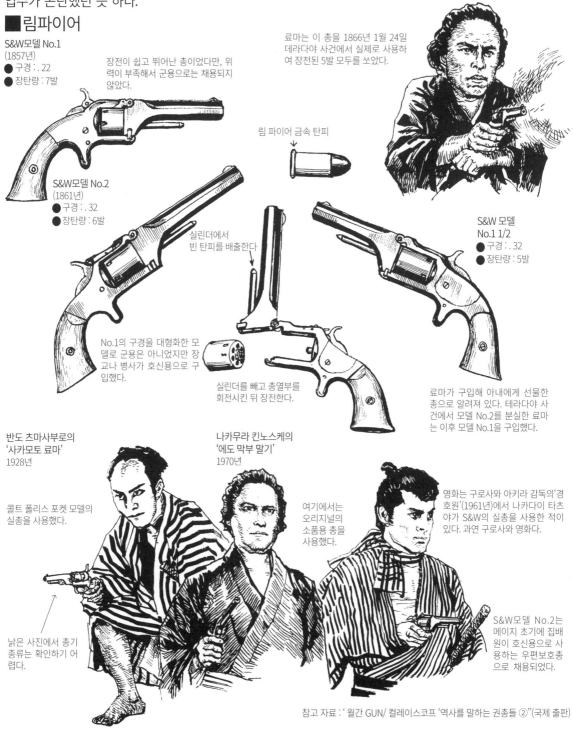

S&W모델 No.1
(1857년)
● 구경 : . 22
● 장탄량 : 7발

장전이 쉽고 뛰어난 총이었다만, 위력이 부족해서 군용으로는 채용되지 않았다.

료마는 이 총을 1866년 1월 24일 데라다야 사건에서 실제로 사용하여 장전된 5발 모두를 쏘았다.

림 파이어 금속 탄피

S&W모델 No.2
(1861년)
● 구경 : . 32
● 장탄량 : 6발

실린더에서 빈 탄피를 배출한다

S&W 모델
No.1 1/2
● 구경 : . 32
● 장탄량 : 5발

No.1의 구경을 대형화한 모델로 군용은 아니었지만 장교나 병사가 호신용으로 구입했다.

실린더를 빼고 총열부를 회전시킨 뒤 장전한다.

료마가 구입해 아내에게 선물한 총으로 알려져 있다. 테라다야 사건에서 모델 No.2를 분실한 료마는 이후 모델 No.1을 구입했다.

반도 츠마사부로의
'사카모토 료마'
1928년

나카무라 킨노스케의
'에도 막부 말기'
1970년

콜트 폴리스 포켓 모델의 실총을 사용했다.

여기에서는 오리지널의 소품용 총을 사용했다.

낡은 사진에서 총기 종류는 확인하기 어렵다.

영화는 구로사와 아키라 감독의 '경호원'(1961년)에서 나카다이 타츠야가 S&W의 실총을 사용한 적이 있다. 과연 구로사와 영화다.

S&W모델 No.2는 메이지 초기에 집배원이 호신용으로 사용하는 우편보호총으로 채용되었다.

참고 자료 : ' 월간 GUN/ 컬레이스코프 '역사를 말하는 권총들 ②'(국제 출판)

1850~60년대, 일본이 쇄국을 풀면서 에도 막부 말기의 동란기에 있던 막부와 각 번들은 해외에서 무기를 대량으로 구입했다. 이 과정에서 세계 각국에서 총이나 권총이 일본으로 유입되었다. 그 가운데 자국에서 불필요해진 총을 판 외국 상인도 있었고, 신형뿐만 아니라 구식 총들도 많이 수입되었다.

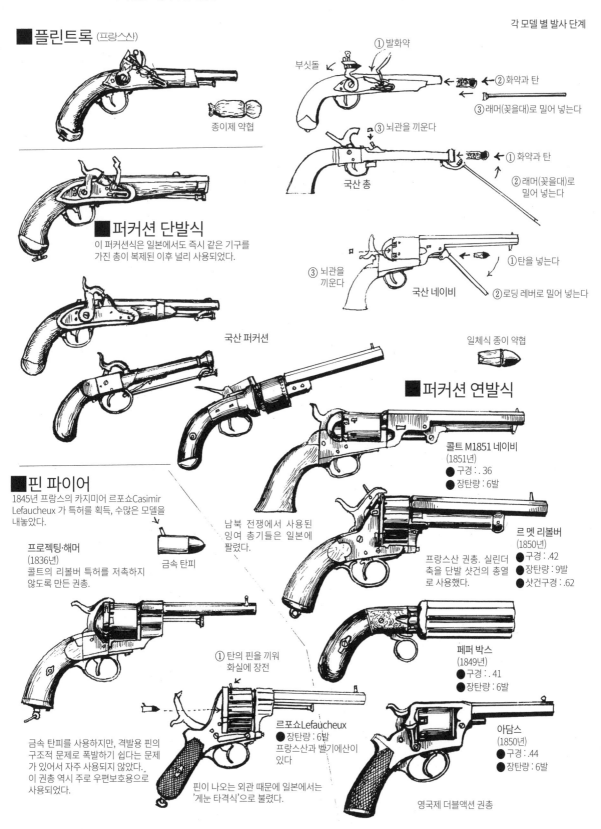

■ 플린트록 (프랑스산)

종이제 약협

① 발화약

부싯돌

② 화약과 탄

③ 래머(꽂을대)로 밀어 넣는다

③ 뇌관을 끼운다

국산 총

① 화약과 탄

② 래머(꽂을대)로 밀어 넣는다

■ 퍼커션 단발식
이 퍼커션식은 일본에서도 즉시 같은 기구를 가진 총이 복제된 이후 널리 사용되었다.

③ 뇌관을 끼운다

국산 네이비

① 탄을 넣는다

② 로딩 레버로 밀어 넣는다

국산 퍼커션

일체식 종이 약협

■ 퍼커션 연발식

콜트 M1851 네이비
(1851년)
● 구경 : . 36
● 장탄량 : 6발

■ 핀 파이어
1845년 프랑스의 카지미어 르포쇼Casimir Lefaucheux 가 특허를 획득, 수많은 모델을 내놓았다.

프로젝팅·해머
(1836년)
콜트의 리볼버 특허를 저촉하지 않도록 만든 권총.

금속 탄피

남북 전쟁에서 사용된 잉여 총기들은 일본에 팔렸다.

르 멧 리볼버
(1850년)
● 구경 : .42
● 장탄량 : 9발
● 샷건구경 : .62

프랑스산 권총. 실린더 축을 단발 샷건의 총열로 사용했다.

① 탄의 핀을 끼워 화실에 장전

페퍼 박스
(1849년)
● 구경 : . 41
● 장탄량 : 6발

금속 탄피를 사용하지만, 격발용 핀의 구조적 문제로 폭발하기 쉽다는 문제가 있어서 자주 사용되지 않았다.
이 권총 역시 주로 우편보호용으로 사용되었다.

르포쇼Lefaucheux
● 장탄량 : 6발
프랑스산과 벨기에산이 있다

핀이 나오는 외관 때문에 일본에서는 '게눈 타격식'으로 불렸다.

아담스
(1850년)
● 구경 : .44
● 장탄량 : 6발

영국제 더블액션 권총

145

71 러일 전쟁의 육전 무기

동아시아 최초의 근대전이라 할 만한 러일 전쟁에서 양국이 국산화한 무기는 권총과 소총 정도에 지나지 않았고 그밖에 다양한 무기들은 대부분 수입품이었다. 당시 최신 무기, 기관총은 물론 포도 거의 외국산이었다. 그리고 일본 국내의 생산량으로는 극심한 탄약의 소모를 충족하지 못해 외국에 발주한 상태였다. 메이지 시대의 일본이 처음 경험한 근대전의 실상은 모든 전력과 국력을 투입하는 소모전이었다.

■권총·소총·기관총

일번형 원철식 권총
(S&W No.3)
● 구경 : .44(11mm)
● 장탄량 : 6발

더블액션형 권총으로 기병이 우선적으로 장비했고, 이후 포병, 병참병, 헌병이 순차적으로 지급받았다.

30년식 총검
99식 소총에도 사용된다.

26년식 권총
● 구경 : 9mm
● 장탄량 : 6발

● 전장 : 125cm
● 착검 길이 : 166.5cm

30년식 보병총
● 구경 : 6.5mm
● 장탄량 : 5발

나강 M1895
● 구경 : 7.62mm
● 장탄량 : 6발

러시아 최초의 국산 권총.

30년식 기병총
● 전장 : 96.5cm

러시아 육군도 나강을 채용하기 전까지 S&W No.3을 채용하고 있었다. 이 총은 S&W 러시안·모델로 유명하다. 만주(중국 북부)에서도 당연히 사용되었으므로 S&W 간의 교전이 있었을지도 모른다.

● 전장 : 128.34cm
● 착검 길이 : 170.5cm

찌르기 전용 스파이크형 총검
러시아 병사들이 체격도 더 크고 팔과 총의 길이도 길어서 백병전은 한층 치열해졌다.

모신 나강 M1891 소총
● 구경 : 7.62mm
● 장탄량 : 5발

M1891 드라군 (기병총)

● 전장 : 121.88cm

소총을 짧게 줄이고 메기 쉽도록 슬링의 위치도 변경했다.

무기가 부족해 후방동원된 일본군들은 낡은 무라타 연발총(구경 : 11mm)이 지급되었다.

만주의 모래먼지 침입 방지에 효과가 있던 노리쇠 커버.

발사 시 전방으로 튀어나오면 조작한다.

35년식 해군총
일본 해군은 육군의 30년식 소총을 구입·장비하는 과정에서 30년식 소총의 결점을 개량했다.

양군 장교들의 군도(사브르)는 실제 백병전 무기로 사용되었다.

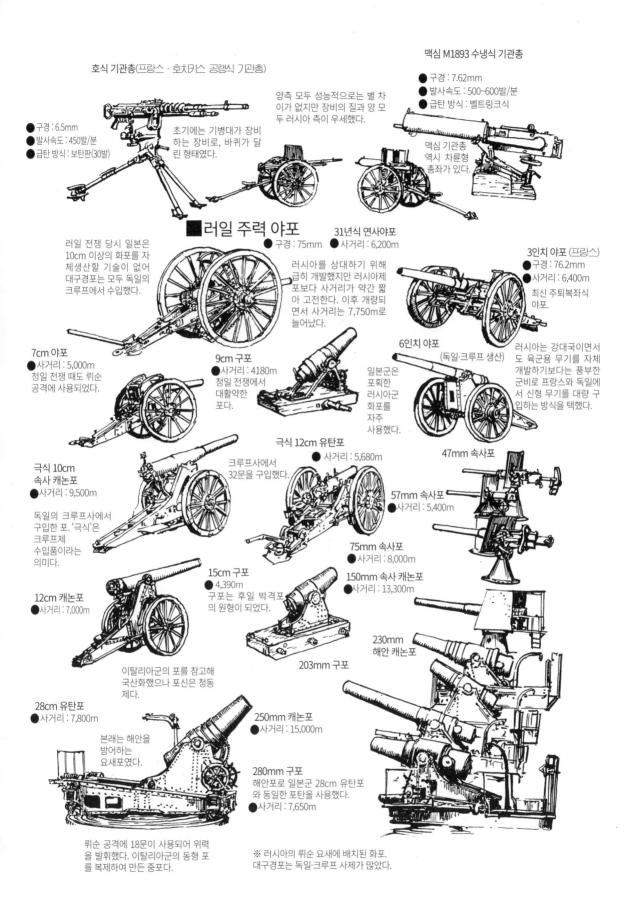

호식 기관총(프랑스·호치키스 공랭식 기관총)

맥심 M1893 수냉식 기관총

● 구경 : 7.62mm
● 발사속도 : 500~600발/분
● 급탄 방식 : 벨트링크식

● 구경 : 6.5mm
● 발사속도 : 450발/분
● 급탄 방식 : 보탄판(30발)

초기에는 기병대가 장비하는 장비로, 바퀴가 달린 형태였다.

양측 모두 성능적으로는 별 차이가 없지만 장비의 질과 양 모두 러시아 측이 우세했다.

맥심 기관총 역시 차륜형 총좌가 있다.

■러일 주력 야포

● 구경 : 75mm

31년식 연사야포
● 사거리 : 6,200m

러일 전쟁 당시 일본은 10cm 이상의 화포를 자체생산할 기술이 없어 대구경포는 모두 독일의 크루프에서 수입했다.

러시아를 상대하기 위해 급히 개발했지만 러시아제 포보다 사거리가 약간 짧아 고전한다. 이후 개량되면서 사거리는 7,750m로 늘어났다.

3인치 야포 (프랑스)
● 구경 : 76.2mm
● 사거리 : 6,400m

최신 주퇴복좌식 야포.

7cm 야포
● 사거리 : 5,000m
청일 전쟁 때도 뤼순 공격에 사용되었다.

9cm 구포
사거리 : 4180m
청일 전쟁에서 대활약한 포다.

6인치 야포
(독일·크루프 생산)

일본군은 포획한 러시아군 화포를 자주 사용했다.

러시아는 강대국이면서도 육군용 무기를 자체 개발하기보다는 풍부한 군비로 프랑스와 독일에서 신형 무기를 대량 구입하는 방식을 택했다.

극식 12cm 유탄포
● 사거리 : 5,680m

크루프사에서 32문을 구입했다.

47mm 속사포

극식 10cm 속사 캐논포
● 사거리 : 9,500m

독일의 크루프사에서 구입한 포. '극식'은 크루프제 수입품이라는 의미다.

57mm 속사포
● 사거리 : 5,400m

75mm 속사포
● 사거리 : 8,000m

12cm 캐논포
● 사거리 : 7,000m

15cm 구포
● 4,390m
구포는 후일 박격포의 원형이 되었다.

150mm 속사 캐논포
● 사거리 : 13,300m

230mm 해안 캐논포

203mm 구포

이탈리아군의 포를 참고해 국산화했으나 포신은 청동제다.

28cm 유탄포
● 사거리 : 7,800m

본래는 해안을 방어하는 요새포였다.

250mm 캐논포
● 사거리 : 15,000m

280mm 구포
해안포로 일본군 28cm 유탄포와 동일한 포탄을 사용했다.
● 사거리 : 7,650m

뤼순 공격에 18문이 사용되어 위력을 발휘했다. 이탈리아군의 동형 포를 복제하여 만든 중포다.

※ 러시아의 뤼순 요새에 배치된 화포. 대구경포는 독일·크루프 사제가 많았다.

72 러일전쟁의 연합 함대 기함 '미카사'

1905년 5월 27일, 러일 전쟁의 승패를 결정한 쓰시마 해전은 당대 최대의 함대 결전이었다. '황국의 흥폐, 이 일전에 달렸다. 각자 한층 분투 노력하라.'는 'Z' 신호기가 기함 '미카사'의 마스트에 휘날렸고. 도고 헤이하치로 제독이 지휘하는 일본 해군 연합 함대는 강력한 러시아 제2태평양함대(발틱 함대)를 격멸했다.

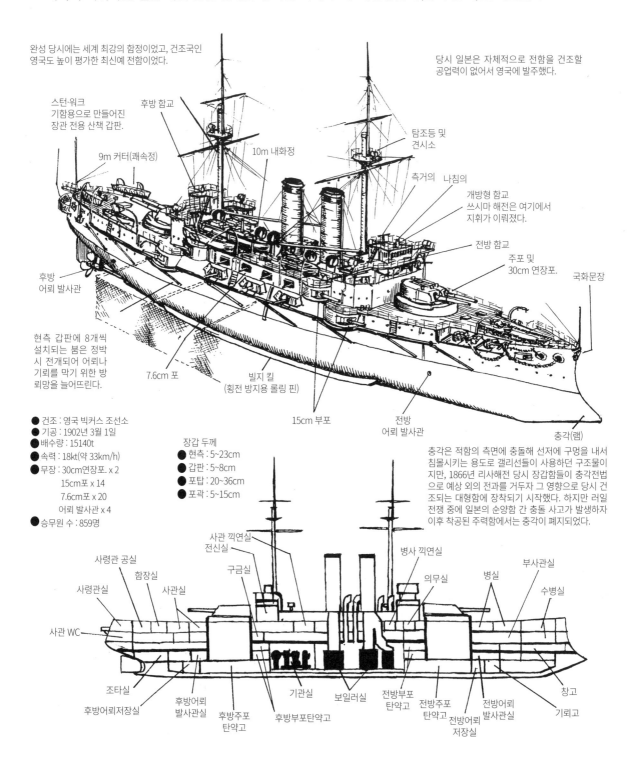

완성 당시에는 세계 최강의 함정이었고, 건조국인 영국도 높이 평가한 최신예 전함이었다.

당시 일본은 자체적으로 전함을 건조할 공업력이 없어서 영국에 발주했다.

스턴·워크
기함용으로 만들어진 장관 전용 산책 갑판.

후방 함교

9m 커터(쾌속정)

10m 내화정

탐조등 및 견시소

측거의   나침의

개방형 함교
쓰시마 해전은 여기에서 지휘가 이뤄졌다.

전방 함교

주포 및
30cm 연장포.

국화문장

후방
어뢰 발사관

현측 갑판에 8개씩 설치되는 붐은 정박 시 전개되어 어뢰나 기뢰를 막기 위한 방뢰망을 늘어뜨린다.

7.6cm 포

빌지 킬
(횡전 방지용 롤링 핀)

15cm 부포

전방
어뢰 발사관

충각(램)

● 건조 : 영국 빅커스 조선소
● 기공 : 1902년 3월 1일
● 배수량 : 15140t
● 속력 : 18kt(약 33km/h)
● 무장 : 30cm연장포. x 2
　　　　 15cm포 x 14
　　　　 7.6cm포 x 20
　　　　 어뢰 발사관 x 4
● 승무원 수 : 859명

장갑 두께
● 현측 : 5~23cm
● 갑판 : 5~8cm
● 포탑 : 20~36cm
● 포곽 : 5~15cm

충각은 적함의 측면에 충돌해 선저에 구멍을 내서 침몰시키는 용도로 갤리선들이 사용하던 구조물이지만, 1866년 리사해전 당시 장갑함들이 충각전법으로 예상 외의 전과를 거두자 그 영향으로 당시 건조되는 대형함에 장착되기 시작했다. 하지만 러일전쟁 중에 일본의 순양함 간 충돌 사고가 발생하자 이후 착공된 주력함에서는 충각이 폐지되었다.

사관 끽연실
전신실

병사 끽연실

부사관실

사령관 공실

함장실

구금실

의무실

병실

수병실

사령관실

사관실

사관 WC

조타실

후방어뢰저장실

후방어뢰
발사관실

후방주포
탄약고

기관실

후방부포탄약고

보일러실

전방부포
탄약고

전방주포
탄약고

전방어뢰
저장실

전방어뢰
발사관실

창고

기뢰고

■ '미카사'의 병기

암스트롱
40구경 12인치 포
(정확히는 30.5cm)

30cm 연장포
- ●자중 : 50t
- ●조작 요원 : 40명

회전 동력 : 수압

당시의 가장 우수한 함포로 공인되던 이 포는 제조국 영국의 전함에도 다수가 장비되고 있었다.

암스트롱
45구경 6인치 포
(15.2cm)

러일전쟁 당시 일본의 거의 모든 전함에 장착되던 부포. 포방패가 붙어 있으며 양현 중앙부의 포곽에 탑재되었다.

15cm포

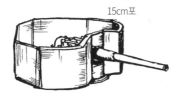

암스트롱
3인치 40구경장 포
(7.65cm)

본래 어뢰를 운용하는 당대의 구축함 등을 격퇴하는 용도로 사용되었다.

7.6cm포

상갑판 양현에 배치했다. 포방패는 얇은 편이다.

암스트롱
18인치 수중 발사관
(45.7cm)

당시에는 전함도 어뢰 발사관을 장비했다. 수면에서 높은 위치에서 어뢰를 발사할 경우, 착수시의 충격으로 폭발할 우려가 있었으므로, 수면에 가까운 위치에 장착되었다.

영국 '드레드노트' (1906년)

이른바 '노급'전함. 부포를 모두 폐지하고 이전 전함들의 2배에 달하는 주포를 탑재한 고속 전함. 본함의 출현으로 기존의 전함은 다 시대에 뒤처지게 되었다. '미카사'가 세계 최강이던 시기 또한 짧은 시간에 불과했다.

무언가 초월적이거나 거대한 대상에 붙이는 '초노급'이라는 형용사의 '노(弩, 일본어발음 ド)'는 이 전함 '드레드노트'에서 유래했다.

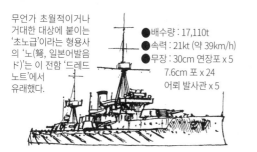

- ●배수량 : 17,110t
- ●속력 : 21kt (약 39km/h)
- ●무장 : 30cm 연장포 x 5
  7.6cm 포 x 24
  어뢰 발사관 x 5

■ '미카사'와 동 시기 열강의 전함들

러시아 '보로디노' (1903년)

러일 전쟁 당시 러시아 최대, 최신 전함. 프랑스 전함을 모델로 자국에서 건조한 전함이다. 러시아는 당시 세계 4위의 해군국이었다.

- ●배수량 : 13,516t
- ●속력 : 18kt (약 33km/h)
- ●무장 : 30cm연장포 x 2
  15cm연장포 X6
  7.6cm포 x 20
  어뢰 발사관 X6

독일 '비텔스바흐' (1902년)

독일은 비텔스바흐급 전함 취역 이후 연안해군에서 대양해군으로 발전하기 시작했고, 이후 세계 3위의 해군으로 올라섰다.

- ●배수량 : 11,800t
- ●속력 : 18kt (약 33km/h)
- ●무장 : 24cm연장포 x 2
  15cm포 x 18
  8.8cm포 x 12
  어뢰 발사관 x 6

프랑스 '쉬프랑' (1903년)

당시 프랑스는 세계 2위의 해군력을 보유하고 있었다.

- ●배수량 : 12,750t
- ●속력 : 16kt (약 29.5km/h)
- ●무장 : 30cm연장포 x 2
  17cm포 x 10
  10cm포 x 4
  어뢰 발사관 x 6

미국 '메인' (1902년)

미국은 1895년 최초의 전함을 건조한 이래 급속도로 해군 전력을 증강해 러일전쟁 이후 러시아를 제치고 세계4위의 해군으로 올라섰다.

- ●배수량 : 12,846t
- ●속력 : 18kt (약 33km/h)
- ●무장 : 30cm 연장포 x 2
  15cm포 x 16
  7.6cm포 X 6
  어뢰 발사관 x 2

이탈리아 '아미랄리오 데 산 본' (1901년)

러일전쟁 이전 일본이 구입한 장갑 순양함 '카스' '닛신'과 동형인 주세페 가리발디의 후속함이다.

- ●배수량 : 10,244t
- ●속력 : 18kt (약 33km/h)
- ●무장 : 25cm 연장포 x 2
  15cm포 x 8
  12cm포 x 12
  어뢰 발사관 x 4

영국 '던컨' (1903년)

속력을 중시한 고속 전함.

- ●배수량 : 13,270t
- ●속력 : 19kt (약 35km/h)
- ●무장 : 30cm 연장포 x 2
  15cm 포 x 12
  7.6cm 포 x 12
  어뢰 발사관 X4

73 러일 전쟁 당시 해군 군장

이 장에서는 1905년 동해 해전 당시 일본 해군과 러시아 해군의 유니폼을 소개한다. 일본해군의 제복은 1896년에 제정된 군복과 계급장을 유지했다. 한편 러시아 해군의 복장에 대해서는 자료가 거의 없어 나카니시 타츠토시 화백의 작품을 참고하여 그렸다. 현재까지 전 세계의 해군에서 사용하는 수병의 세일러복은 1857년에 영국 해군이 채용한 디자인에서 출발했다. 등으로 드리운 큰 옷깃은 바람이 강한 해상에서 옷깃을 세우고 목소리가 잘 들리도록 하려는 구조고, 옷깃에 장식처럼 메는 스카프나 타이도 응급 치료용 삼각건으로 사용하도록 고안되었다. 이후 일본 해군은 영국 해군을 모범으로 간주하여 1870년 제정된 복제에서 2등 병조 이하의, 이른바 수병계급 제복으로 세일러복을 채용했다.

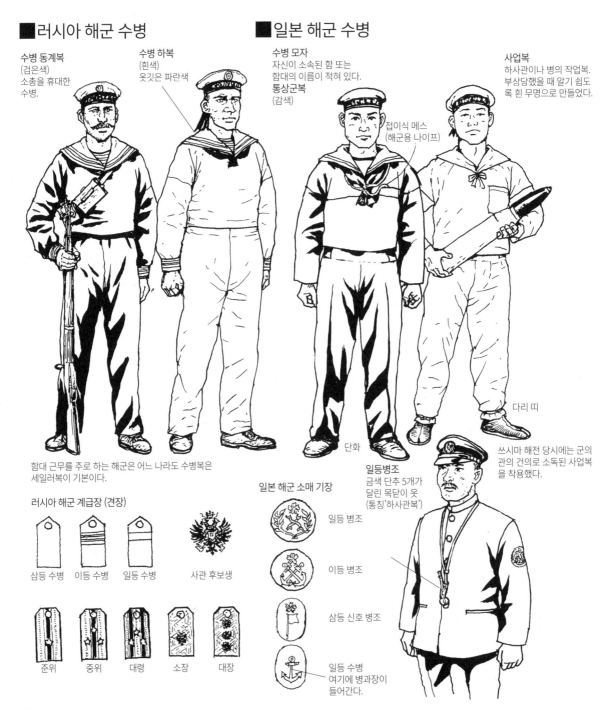

■러시아 해군 수병

수병 동계복
(검은색)
소총을 휴대한
수병.

수병 하복
(흰색)
옷깃은 파란색

■일본 해군 수병

수병 모자
자신이 소속된 함 또는
함대의 이름이 적혀 있다.
통상군복
(감색)

접이식 메스
(해군용 나이프)

사업복
하사관이나 병의 작업복.
부상당했을 때 알기 쉽도
록 흰 무명으로 만들었다.

함대 근무를 주로 하는 해군은 어느 나라도 수병복은
세일러복이 기본이다.

러시아 해군 계급장 (견장)

삼등 수병　이등 수병　일등 수병　사관 후보생

준위　중위　대령　소장　대장

단화

일본 해군 소매 기장

일등 병조

이등 병조

삼등 신호 병조

일등 수병
여기에 병과장이
들어간다.

일등병조
금색 단추 5개가
달린 목닫이 옷
(통칭'하사관복')

다리 띠

쓰시마 해전 당시에는 군의
관의 건의로 소독된 사업복
을 착용했다.

■러시아 해군 사관

■일본 해군 사관

영관 참모

지노비 로제스트벤스키 중장
고급 장교들은 더블 버튼식 프록코트에
나비 넥타이를 맸다.

도고 대장
쓰시마 해전 당시 도고 대
장은 장검을 들고 함교에
섰다.

참모용 장식술

영관 참모

감색 나사 재질의
제1종 군복

1896년, 편의성을 이유
로 장성, 사관용 단검이
제정되었다.

장검

중위
러시아 해군의 군복은 어
두운 녹색이었지만 전쟁
중에 검정색으로 변경되
었다. 비교적 늦게 본국
을 떠난 발틱 함대 장병
들은 검은색 군복을 착용
하고 있었다.

권총
홀스터

사관의 군복은 더블 프록 코트.
육전용으로 장화를 착용했다.

중위 군복
제일종(동기), 제2
종(하기)을 막론하
고 통상 군복에는
원칙적으로 단검
을 달았다. 1896년
법제 개정 전까지
사관은 장검을 매
고 있었다.

일본 해군 계급장 (소매 기장)

대장

중장

소장

대령

중령

소령

대위

중위

소위

병조장 ▬

74 일본의 첫 자체 개발 전차, 89식

89식 경(중형)전차는 1929년에 완성한 일본 최초의 실용 양산형 전차다. 1932년의 제1차 상하이 사변에서 처음으로 실전에 참가했으며, 이후 중일 전쟁, 노몬한 전투에도 투입되었고, 2차 세계대전이 발발하자 중국 대륙에서 남방 전선으로 전장을 옮겨 운용했던, 일본 육군 기갑 부대의 최장수 전차다. 이 89식 중형전차는 육상자위대 무기 학교의 츠치우라 주둔지에 한 대가 남아 있으며, 오랫동안 움직이지 않는 상태로 전시되다 대원들이 복원에 나서 승용차용 엔진을 얹는 등 대대적인 정비를 거친 끝에 2007년 10월의 주둔지 기념행사 에서 자력주행하는 모습이 공개되었다.

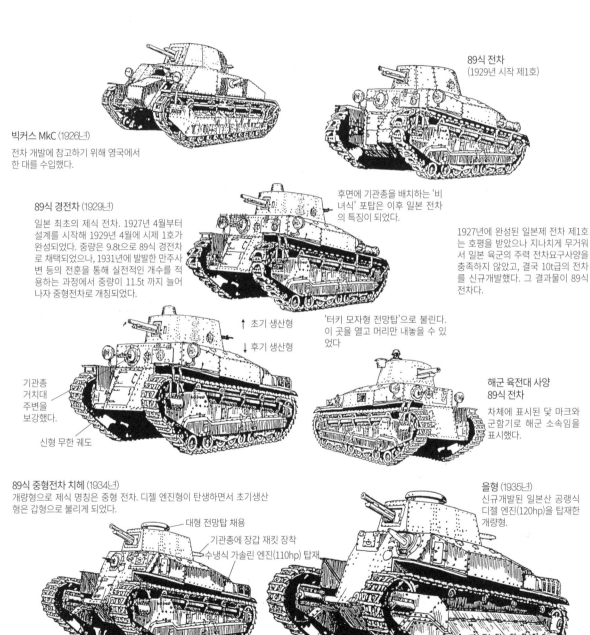

89식 전차
(1929년 시작 제1호)

빅커스 MkC (1926년)
전차 개발에 참고하기 위해 영국에서
한 대를 수입했다.

89식 경전차 (1929년)
일본 최초의 제식 전차. 1927년 4월부터 설계를 시작해 1929년 4월에 시제 1호가 완성되었다. 중량은 9.8t으로 89식 경전차로 채택되었으나, 1931년에 발발한 만주사변 등의 전훈을 통해 실전적인 개수를 적용하는 과정에서 중량이 11.5t 까지 늘어 나자 중형전차로 개칭되었다.

후면에 기관총을 배치하는 '비녀식' 포탑은 이후 일본 전차의 특징이 되었다.

1927년에 완성된 일본제 전차 제1호는 호평을 받았으나 지나치게 무거워서 일본 육군의 주력 전차요구사양을 충족하지 않았고, 결국 10t급의 전차를 신규개발했다. 그 결과물이 89식 전차다.

↑ 초기 생산형
↓ 후기 생산형

'터키 모자형 전망탑'으로 불린다. 이 곳을 열고 머리를 내놓을 수 있었다

기관총
거치대
주변을
보강했다.

해군 육전대 사양
89식 전차
차체에 표시된 닻 마크와 군함기로 해군 소속임을 표시했다.

신형 무한 궤도

89식 중형전차 치헤 (1934년)
개량형으로 제식 명칭은 중형 전차. 디젤 엔진형이 탄생하면서 초기생산형은 갑형으로 불리게 되었다.

을형 (1935년)
신규개발된 일본산 공랭식 디젤 엔진(120hp)을 탑재한 개량형.

대형 전망탑 채용
기관총에 장갑 재킷 장착
수냉식 가솔린 엔진(110hp) 탑재

차체 전면은 단일 장갑판으로 교체

조종석의 위치를 이동했다.

현수장치를 개선했다.

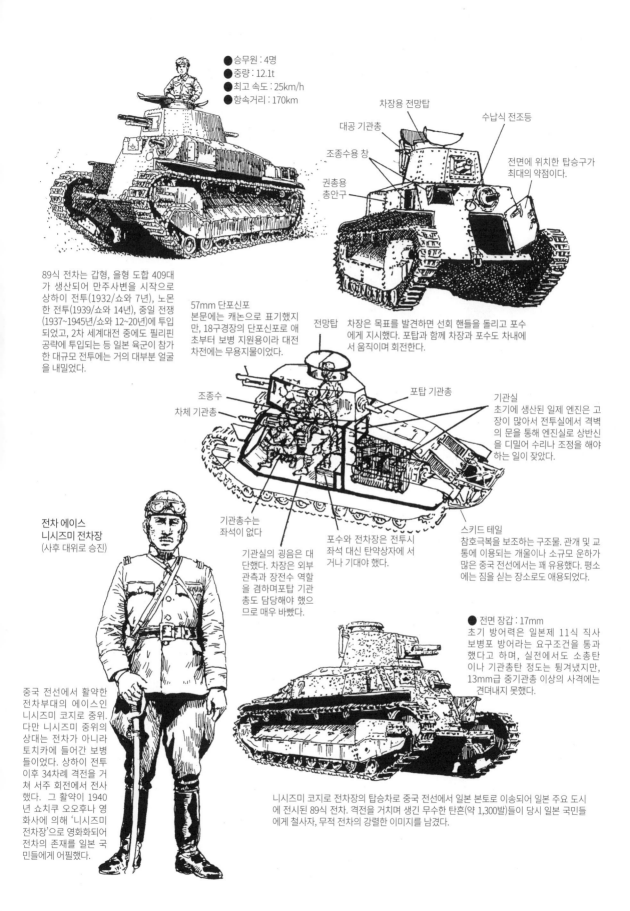

●승무원 : 4명
●중량 : 12.1t
●최고 속도 : 25km/h
●항속거리 : 170km

차장용 전망탑

대공 기관총

수납식 전조등

조종수용 창

전면에 위치한 탑승구가
최대의 약점이다.

권총용
총안구

89식 전차는 갑형, 을형 도합 409대
가 생산되어 만주사변을 시작으로
상하이 전투(1932/쇼와 7년), 노몬
한 전투(1939/쇼와 14년), 중일 전쟁
(1937~1945년/쇼와 12~20년)에 투입
되었고, 2차 세계대전 중에도 필리핀
공략에 투입되는 등 일본 육군이 참가
한 대규모 전투에는 거의 대부분 얼굴
을 내밀었다.

57mm 단포신포
본문에는 캐논으로 표기했지
만, 18구경장의 단포신포로 애
초부터 보병 지원용이라 대전
차전에는 무용지물이었다.

전망탑

차장은 목표를 발견하면 선회 핸들을 돌리고 포수
에게 지시했다. 포탑과 함께 차장과 포수도 차내에
서 움직이며 회전한다.

조종수

포탑 기관총

기관실
초기에 생산된 일제 엔진은 고
장이 많아서 전투실에서 격벽
의 문을 통해 엔진실로 상반신
을 디밀어 수리나 조정을 해야
하는 일이 잦았다.

차체 기관총

전차 에이스
니시즈미 전차장
(사후 대위로 승진)

기관총수는
좌석이 없다

기관실의 굉음은 대
단했다. 차장은 외부
관측과 장전수 역할
을 겸하며 포탑 기관
총도 담당해야 했으
므로 매우 바빴다.

포수와 전차장은 전투시
좌석 대신 탄약상자에 서
거나 기대야 했다.

스키드 테일
참호극복을 보조하는 구조물. 관개 및 교
통에 이용되는 개울이나 소규모 운하가
많은 중국 전선에서는 꽤 유용했다. 평소
에는 짐을 싣는 장소로도 애용되었다.

중국 전선에서 활약한
전차부대의 에이스인
니시즈미 코지로 중위.
다만 니시즈미 중위의
상대는 전차가 아니라
토치카에 들어간 보병
들이었다. 상하이 전투
이후 34차례 격전을 거
쳐 서주 회전에서 전사
했다. 그 활약이 1940
년 쇼치쿠 오오후나 영
화사에 의해 '니시즈미
전차장'으로 영화화되어
전차의 존재를 일본 국
민들에게 어필했다.

●전면 장갑 : 17mm
초기 방어력은 일본제 11식 직사
보병포 방어라는 요구조건을 통과
했다고 하며, 실전에서도 소총탄
이나 기관총탄 정도는 튕겨냈지만,
13mm급 중기관총 이상의 사격에는
견뎌내지 못했다.

니시즈미 코지로 전차장의 탑승차로 중국 전선에서 일본 본토로 이송되어 일본 주요 도시
에 전시된 89식 전차. 격전을 거치며 생긴 무수한 탄흔(약 1,300발)들이 당시 일본 국민들
에게 철사자, 무적 전차의 강렬한 이미지를 남겼다.

75 일본 육해군의 99식 무기

일본 육해군의 무기와 장비(함정 등 일부 제외)의 명칭에는 개발 후 군 당국에 사양이나 성능을 인정받아 '제식'화 된 시기를 뜻하는 숫자가 붙는다. 이 장의 '99식'은 일본의 황기 2599년, 즉 1939년에 제식화되었음을 의미한다. 황기란 일본의 기원을 일본서기에 기록된 진무 천황 즉위년(기원전 660년으로 추산한다)을 원년으로 기산한 연호다.

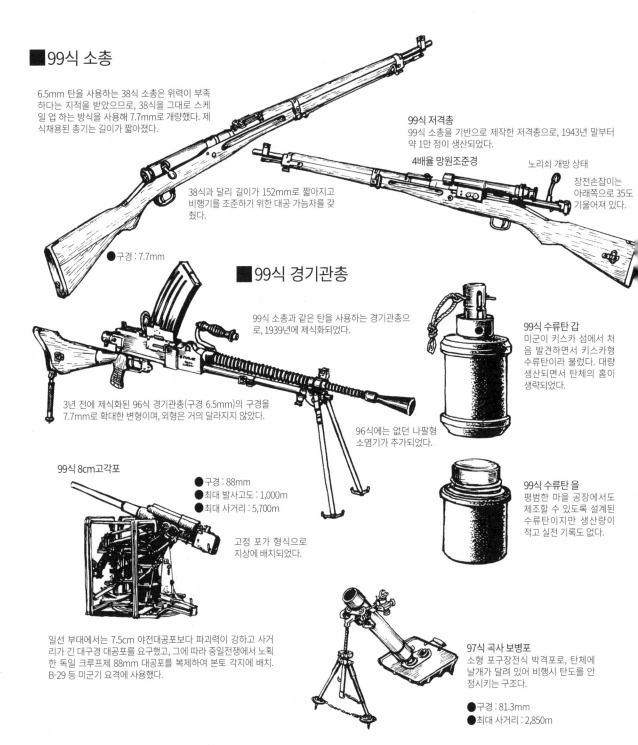

■99식 소총

6.5mm 탄을 사용하는 38식 소총은 위력이 부족하다는 지적을 받았으므로, 38식을 그대로 스케일 업 하는 방식을 사용해 7.7mm로 개량했다. 제식채용된 총기는 길이가 짧아졌다.

99식 저격총
99식 소총을 기반으로 제작한 저격총으로, 1943년 말부터 약 1만 정이 생산되었다.

4배율 망원조준경

노리쇠 개방 상태
장전손잡이는 아래쪽으로 35도 기울어져 있다.

38식과 달리 길이가 152mm로 짧아지고 비행기를 조준하기 위한 대공 가늠자를 갖췄다.

●구경 : 7.7mm

■99식 경기관총

99식 소총과 같은 탄을 사용하는 경기관총으로, 1939년에 제식화되었다.

3년 전에 제식화된 96식 경기관총(구경 6.5mm)의 구경을 7.7mm로 확대한 변형이며, 외형은 거의 달라지지 않았다.

96식에는 없던 나팔형 소염기가 추가되었다.

99식 수류탄 갑
미군이 키스카 섬에서 처음 발견하면서 키스카형 수류탄이라 불렀다. 대량 생산되면서 탄체의 홈이 생략되었다.

99식 수류탄 을
평범한 마을 공장에서도 제조할 수 있도록 설계된 수류탄이지만 생산량이 적고 실전 기록도 없다.

99식 8cm고각포

●구경 : 88mm
●최대 발사고도 : 1,000m
●최대 사거리 : 5,700m

고정 포가 형식으로 지상에 배치되었다.

일선 부대에서는 7.5cm 야전대공포보다 파괴력이 강하고 사거리가 긴 대구경 대공포를 요구했고, 그에 따라 중일전쟁에서 노획한 독일 크루프제 88mm 대공포를 복제하여 본토 각지에 배치. B-29 등 미군기 요격에 사용했다.

97식 곡사 보병포
소형 포구장전식 박격포로, 탄체에 날개가 달려 있어 비행시 탄도를 안정시키는 구조다.

●구경 : 81.3mm
●최대 사거리 : 2,850m

■ 항공기

1940년 벽두에 제식화된 이후, 그 안정성을 인정받아 종전시까지 사용된 경폭격기. 그러나 폭탄 탑재량이 적고 항속거리가 짧았다. 빈약한 무장과 장갑으로 인해 남방 작전에서 대량으로 소모되었다. 특유의 형상으로 인해 '금붕어'나 '올챙이'등으로 불렸다. 육군 폭격기로서는 가장 많은 2,000대가 생산되었다.

99식 쌍발 소형 폭격기 (키 78-1)
- 최대속도 : 480km/h
- 항속거리 : 2,400km
- 폭탄 최대 탑재량 : 400kg
- 무장 : 7.7mm 기관총 x 4
- 승무원 : 4명

99식 함상폭격기 11형

격자형 다이브 브레이크

키-48II을
전선에서 급강하 폭격기능을 요구하여, 기체를 강화하고 다이브 브레이크를 장착한 급강하 폭격형.

- 다이브 브레이크
- 최대속도 : 381km/h
- 항속거리 : 1,443km
- 폭장량 : 250kg x 1 130kg x 2
- 승무원 : 2명

속력을 끌어올린 22형
(1943년 1월 제식화)
- 최대속도 : 428km/h

연합군 함선 최다 격침기록을 보유한 급강하 폭격기로 2차 세계대전 초기에는 상대적 성능 우세와 승무원들의 우수한 기량 덕에 인도양 해전 당시 83%의 명중률을 기록했다. 그러나 전쟁기간 중 성능발전 추세를 따르지 못해 미군 전투기의 먹이가 된 경우가 많았다. 생산량은 1,500대.

99식 군 정찰기 (키 51)
습격기와 동일한 기체에 항공카메라를 장착했다

7.7mm기관총

99식 습격기 (키 51)
대 기갑차량용 공격기로 개발된 기체. 일본판 슈투카로 중국과 버마 전선에서 운용했다.

7.7mm 기관총 (후기형은 12.7mm)

- 폭장량 : 200~250kg
- 승무원 : 2명
- 최대속도 : 424km/h
- 항속거리 : 1,300km
- 생산량 : 2,000대

99식 비행정
- 최대속도 : 306km/h
- 승무원 : 6명

4발 수준의 성능을 발휘하는 쌍발을 목표로 한 기체. 완성이 늦어져 20대밖에 생산되지 않았으나, 항속거리만은 4,730km에 달했다.

99식 고등훈련기 (키 55)
98식 직접정찰기를 개량한 기체로 '고등훈련기'의 대명사로 통용될 만큼 널리 사용되었다.

99식 10cm 산포
중국 전선에서 노획한 프랑스의 슈나이더가 개발한 M1919 105mm 야포를 카피했다.

포좌의 다리는 분해할 수 있다.

- 구경 : 105mm
- 최대 사거리 : 7500m

- 승무원 : 2명
- 생산량 : 1389대

76 육해군의 0식/100식 무기

일본 기원 연호와 기종명, 또는 품명을 조합하는 구 일본 육·해군 무기 명명법은 1926년 이후 제정되었다. 그 이전에는 '38식 보병총'(메이지 38년 제식화), '11식 경기관총'(다이쇼 11년 제식화)처럼 재위중인 일왕의 연호를 사용했다. 일본 기원 연호 기반의 명칭은 육군 1927년, 해군 1929년 이후 실제 적용되었다. 1940년에 제식 채용된 무기들의 경우, 육군은 99식에 이어 100식으로. 해군은 연호 말미의 0을 채택해 0식으로 불렀다. 동년에 등장한 무기로는 해군의 유명한 0식 함상 전투기(영전/0식), 육군의 100식 사령부 정찰기 등이 있다. 모두 당시 세계에서 손꼽히는 성능을 실현한 기체들이다.

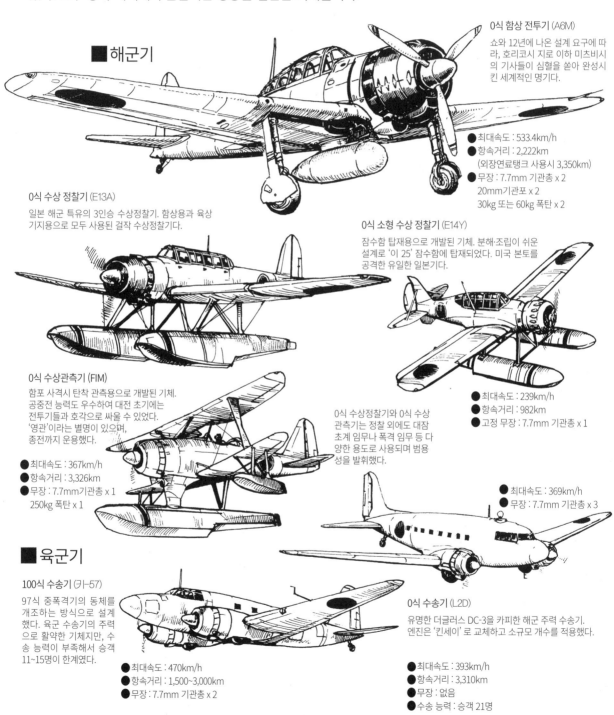

0식 함상 전투기 (A6M)

쇼와 12년에 나온 설계 요구에 따라, 호리코시 지로 이하 미츠비시의 기사들이 심혈을 쏟아 완성시킨 세계적인 명기다.

- 최대속도 : 533.4km/h
- 항속거리 : 2,222km
  (외장연료탱크 사용시 3,350km)
- 무장 : 7.7mm 기관총 x 2
  20mm기관포 x 2
  30kg 또는 60kg 폭탄 x 2

■ 해군기

0식 수상 정찰기 (E13A)

일본 해군 특유의 3인승 수상정찰기. 함상용과 육상 기지용으로 모두 사용된 걸작 수상정찰기다.

0식 소형 수상 정찰기 (E14Y)

잠수함 탑재용으로 개발된 기체. 분해·조립이 쉬운 설계로 '이 25' 잠수함에 탑재되었다. 미국 본토를 공격한 유일한 일본기다.

- 최대속도 : 239km/h
- 항속거리 : 982km
- 고정 무장 : 7.7mm 기관총 x 1

0식 수상관측기 (FIM)

함포 사격시 탄착 관측용으로 개발된 기체. 공중전 능력도 우수하여 대전 초기에는 전투기들과 호각으로 싸울 수 있었다. '영관'이라는 별명이 있으며, 종전까지 운용했다.

- 최대속도 : 367km/h
- 항속거리 : 3,326km
- 무장 : 7.7mm기관총 x 1
  250kg 폭탄 x 1

0식 수상정찰기와 0식 수상 관측기는 정찰 외에도 대잠 초계 임무나 폭격 임무 등 다양한 용도로 사용되며 범용성을 발휘했다.

- 최대속도 : 369km/h
- 무장 : 7.7mm 기관총 x 3

■ 육군기

100식 수송기 (키-57)

97식 중폭격기의 동체를 개조하는 방식으로 설계했다. 육군 수송기의 주력으로 활약한 기체지만, 수송 능력이 부족해서 승객 11~15명이 한계였다.

- 최대속도 : 470km/h
- 항속거리 : 1,500~3,000km
- 무장 : 7.7mm 기관총 x 2

0식 수송기 (L2D)

유명한 더글러스 DC-3을 카피한 해군 주력 수송기. 엔진은 '킨세이'로 교체하고 소규모 개수를 적용했다.

- 최대속도 : 393km/h
- 항속거리 : 3,310km
- 무장 : 없음
- 수송 능력 : 승객 21명

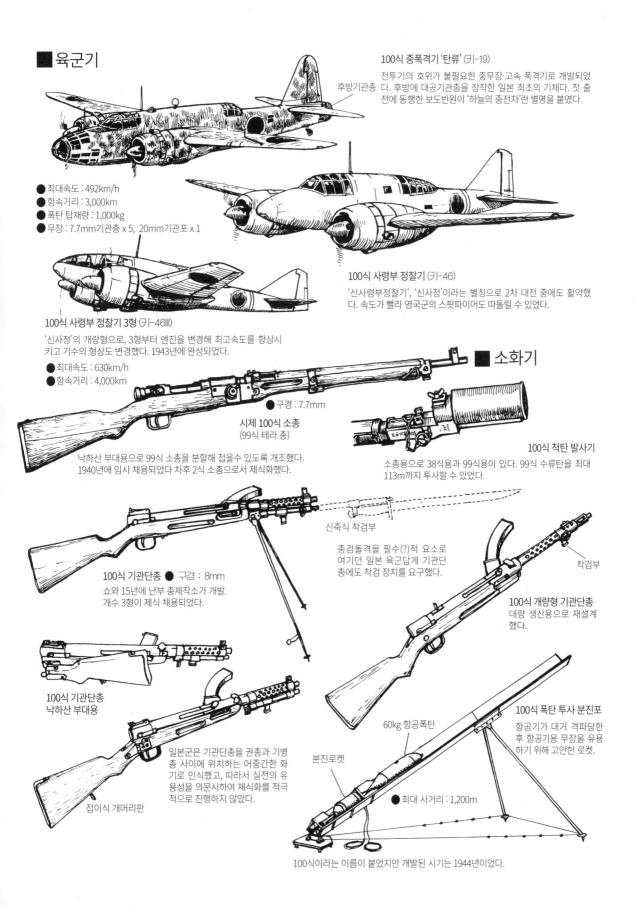

■ 육군기

100식 중폭격기 '탄류' (키-19)

전투기의 호위가 불필요한 중무장·고속 폭격기로 개발되었다. 후방에 대공기관총을 장착한 일본 최초의 기체. 첫 출전에 동행한 보도반원이 '하늘의 중전차'란 별명을 붙였다.

후방기관총

- 최대속도 : 492km/h
- 항속거리 : 3,000km
- 폭탄 탑재량 : 1,000kg
- 무장 : 7.7mm기관총 x 5, 20mm기관포 x 1

100식 사령부 정찰기 (키-46)

'신사령부정찰기', '신사정'이라는 별칭으로 2차 대전 중에도 활약했다. 속도가 빨라 영국군의 스핏파이어도 따돌릴 수 있었다.

100식 사령부 정찰기 3형 (키-46Ⅲ)

'신사정'의 개량형으로, 3형부터 엔진을 변경해 최고속도를 향상시키고 기수의 형상도 변경했다. 1943년에 완성되었다.

- 최대속도 : 630km/h
- 항속거리 : 4,000km

■ 소화기

구경 : 7.7mm

시제 100식 소총
(99식 테라 총)

낙하산 부대용으로 99식 소총을 분할해 접을수 있도록 개조했다. 1940년에 임시 채용되었다 차후 2식 소총으로서 제식화했다.

100식 척탄 발사기

소총용으로 38식용과 99식용이 있다. 99식 수류탄을 최대 113m까지 투사할 수 있었다.

신축식 착검부

총검돌격을 필수(?)적 요소로 여기던 일본 육군답게 기관단총에도 착검 장치를 요구했다.

착검부

100식 기관단총 ● 구경 : 8mm

쇼와 15년에 난부 총제작소가 개발. 개수 3형이 제식 채용되었다.

100식 개량형 기관단총
대량 생산용으로 재설계했다.

100식 기관단총
낙하산 부대용

일본군은 기관단총을 권총과 기병총 사이에 위치하는 어중간한 화기로 인식했고, 따라서 실전의 유용성을 의문시하여 제식화를 적극적으로 진행하지 않았다.

접이식 개머리판

100식 폭탄 투사 분진포

항공기가 대거 격파당한 후 항공기용 무장을 유용하기 위해 고안한 로켓.

60kg 항공폭탄

분진로켓

● 최대 사거리 : 1,200m

100식이라는 이름이 붙었지만 개발된 시기는 1944년이었다.

77 육해군의 1식 무기

일본이 2차세계대전에 참가한 1941년은 황기 2601년으로, 동년부터 육해군 모두 황기 연호 끝자리를 기준으로 명명하게 되었다. 따라서 동년 제식화된 무기들은 1식으로 명명되었다. 육군 1식 전투기 '하야부사', 해군 1식 육상 공격기가 특히 유명하다. 또한 일본 해군을 상징하는 전함 '야마토'도 이 해에 완성되었다.

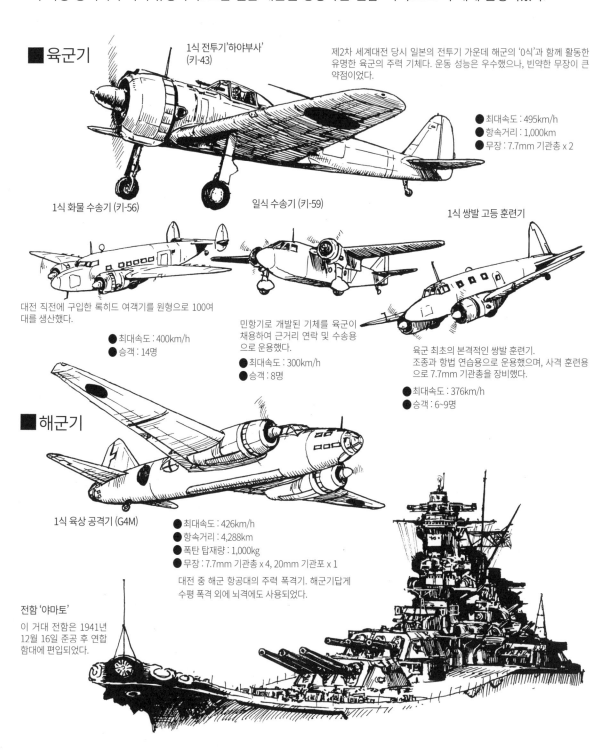

■ 육군기

1식 전투기 '하야부사' (키-43)

제2차 세계대전 당시 일본의 전투기 가운데 해군의 '0식'과 함께 활동한 유명한 육군의 주력 기체다. 운동 성능은 우수했으나, 빈약한 무장이 큰 약점이었다.

● 최대속도 : 495km/h
● 항속거리 : 1,000km
● 무장 : 7.7mm 기관총 x 2

1식 화물 수송기 (키-56)

대전 직전에 구입한 록히드 여객기를 원형으로 100여 대를 생산했다.

● 최대속도 : 400km/h
● 승객 : 14명

일식 수송기 (키-59)

민항기로 개발된 기체를 육군이 채용하여 근거리 연락 및 수송용으로 운용했다.

● 최대속도 : 300km/h
● 승객 : 8명

1식 쌍발 고등 훈련기

육군 최초의 본격적인 쌍발 훈련기. 조종과 항법 연습용으로 운용했으며, 사격 훈련용으로 7.7mm 기관총을 장비했다.

● 최대속도 : 376km/h
● 승객 : 6~9명

■ 해군기

1식 육상 공격기 (G4M)

● 최대속도 : 426km/h
● 항속거리 : 4,288km
● 폭탄 탑재량 : 1,000kg
● 무장 : 7.7mm 기관총 x 4, 20mm 기관포 x 1

대전 중 해군 항공대의 주력 폭격기. 해군기답게 수평 폭격 외에 뇌격에도 사용되었다.

전함 '야마토'

이 거대 전함은 1941년 12월 16일 준공 후 연합 함대에 편입되었다.

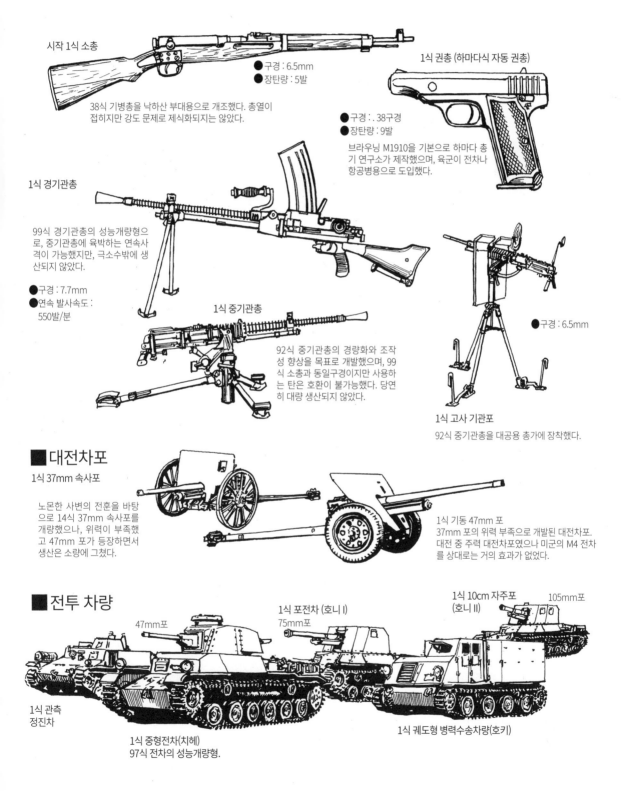

■ 소화기

시작 1식 소총

● 구경 : 6.5mm
● 장탄량 : 5발

38식 기병총을 낙하산 부대용으로 개조했다. 총열이 접히지만 강도 문제로 제식화되지는 않았다.

1식 권총 (하마다식 자동 권총)

● 구경 : .38구경
● 장탄량 : 9발

브라우닝 M1910을 기본으로 하마다 총기 연구소가 제작했으며, 육군이 전차나 항공병용으로 도입했다.

1식 경기관총

99식 경기관총의 성능개량형으로, 중기관총에 육박하는 연속사격이 가능했지만, 극소수밖에 생산되지 않았다.

● 구경 : 7.7mm
● 연속 발사속도 : 550발/분

1식 중기관총

92식 중기관총의 경량화와 조작성 향상을 목표로 개발했으며, 99식 소총과 동일구경이지만 사용하는 탄은 호환이 불가능했다. 당연히 대량 생산되지 않았다.

● 구경 : 6.5mm

1식 고사 기관포

92식 중기관총을 대공용 총가에 장착했다.

■ 대전차포

1식 37mm 속사포

노몬한 사변의 전훈을 바탕으로 14식 37mm 속사포를 개량했으나, 위력이 부족했고 47mm 포가 등장하면서 생산은 소량에 그쳤다.

1식 기동 47mm 포
37mm 포의 위력 부족으로 개발된 대전차포. 대전 중 주력 대전차포였으나 미군의 M4 전차를 상대로는 거의 효과가 없었다.

■ 전투 차량

1식 포전차 (호니 I)
75mm포

47mm포

1식 10cm 자주포 (호니 II)
105mm포

1식 관측 정진차

1식 중형전차(치헤)
97식 전차의 성능개량형.

1식 궤도형 병력수송차량(호키)

78 일본 해군의 주력 '0식 함상전투기'

일본 해군의 0식 함상 전투기(0식)은 제2차 세계대전 당시의 항공기들 가운데 가장 유명한 기종 중 하나로 꼽힌다. 1937년에 '12식 시험 전투기'로 개발이 시작되어 1940년에 제식 채용된 이래, 태평양 전선의 처음부터 마지막까지 일본 해군의 주력전투기로 사용되었다. 운용기간동안 몇 차례 세부적인 개수가 이뤄졌고, 이 과정에서 다양한 형식이 등장했는데, 이는 대전 중의 항공전 양상의 변화를 반영한 결과였다. 이 장에서는 각 형식의 세부적인 형태들을 구분하기 위한 식별점들을 그려 보았다.

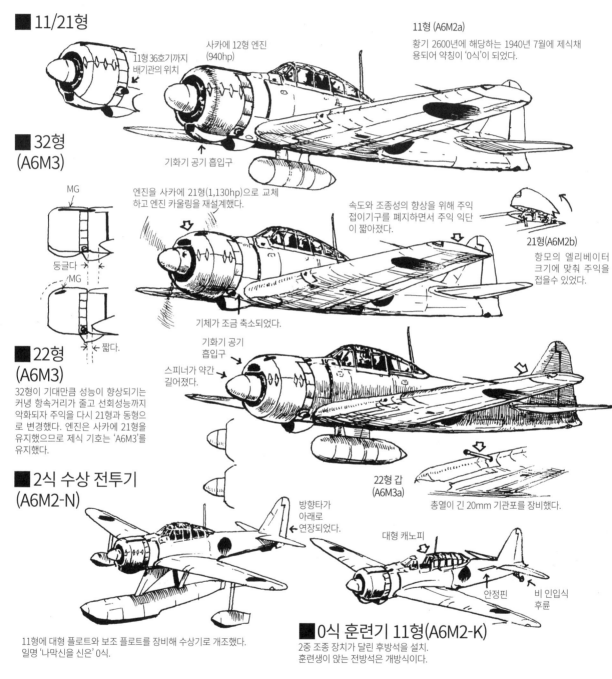

■ 11/21형

11형 36호기까지 배기관의 위치

사카에 12형 엔진 (940hp)

기화기 공기 흡입구

11형 (A6M2a)
황기 2600년에 해당하는 1940년 7월에 제식채용되어 약칭이 '0식'이 되었다.

■ 32형 (A6M3)

MG

둥글다

MG

짧다

엔진을 사카에 21형(1,130hp)으로 교체하고 엔진 카울링을 재설계했다.

속도와 조종성의 향상을 위해 주익 접이기구를 폐지하면서 주익 익단이 짧아졌다.

21형(A6M2b)
항모의 엘리베이터 크기에 맞춰 주익을 접을수 있었다.

기체가 조금 축소되었다.

■ 22형 (A6M3)

32형이 기대만큼 성능이 향상되기는 커녕 항속거리가 줄고 선회성능까지 악화되자 주익을 다시 21형과 동형으로 변경했다. 엔진은 사카에 21형을 유지했으므로 제식 기호는 'A6M3'를 유지했다.

기화기 공기 흡입구

스피너가 약간 길어졌다.

22형 갑 (A6M3a)
총열이 긴 20mm 기관포를 장비했다.

■ 2식 수상 전투기 (A6M2-N)

방향타가 아래로 연장되었다.

11형에 대형 플로트와 보조 플로트를 장비해 수상기로 개조했다. 일명 '나막신을 신은' 0식.

■ 0식 훈련기 11형(A6M2-K)

대형 캐노피

안정핀

비 인입식 후륜

2중 조종 장치가 달린 후방석을 설치. 훈련생이 앉는 전방석은 개방식이다.

■52형
(A6M5)

엔진은 22형과 동일하지만 카울링을 재설계했다. 갑(A6M5), 을(A6M5b), 병(A6M5c)형으로 구분된다.

추력식 단배기관

장포신 20mm 기관총 돌출식 커버 (52형 갑부터)

주익의 길이는 32형과 동일하다. 다만 익단이 원형으로 변경되었다.

22형

330리터 투하식 연료탱크 을형부터 우측 기관총은 13mm로 교체했다. 좌측 7.7mm 기관총은 폐지했다.

52형에서 안테나 지주가 조금 짧아졌다.

수직 미익의 방향타에 탭이 신설되었다.

300리터 목제 투하식 연료탱크 (52형부터 사용)

안정핀

4점 지지식 연료탱크 지지대 (병형부터)

대형 스피너 (갑형부터 적용)

■52형 병
(A6M5C)

화력 강화형.

13mm 기관총 추가

52형 병부터 우측 기관총 철거

7.7m 기관총 가스 배출구 폐지

■62/63형
(A6M7)

소형 폭탄·로켓 장착용 익면 파일런 병형부터 설치했다.

엔진을 사카에 31형(1,300hp)으로 교체했다. 공기 흡입구가 일부 대형화되면서 위로 부풀어 올랐다.

연료탱크 및 폭탄 장착이 가능한 파일런

양 날개의 150리터 증가연료탱크(을형)

■52형 야전형

20mm 경사총

카울링 단면의 모양이 크게 다르다.

■54형(64형)
(A6M8)

엔진을 '킨세이' 엔진(1,500hp)으로 교체한 0식 최후의 변형.

좌석은 개방식

■0식 연습전투기 22형
(A6M5-K)

52형을 복좌로 변경했으며 무장은 없다.

자폭공격용으로 500kg 폭탄을 장착하고 20mm 기관총을 철거한 52형 병형도 있다.

■52형 전투 폭격기 '폭전'

기체 중앙에 25번(250kg)폭탄 장비를 위한 파일런을 설치하고, 양 날개에 연료탱크용 파일런을 신설해 항속거리 연장을 시도했다. 21형 폭전도 있다.

79 육해군의 2식 무기

1942년 제식화된 무기들은 2식으로 명명되었다. 2식으로 명명된 무기로는 육군의 2식 전투기 '쇼키', 해군의 2식 비행정(2식대정)이 유명하다. 특히 2식 비행정은 속도, 항속거리, 탑재량, 비행 성능 등 모든 점에서 당시 세계 제일의 성능을 자랑했다. 본기를 능가하는 비행정이 출현한 것은 15년 후였다.

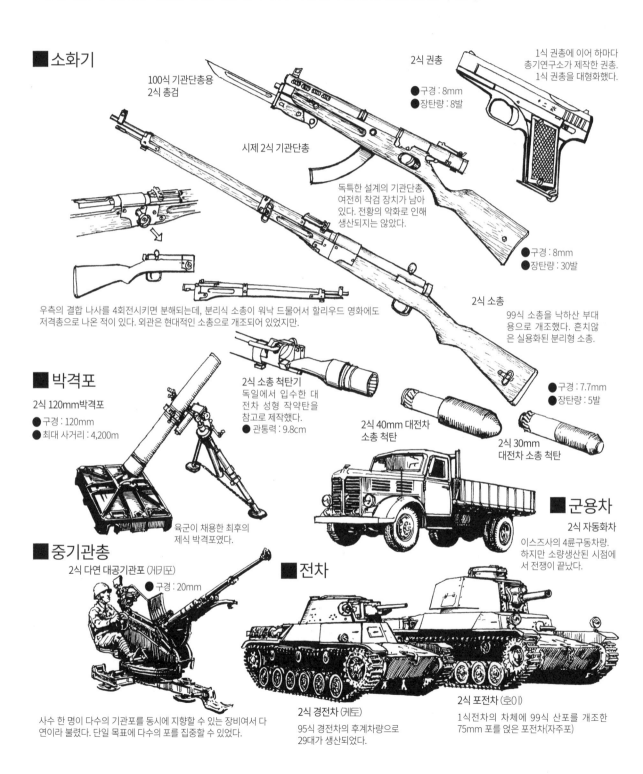

■ 소화기

100식 기관단총용
2식 총검

시제 2식 기관단총

독특한 설계의 기관단총.
여전히 착검 장치가 남아
있다. 전황의 악화로 인해
생산되지는 않았다.

2식 권총

1식 권총에 이어 하마다
총기연구소가 제작한 권총.
1식 권총을 대형화했다.

● 구경 : 8mm
● 장탄량 : 8발

● 구경 : 8mm
● 장탄량 : 30발

우측의 결합 나사를 4회전시키면 분해되는데, 분리식 소총이 워낙 드물어서 할리우드 영화에도
저격총으로 나온 적이 있다. 외관은 현대적인 소총으로 개조되어 있었지만.

2식 소총

99식 소총을 낙하산 부대
용으로 개조했다. 흔치않
은 실용화된 분리형 소총.

● 구경 : 7.7mm
● 장탄량 : 5발

■ 박격포

2식 120mm박격포

● 구경 : 120mm
● 최대 사거리 : 4,200m

2식 소총 척탄기
독일에서 입수한 대
전차 성형 작약탄을
참고로 제작했다.
● 관통력 : 9.8cm

2식 40mm 대전차
소총 척탄

2식 30mm
대전차 소총 척탄

육군이 채용한 최후의
제식 박격포였다.

■ 중기관총

2식 다연 대공기관포 (거키포)
● 구경 : 20mm

사수 한 명이 다수의 기관포를 동시에 지향할 수 있는 장비여서 다
연이라 불렸다. 단일 목표에 다수의 포를 집중할 수 있었다.

■ 군용차

2식 자동화차

이스즈사의 4륜구동차량.
하지만 소량생산된 시점에
서 전쟁이 끝났다.

■ 전차

2식 경전차 (케토)

95식 경전차의 후계차량으로
29대가 생산되었다.

2식 포전차 (호이)

1식전차의 차체에 99식 산포를 개조한
75mm 포를 얹은 포전차(자주포)

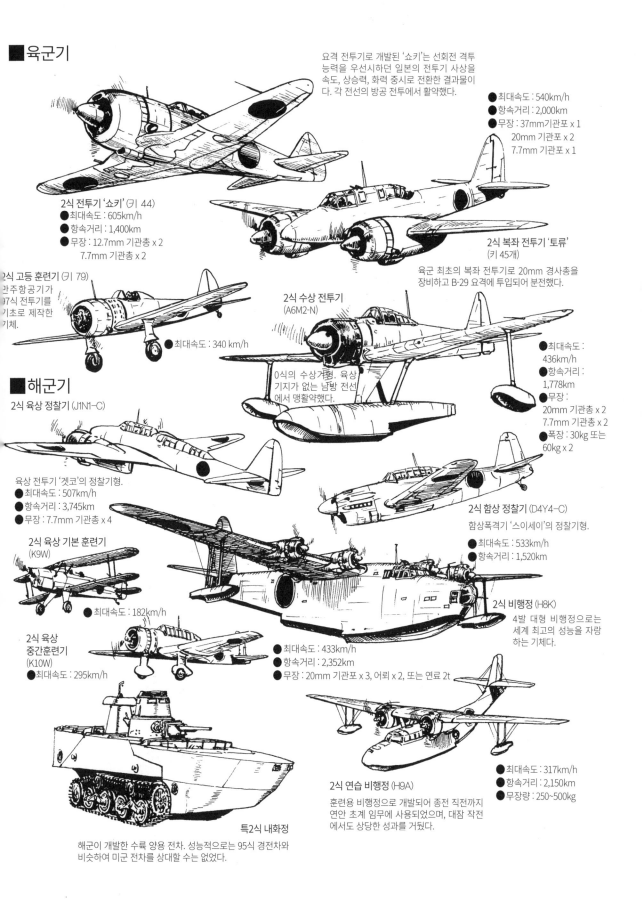

■육군기

요격 전투기로 개발된 '쇼키'는 선회전 격투
능력을 우선시하던 일본의 전투기 사상을
속도, 상승력, 화력 중시로 전환한 결과물이
다. 각 전선의 방공 전투에서 활약했다.

- 최대속도 : 540km/h
- 항속거리 : 2,000km
- 무장 : 37mm기관포 x 1
  20mm 기관포 x 2
  7.7mm 기관포 x 1

2식 전투기 '쇼키' (키 44)
- 최대속도 : 605km/h
- 항속거리 : 1,400km
- 무장 : 12.7mm 기관총 x 2
  7.7mm 기관총 x 2

2식 복좌 전투기 '토류'
(키 45개)
육군 최초의 복좌 전투기로 20mm 경사총을
장비하고 B-29 요격에 투입되어 분전했다.

2식 고등 훈련기 (키 79)
만주항공기가
97식 전투기를
기초로 제작한
기체.

- 최대속도 : 340 km/h

2식 수상 전투기
(A6M2-N)

0식의 수상기형. 육상
기지가 없는 남방 전선
에서 맹활약했다.

- 최대속도 :
  436km/h
- 항속거리 :
  1,778km
- 무장 :
  20mm 기관총 x 2
  7.7mm 기관총 x 2
- 폭장 : 30kg 또는
  60kg x 2

■해군기

2식 육상 정찰기 (J1N1-C)

육상 전투기 '겟코'의 정찰기형.
- 최대속도 : 507km/h
- 항속거리 : 3,745km
- 무장 : 7.7mm 기관총 x 4

2식 함상 정찰기 (D4Y4-C)

함상폭격기 '스이세이'의 정찰기형.

- 최대속도 : 533km/h
- 항속거리 : 1,520km

2식 육상 기본 훈련기
(K9W)

- 최대속도 : 182km/h

2식 육상
중간훈련기
(K10W)
- 최대속도 : 295km/h

2식 비행정 (H8K)
4발 대형 비행정으로는
세계 최고의 성능을 자랑
하는 기체다.

- 최대속도 : 433km/h
- 항속거리 : 2,352km
- 무장 : 20mm 기관포 x 3, 어뢰 x 2, 또는 연료 2t

- 최대속도 : 317km/h
- 항속거리 : 2,150km
- 무장량 : 250~500kg

2식 연습 비행정 (H9A)
훈련용 비행정으로 개발되어 종전 직전까지
연안 초계 임무에 사용되었으며, 대잠 작전
에서도 상당한 성과를 거뒀다.

특2식 내화정
해군이 개발한 수륙 양용 전차. 성능적으로는 95식 경전차와
비슷하여 미군 전차를 상대할 수는 없었다.

80 육해군의 3식 무기

1943년은 황기 2603년으로, 이 해에 제식화된 무기들은 3식으로 명명되었지만, 전년인 1942년부터 해군은 항공기 등의 연호명명법을 폐지하고 각기마다 별도의 이름을 붙이는 새로운 제식명칭 명명법을 사용했다. 해군의 새로운 명명법은 바람, 벼락 또는 전기, 빛에 관련된 이름을 전투기에, 별이나 별자리에 관련된 이름을 폭격기에 붙이는 방식이다. 바람에 대한 이름으로는 렛푸나 쿄푸, 벼락이나 전기에 관한 이름으로는 라이덴, 시덴, 빛에 대한 이름은 겟코가 전투기에 사용되었고, 슈스이, 긴가 등은 폭격기의 명칭이 되었다. 육군은 연호명명법을 유지해 3식 전투기 '히엔', 3식 중전차 등에 사용했다. 여기에 그린 다른 무기들은 대부분 전황 악화로 제식화 단계에는 도달했으나, 기존 무기의 생산이 우선시되는 바람에 소량생산, 혹은 시험제작 단계에 머물렀다.

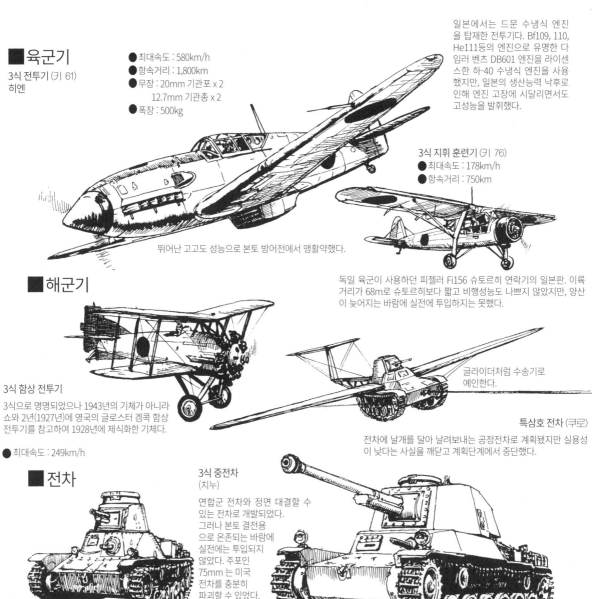

■ 육군기

3식 전투기 (키 61)
히엔

● 최대속도 : 580km/h
● 항속거리 : 1,800km
● 무장 : 20mm 기관포 x 2
　　　　 12.7mm 기관총 x 2
● 폭장 : 500kg

일본에서는 드문 수냉식 엔진을 탑재한 전투기다. Bf109, 110, He111등의 엔진으로 유명한 다임러 벤츠 DB601 엔진을 라이센스한 하-40 수냉식 엔진을 사용했지만, 일본의 생산능력 낙후로 인해 엔진 고장에 시달리면서도 고성능을 발휘했다.

뛰어난 고고도 성능으로 본토 방어전에서 맹활약했다.

3식 지휘 훈련기 (키 76)
● 최대속도 : 178km/h
● 항속거리 : 750km

독일 육군이 사용하던 피젤러 Fi156 슈토르히 연락기의 일본판. 이륙거리가 68m로 슈토르히보다 짧고 비행성능도 나쁘지 않았지만, 양산이 늦어지는 바람에 실전에 투입하지는 못했다.

■ 해군기

3식 함상 전투기

3식으로 명명되었으나 1943년의 기체가 아니라 쇼와 2년(1927년)에 영국의 글로스터 겜콕 함상 전투기를 참고하여 1928년에 제식화한 기체다.

● 최대속도 : 249km/h

글라이더처럼 수송기로 예인한다.

특삼호 전차 (쿠로)

전차에 날개를 달아 날려보내는 공정전차로 계획됐지만 실용성이 낮다는 사실을 깨닫고 계획단계에서 중단했다.

■ 전차

3식 중전차
(치누)

연합군 전차와 정면 대결할 수 있는 전차로 개발되었다. 그러나 본토 결전용으로 온존되는 바람에 실전에는 투입되지 않았다. 주포인 75mm 는 미국 전차를 충분히 파괴할 수 있었다.

3식 경전차 (케리)

95식 경전차의 차체에 57mm포를 장비한다는 발상으로 제작된 전차. 역시나 시험제작에 그쳤다.

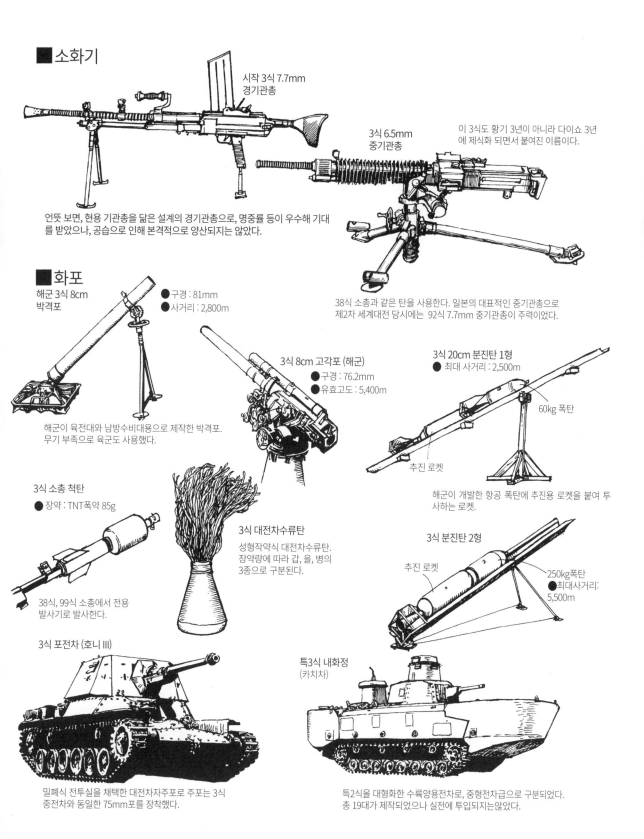

■ 소화기

시작 3식 7.7mm
경기관총

3식 6.5mm
중기관총

이 3식도 황기 3년이 아니라 다이쇼 3년
에 제식화 되면서 붙여진 이름이다.

언뜻 보면, 현용 기관총을 닮은 설계의 경기관총으로, 명중률 등이 우수해 기대
를 받았으나, 공습으로 인해 본격적으로 양산되지는 않았다.

■ 화포

해군 3식 8cm
박격포

- 구경 : 81mm
- 사거리 : 2,800m

38식 소총과 같은 탄을 사용한다. 일본의 대표적인 중기관총으로
제2차 세계대전 당시에는 92식 7.7mm 중기관총이 주력이었다.

3식 8cm 고각포 (해군)

- 구경 : 76.2mm
- 유효고도 : 5,400m

3식 20cm 분진탄 1형
- 최대 사거리 : 2,500m

60kg 폭탄

추진 로켓

해군이 육전대와 남방수비대용으로 제작한 박격포.
무기 부족으로 육군도 사용했다.

해군이 개발한 항공 폭탄에 추진용 로켓을 붙여 투
사하는 로켓.

3식 소총 척탄

- 장약 : TNT폭약 85g

3식 대전차수류탄

성형작약식 대전차수류탄.
장약량에 따라 갑, 을, 병의
3종으로 구분된다.

3식 분진탄 2형

추진 로켓

250kg폭탄
- 최대사거리 :
5,500m

38식, 99식 소총에서 전용
발사기로 발사한다.

3식 포전차 (호니 III)

특3식 내화정
(카치차)

밀폐식 전투실을 채택한 대전차자주포로 주포는 3식
중전차와 동일한 75mm포를 장착했다.

특2식을 대형화한 수륙양용전차로, 중형전차급으로 구분되었다.
총 19대가 제작되었으나 실전에 투입되지는않았다.

165

81 육해군의 4식 무기

1944년 제식화되어 4식으로 명명된 무기로는 육군의 4식 전투기 '하야테', 4식 중전차 치토 등이 있다. 최악의 상황을 간신히 회피하는데 그치고 있던 전황을 돌리기 위해 기사회생의 신병기 연구개발에 힘이 실렸지만, 심각한 물자부족과 1944년부터 본격화된 일본 본토 공습으로 인해 공업능력이 타격을 받아 개발과 생산은 지지부진했다. 특히 항공기는 생산능력 저하에 따른 엔진의 불량이나 연료 부족에 허덕였고, 육상 무기도 새로운 장비를 양산할 능력이 소진된 상태였다.

■육군기

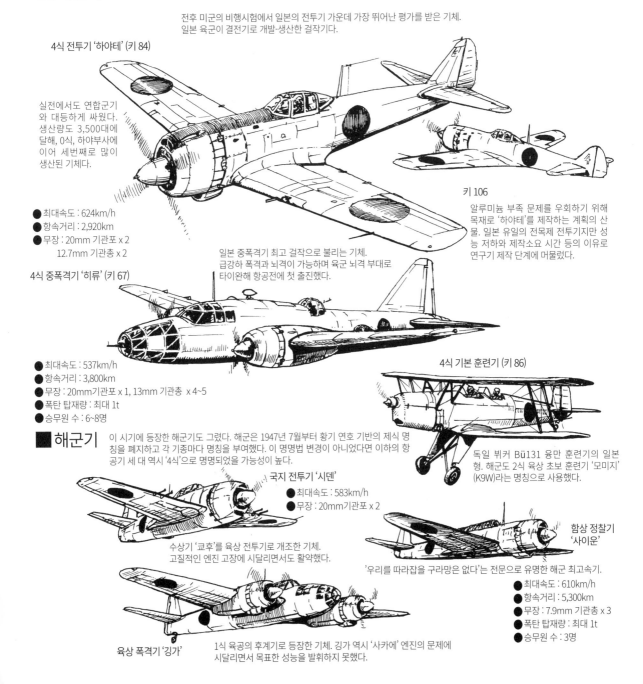

전후 미군의 비행시험에서 일본의 전투기 가운데 가장 뛰어난 평가를 받은 기체.
일본 육군이 결전기로 개발-생산한 걸작기다.

4식 전투기 '하야테' (키 84)

실전에서도 연합군기와 대등하게 싸웠다. 생산량도 3,500대에 달해, 0식, 하야부사에 이어 세번째로 많이 생산된 기체다.

- ●최대속도 : 624km/h
- ●항속거리 : 2,920km
- ●무장 : 20mm 기관포 x 2
  12.7mm 기관총 x 2

키 106

알루미늄 부족 문제를 우회하기 위해 목재로 '하야테'를 제작하는 계획의 산물. 일본 유일의 전목제 전투기지만 성능 저하와 제작소요 시간 등의 이유로 연구기 제작 단계에 머물렀다.

일본 중폭격기 최고 걸작으로 불리는 기체.
급강하 폭격과 뇌격이 가능하며 육군 뇌격 부대로 타이완해 항공전에 첫 출진했다.

4식 중폭격기 '히류' (키 67)

- ●최대속도 : 537km/h
- ●항속거리 : 3,800km
- ●무장 : 20mm기관포 x 1, 13mm 기관총 x 4~5
- ●폭탄 탑재량 : 최대 1t
- ●승무원 수 : 6~8명

4식 기본 훈련기 (키 86)

독일 뷔커 Bü131 융만 훈련기의 일본형. 해군도 2식 육상 초보 훈련기 '모미지' (K9W)라는 명칭으로 사용했다.

■해군기

이 시기에 등장한 해군기도 그랬다. 해군은 1947년 7월부터 황기 연호 기반의 제식 명칭을 폐지하고 각 기종마다 명칭을 부여했다. 이 명명법 변경이 아니었다면 이하의 항공기 세 대 역시 '4식'으로 명명되었을 가능성이 높다.

국지 전투기 '시덴'

- ●최대속도 : 583km/h
- ●무장 : 20mm기관포 x 2

수상기 '쿄후'를 육상 전투기로 개조한 기체.
고질적인 엔진 고장에 시달리면서도 활약했다.

함상 정찰기 '사이운'

'우리를 따라잡을 구라망은 없다'는 전문으로 유명한 해군 최고속기.

- ●최대속도 : 610km/h
- ●항속거리 : 5,300km
- ●무장 : 7.9mm 기관총 x 3
- ●폭탄 탑재량 : 최대 1t
- ●승무원 수 : 3명

육상 폭격기 '깅가'

1식 육공의 후계기로 등장한 기체. 깅가 역시 '사카에' 엔진의 문제에 시달리면서 목표한 성능을 발휘하지 못했다.

■ 전차

4식 중전차 (치토)

연합군 전차와 호각으로 싸울 수 있는 전차를 목표로 개발되었다.

75mm 고사포 탑재

주포의 개발지연으로 종전까지 6대의 차체가 완성되었을 뿐이다.

4식 15cm자주포 (호로)

97식 전차의 차체에 38식 15cm 야포를 장착했다. 소수가 필리핀전에서 실전에 투입되었다.

시제 4식 자주중박격포 (하토)

1943년에 30cm급 대구경 박격포의 개발을 결정하면서 자주화하기로 했다.

4식 경전차 (케누)

95식 경전차의 화력 증강을 위해 97식 중형전차의 포탑을 탑재했다. 생산량은 소수이며, 그중 1대가 러시아의 쿠빙카 박물관에 전시중이다.

분진포의 등장으로 4대만 시험제작되었다.

특 4식 내화정 (카츠)

해군이 병력과 물자 수송용으로 제작한 수륙양용차량. 전황이 악화되자 어뢰를 탑재한 공격형도 제작했다. 총 49대를 생산했다.

■ 화포

시제 4식 20mm 연장 고사기관포 (킨포)

2식 20mm 고사 기관포를 2연장으로 묶었다.

4식 7cm 반고사포

보포스의 대공포를 참고하여 89식 7.5cm 고사포의 후계 장비로 개발했지만, 종전시점까지 소수만 제작되었다

4식 20cm 분진포
- 포 중량 : 85kg
- 분진탄 : 83.7kg
- 작약 : 16.5kg
- 최대 사거리 : 2.4km

시제 4식 7cm 반주정포

4식 37mm 주정포

89식 37mm 전차포 포신을 활용한 선박탑재용 소구경 포

시제 4식 7.7mm 차량 탑재 기관총
독일 라인메탈사의 기관총을 참고로 시험제작했다.

4식 40cm 분진포
- 포 중량 : 66kg
- 최대 사거리 : 4km

나무 발사대

- 40cm 분진탄 : 510kg
- 작약 : 100kg

분진포라 불린 로켓은 폭발의 위력이 강해 미군이 가장 경계했다.

82 육해군의 5식 무기

1945년은 제식화된 무기는 5식으로 명명되었다. 패전을 목전에 둔 상황에서 제식화된 무기는 육군의 5식 전투기, 해군의 국지 전투기 '시덴 21형(시덴카이)' 정도로 얼마 되지 않는다. 당시 등장한 무기들은 대부분 시제품 완성단계에 머물렀고, 자폭공격용이나 본토 결전용으로 기획된 무기도 많았다.

■항공기

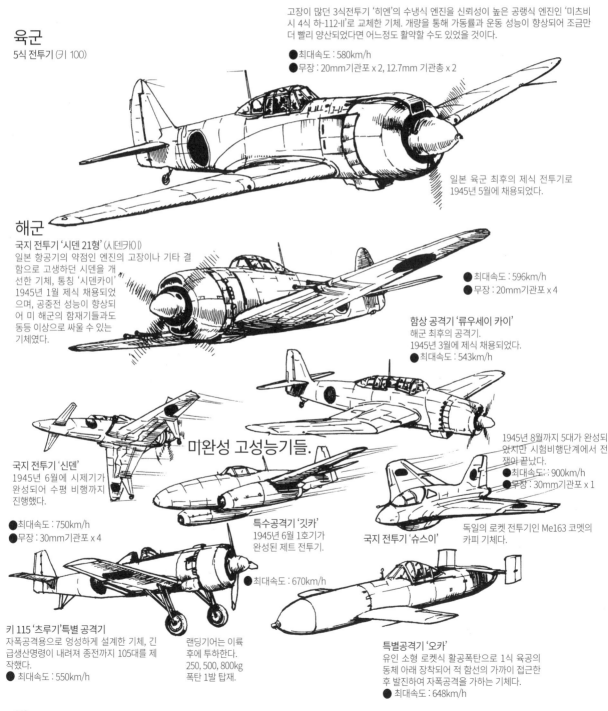

육군
5식 전투기 (키 100)

고장이 많던 3식전투기 '히엔'의 수냉식 엔진을 신뢰성이 높은 공랭식 엔진인 '미츠비시 4식 하-112-II'로 교체한 기체. 개량을 통해 가동률과 운동 성능이 향상되어 조금만 더 빨리 양산되었다면 어느정도 활약할 수도 있었을 것이다.

- ●최대속도 : 580km/h
- ●무장 : 20mm기관포 x 2, 12.7mm 기관총 x 2

일본 육군 최후의 제식 전투기로 1945년 5월에 채용되었다.

해군
국지 전투기 '시덴 21형' (시덴카이)
일본 항공기의 약점인 엔진의 고장이나 기타 결함으로 고생하던 시덴을 개선한 기체, 통칭 '시덴카이' 1945년 1월 제식 채용되었으며, 공중전 성능이 향상되어 미 해군의 함재기들과도 동등 이상으로 싸울 수 있는 기체였다.

- ●최대속도 : 596km/h
- ●무장 : 20mm기관포 x 4

함상 공격기 '류우세이 카이'
해군 최후의 공격기.
1945년 3월에 제식 채용되었다.
- ●최대속도 : 543km/h

미완성 고성능기들.

1945년 8월까지 5대가 완성되었지만 시험비행단계에서 전쟁이 끝났다.
- ●최대속도 : 900km/h
- ●무장 : 30mm기관포 x 1

국지 전투기 '신덴'
1945년 6월에 시제기가 완성되어 수평 비행까지 진행했다.

- ●최대속도 : 750km/h
- ●무장 : 30mm기관포 x 4

특수공격기 '깃카'
1945년 6월 1호기가 완성된 제트 전투기.
- ●최대속도 : 670km/h

국지 전투기 '슈스이'
독일의 로켓 전투기인 Me163 코멧의 카피 기체다.

키 115 '츠루기' 특별 공격기
자폭공격용으로 엉성하게 설계한 기체, 긴급생산명령이 내려져 종전까지 105대를 제작했다.
- ●최대속도 : 550km/h

랜딩기어는 이륙 후에 투하한다.
250, 500, 800kg 폭탄 1발 탑재.

특별공격기 '오카'
유인 소형 로켓식 활공폭탄으로 1식 육공의 동체 아래 장착되어 적 함선의 가까이 접근한 후 발진하여 자폭공격을 가하는 기체다.
- ●최대속도 : 648km/h

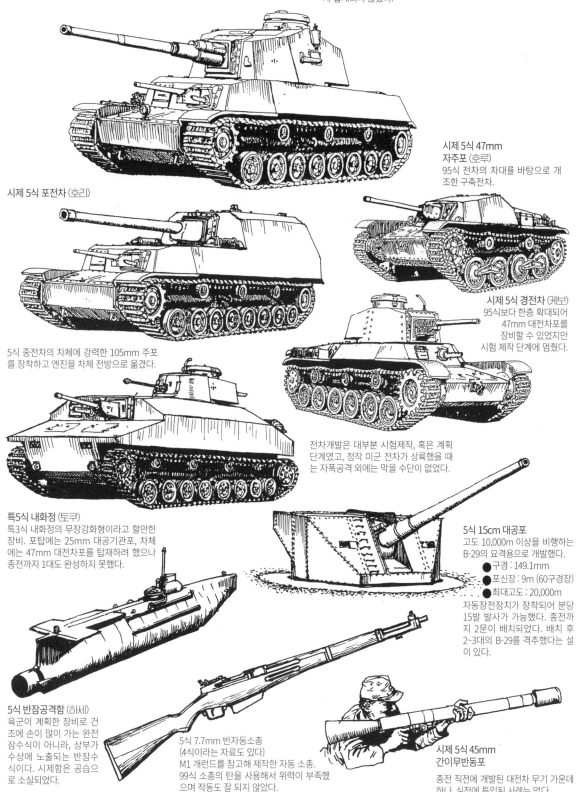

■ 전차

5식 중형전차 (치리)
개발은 1942년부터 시작되었지만 당시에는 1식 중형전차와 4식 중형전차의 개발이 우선시되었고, 그 후에도 전황 악화 등의 이유로 종전까지 1대만 제작되었으며 그나마도 주포조차 탑재되지 않았다.

4식 중전차와 같은 75mm 전차포를 장비하고 있지만, 포탑은 88mm포를 탑재할 수 있도록 설계되었다. 차체 전면에는 37mm포를 장착했다.

시제 5식 47mm 자주포 (호루)
95식 전차의 차대를 바탕으로 개조한 구축전차.

시제 5식 포전차 (호리)
5식 중전차의 차체에 강력한 105mm 주포를 장착하고 엔진을 차체 전방으로 옮겼다.

시제 5식 경전차 (케보)
95식보다 한층 확대되어 47mm 대전차포를 장비할 수 있었지만 시험 제작 단계에 멈췄다.

전차개발은 대부분 시험제작, 혹은 계획 단계였고, 정작 미군 전차가 상륙했을 때는 자폭공격 외에는 막을 수단이 없었다.

특5식 내화정 (토쿠)
특3식 내화정의 무장강화형이라고 할만한 장비. 포탑에는 25mm 대공기관포, 차체에는 47mm 대전차포를 탑재하려 했으나 종전까지 1대도 완성하지 못했다.

5식 15cm 대공포
고도 10,000m 이상을 비행하는 B-29의 요격용으로 개발했다.
- 구경 : 149.1mm
- 포신장 : 9m (60구경장)
- 최대고도 : 20,000m

자동장전장치가 장착되어 분당 15발 발사가 가능했다. 종전까지 2문이 배치되었다. 배치 후 2~3대의 B-29를 격추했다는 설이 있다.

5식 반잠공격함 (하세)
육군이 계획한 장비로 건조에 손이 많이 가는 완전 잠수식이 아니라, 상부가 수상에 노출되는 반잠수식이다. 시제함은 공습으로 소실되었다.

5식 7.7mm 반자동소총
(4식이라는 자료도 있다)
M1 개런드를 참고해 제작한 자동 소총. 99식 소총의 탄을 사용해서 위력이 부족했으며 작동도 잘 되지 않았다.

시제 5식 45mm 간이무반동포
종전 직전에 개발된 대전차 무기 가운데 하나. 실전에 투입된 사례는 없다.

83 자폭공격용으로 사용된 육해군기

2차세계대전의 패색이 짙어지자 일본군은 자폭공격으로 활로를 모색하려 했다. 모든 면에서 뒤떨어지게 된 일본군의 항공 전력으로는 방어력이 강한 미 해군의 항모 기동부대에 대해 통상적인 어뢰 공격과 폭격으로 전과를 기대할 수 없다는 판단 하에, 폭탄을 장착한 항공기로 함선을 들이받는 자폭공격에 나섰다. 1944년 10월, 필리핀 레이테섬 앞바다에서 연합군의 침공을 막기 위해 일본 해군의 총력을 기울인 '호시 1호 작전'이 발동되었다. 이 작전에서 미국 항모 기동부대를 격파하기 위해 해군 항공대는 최초로 자폭공격 부대를 편성하여 출격시켰다. 이것이 유명한 '가미카제 특별 공격대'다. 이후 일본 육해군의 항공 부대는 전쟁 종결 당일인 1945년 8월 15일까지 자폭공격을 계속했다.

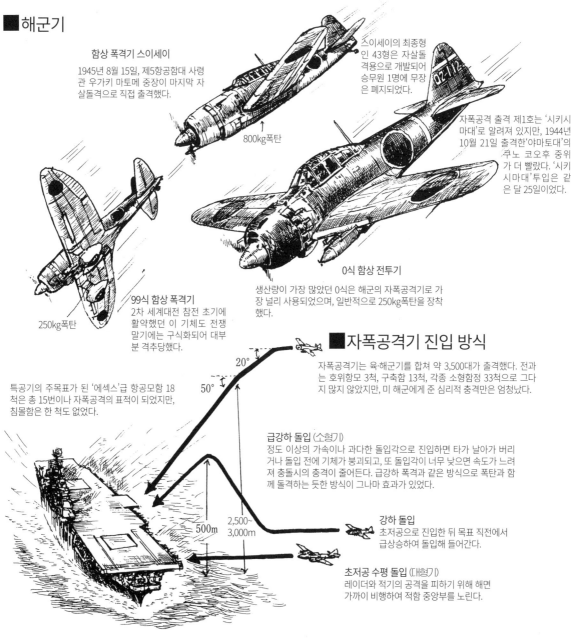

■해군기

함상 폭격기 스이세이
1945년 8월 15일, 제5항공함대 사령관 우가키 마토메 중장이 마지막 자살돌격으로 직접 출격했다.

↑ 800kg폭탄

스이세이의 최종형인 43형은 자살돌격용으로 개발되어 승무원 1명에 무장은 폐지되었다.

자폭공격 출격 제1호는 '시키시마대'로 알려져 있지만, 1944년 10월 21일 출격한 '야마토대'의 쿠노 코오후 중위가 더 빨랐다. '시키시마대' 투입은 같은 달 25일이었다.

0식 함상 전투기
생산량이 가장 많았던 0식은 해군의 자폭공격기로 가장 널리 사용되었으며, 일반적으로 250kg폭탄을 장착했다.

99식 함상 폭격기
2차 세계대전 참전 초기에 활약했던 이 기체도 전쟁 말기에는 구식화되어 대부분 격추당했다.

250kg폭탄

■자폭공격기 진입 방식

자폭공격기는 육·해군기를 합쳐 약 3,500대가 출격했다. 전과는 호위항모 3척, 구축함 13척, 각종 소형함정 33척으로 그다지 많지 않았지만, 미 해군에게 준 심리적 충격만은 엄청났다.

특공기의 주목표가 된 '에섹스'급 항공모함 18척은 총 15번이나 자폭공격의 표적이 되었지만, 침몰함은 한 척도 없었다.

20°
50°

급강하 돌입 (소형기)
정도 이상의 가속이나 과다한 돌입각으로 진입하면 타가 날아가 버리거나 돌입 전에 기체가 붕괴되고, 또 돌입각이 너무 낮으면 속도가 느려져 충돌시의 충격이 줄어든다. 급강하 폭격과 같은 방식으로 폭탄과 함께 돌격하는 듯한 방식이 그나마 효과가 있었다.

500m

2,500~3,000m

강하 돌입
초저공으로 진입한 뒤 목표 직전에서 급상승하여 돌입해 들어간다.

초저공 수평 돌입 (대형기)
레이더와 적기의 공격을 피하기 위해 해면 가까이 비행하여 적함 중앙부를 노린다.

목표함에 돌입
항모 = 비행 갑판과 엘리베이터부가 가장 바람직하다.
전함, 순양함 = 연돌과 함교 중간. 연돌 내 돌입도 좋다. 함교, 포탑은 피한다.
소형 함정 = 중심부. 부딪힌 곳에 따라서는 1대로 1척을 침몰시킬 수 있다.

함상 공격기 텐잔
우수한 기체였지만, 실용화가 늦어 본래의 작전목적으로 투입할수 없게 되자 자폭공격에 활용했다.

97식 함상 공격기
전쟁 초기에는 99식 함상폭격기와 짝을 이루던 주역 기체였지만 이 시기에는 이미 전력으로 통용되지 않는 기체였다. 저속이라 격추되기 쉬웠다.

전쟁 말기에는 이런 연습기까지 출격했다.

기상 작업 훈련기 시라키쿠
속도가 느려 야간 공격에 사용되었다.

육상 공격기 깅가
신형 고속 폭격기(폭격기로는 고속이지만 전투기보다는 느리다)도 자폭공격에 사용되었다.

1식 육상 공격기
가장 큰 특공기. '원샷라이터'라는 별명대로 저속에 방어력도 약해서 출격해도 비참한 결과만 남았다.

100식 중폭격기 돈류
중무장한 폭격기지만 방어용 무장을 제거하고 800kg 폭탄만 탑재한 채 출격했다.

특공 전용으로 만들어진 유인로켓기. 대부분 모기인 1식 육공에서 발진하기도 전에 격추당했다.

오카

■ 육군기

99 쌍발 소형 폭격기 자폭공격기
육군에서 가장 활약한 폭격기로, 대공기관총좌를 뜯어낸 후 폭탄을 장착해 자폭공격용으로 사용했다.

4식 중폭격기 히류 도호기
(자폭공격기)

불필요한 부품과 그 자리를 제거하여 무게를 줄였다.

800kg폭탄 2발 장비

기폭관을 800kg폭탄에 직결했다.

99식 기습기

일본의 슈투카라 할 만한 기체. 속도가 느려 희생도 컸다.

250kg폭탄

4식 전투기 하야테

일본 육상전투기 최후의 걸작기라는 하야테도 자폭공격에 소모되었다.

2식 고등 훈련기

하야테처럼 우측 주익 하부에 250kg폭탄, 왼쪽 주익 아래에 200리터급 외장연료탱크를 장착했다.

날개 아래 장착된 250kg 폭탄 2발

2식 복좌 전투기 토류
야간 방공 전투에 활약한 기체이지만, 특공기로서도 다수 사용되었다.

1식 전투기 하야부사
육군기에서는 가장 많이 생산된 기체로, 자폭공격에도 가장 많은 수가 투입되었다.

84 대규모로 동원된 자폭공격부대

2차세계대전의 패색이 짙어지자 일본군 수뇌부는 장병들의 목숨을 무기로 한 '자폭공격'으로 전쟁을 계속하려 했다. 카미카제 외에도 유인 로켓 활공 폭탄 '오카', 인간 어뢰라고 불리는 '카이텐'과 목조 특공정 '진요'등 다양한 자폭공격용 무기들이 제작되었다. 그밖에 오키나와 비행장 탈환을 위해 강행 착륙으로 돌입한 육군의 공수 특공대 '키레츠 공정대'나 오키나와 해역에 편도 항행용 연료만 채우고 출격한 전함 '야마토'처럼, 남아있는 모든 전력들도 자폭공격에 동원되었다.

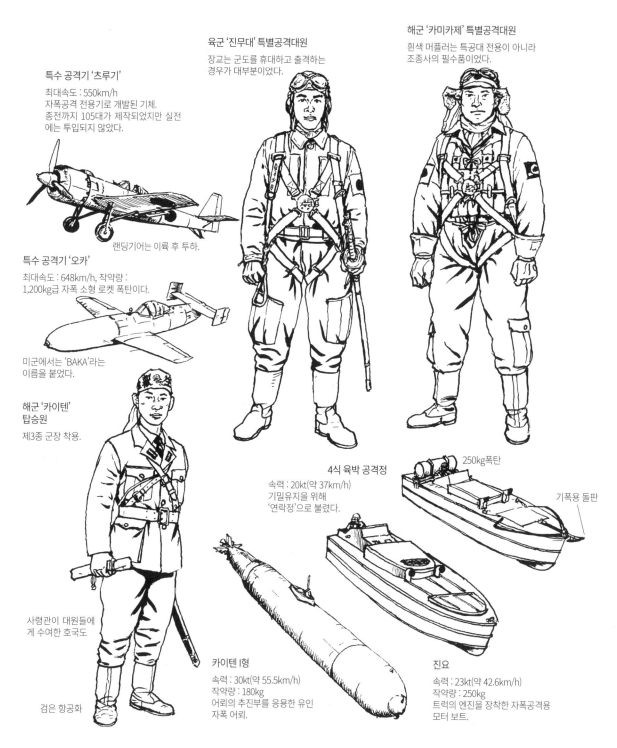

육군 '진무대' 특별공격대원
장교는 군도를 휴대하고 출격하는 경우가 대부분이었다.

해군 '카미카제' 특별공격대원
흰색 머플러는 특공대 전용이 아니라 조종사의 필수품이었다.

특수 공격기 '츠루기'
최대속도 : 550km/h
자폭공격 전용으로 개발된 기체.
종전까지 105대가 제작되었지만 실전에는 투입되지 않았다.

랜딩기어는 이륙 후 투하.

특수 공격기 '오카'
최대속도 : 648km/h, 작약량 :
1,200kg급 자폭 소형 로켓 폭탄이다.

미군에서는 'BAKA'라는 이름을 붙었다.

해군 '카이텐' 탑승원
제3종 군장 착용.

4식 육박 공격정
속력 : 20kt(약 37km/h)
기밀유지을 위해 '연락정'으로 불렸다.

250kg폭탄

기폭용 돌판

사령관이 대원들에게 수여한 호국도

검은 항공화

카이텐 I형
속력 : 30kt(약 55.5km/h)
작약량 : 180kg
어뢰의 추진부를 응용한 유인 자폭 어뢰.

진요
속력 : 23kt(약 42.6km/h)
작약량 : 250kg
트럭의 엔진을 장착한 자폭공격용 모터 보트.

해군 '진요' 대원
항공병과 비슷한 복장이지만 구명조끼는 함선용을 착용한다.

육군 '해상 특수 부대' 대원
선박을 사용하는 육군 수상 공격대.

육군의 수상작업복을 착용했다. 출격시 해군처럼 군도와 권총을 휴대한다.

여성 의용병
본토 결전이 있었다면 참전했을지도 모른다. '죽창'은 일반용이 2m, 소년용이 1.5m였다.

진요 대원에게는 호구도를 지급했다

군도와 권총을 들고 출격했다.

활대기뢰
(5식격뢰)
'후쿠류' 대원은 이 창으로 무장하고 심도 5~7m의 해저에서 대기하다 미군의 상륙주정을 공격할 예정이었다. 그러나 이 부대가 훈련을 받던 중에 전쟁이 끝났다.

육군 '키레츠 공정대'의 공수특공대원
비행장에 주기된 B-29를 노리는 흡착지뢰로 무장했다. 탄두 작약량은 5kg.

육군 육박 공격병

해군 '후쿠류' 특공대 대원

천에 고무를 압착시킨 잠수복.

처음에는 사이판에 투입될 예정이었으나, 전선이 밀리면서 오키나와 공격으로 변경되었다.

자돌지뢰 장대의 길이는 1.5m 탄두는 3kg 성형 작약.

기뢰는 15kg의 성형작약 탄두를 사용했다. 창대의 길이는 3.3m.

85 일본군의 대전차 자폭병기

2차 세계대전 후반부터 남쪽의 섬들을 둘러싼 공방이 격화하면서 일본군은 상륙하는 미 해병대가 대동한 전차들을 상대로 한 전투를 강요당했다. 일본군 전차와는 비교 자체가 불가능한 화력과 방어력을 보유한 미군 전차를 격파할 대전차 무기를 보유하지 못한 일본군은 크게 고전했다. 특히 M4 셔먼을 격파하려면 이 장에 있는 빈약한 무기를 사용한 자폭공격 외에는 별다른 방법이 없었다.

십자 곡괭이

일본군을 상대로 악마와 같은 위력을 발휘하던 M4 셔먼 전차. 일본군의 포화 따위는 아랑곳하지 않고 전진해오는 이 괴물을 공격하려면 상당한 각오가 필요했다.

적 전차의 기관총과 잠망경을 곡괭이로 부수고 해치를 열어 수류탄을 밀어넣거나 권총을 난사한다.

권총

격파를 위해 차체하부에 투입해야 하는 폭약량
● 경전차 : 5kg
● 중형 전차 : 7kg
● 중전차 : 10kg

M4 전차를 파괴하는 데는 10kg의 폭약이 필요했다.

■ 연막 (어쨌든 전차에 접근해야 했다)

11식 연막수류탄
손으로 던지는 외에 척탄통으로도 발사할 수 있다.

■ 분진포

시제 4식 7cm 분진포
유효사거리 100m
관통력 80mm

본토 결전에 대비해 M4 전차 공격방식을 검토했지만, 바주카나 판저파우스트 등의 휴대형 로켓 무기를 갖추지 못한 일본군은 폭뢰를 사용한 자폭공격 외의 대항책을 떠올리지 못했다. 4식은 독일의 판저슈렉 도면을 참조한 일본식 바주카로 개발되었으나 실전에 투입되지는 않았다.

구경 : 74mm

1945년에 완성되어 일부 본토 부대에 배치될 예정이었다.

로켓 중량 약 4kg

일식수투관
대전차용 청산가스탄. 유리 구체라 깨지기 쉽다. 신관 없이, 그대로 전차의 총안구나 환기구를 목표로 던진다.

100식 화염 방사기
● 방사 시간 : 15초
● 최대 사거리 : 25m

전차를 공격하여 직접적인 성과를 기대하기보다는 시야를 가리기 위해 사용되었다.

원형
연막수류탄
● 발연 시간 : 1분
● 유리병제

■투척 무기

화염병

급조 소이 수류탄이지만 일본군은 전용 착발 신관까지 만들어 주력 대전차 무기로 사용했다.

신관이 없을 경우는 삼베를 사용해 불을 붙인 뒤에 던졌다.

이 뿔은 신관이 아니라 먼로 효과를 노린 구조물이다. 격침은 아래쪽에 있고, 부딪칠 때의 충격으로 막대가 격침을 두드린다.

격침

자돌 폭뢰
오른쪽의 3식 수류탄과 마찬가지로 먼로 효과를 이용하는 대전차 폭뢰. 장갑 관통력은 15cm. 장대의 길이는 150cm이다.

3식 대전차수류탄
장약량에 따라 갑(853g)을(690g), 병(500g)의 3종류가 있다. 투척 후의 비행을 안정시키기 위한 삼베 띠가 붙어 있다. 원추형 구조는 먼로 효과를 노린 형태다.

등짐 폭뢰를 진 육박병. 이대로 전차 밑으로 숨어 들어가 신관을 뽑는다.

99식 파갑폭뢰

● 직경 : 12.8cm
● 폭약량 : 630g

10초 신관

적 전차에 투척하고 4개의 자석으로 흡착시키는 폭발지뢰. 그러나 폭약량이 적어서 5~6개쯤 묶지 않으면 전차에는 효과가 없었다.

지뢰는 캐터필러 앞에 두거나, 시한신관으로 바꿔 엔진 그릴 위에 올려놓았다.

이렇게 묶었을 때는 던지지 않고 직접 전차에 흡착시킨다.

■접치식(접착식)

급조 지뢰·폭뢰
콘크리트 지뢰
안에 대량의 흑색 화약이 충전되어 있다.

포대지뢰
삼베 자루에 TNT화약을 넣고 신관을 붙여 만든다.

곤포 폭뢰
안에 넣는 화약의 양(4, 5, 6, 8, 10kg 등)에 따라 몇 종류로 나뉜다.

장착한 마찰 신관의 세팅은 지연 1초로, 이 무기를 사용한 공격은 사실상 자폭공격이었다.

■해군의 대전차 지뢰

육박 공격용으로 수류탄을 묶어 시한신관으로 썼다.

막대 지뢰
● 전장 : 92cm
● 장약량 : 3kg

지뢰

93식 지뢰
(대인·대전차용)

● 직경 : 17cm
● 장약량 : 900g
끈을 달아 캐터필러 앞으로 잡아당긴다.

3식 지뢰(갑)
(도기제)
● 직경 : 27cm(대), 22cm(소)
● 장약량 : 3kg(대), 2kg(소)

3식 지뢰(을)
(목제)
● 전장 : 18cm
● 전체 높이 : 12cm
● 장약량 : 2kg

98식 대 주정 기뢰
대전차용으로도 사용되었다.
● 바닥 직경 : 51cm
● 장약량 : 21kg

86 이오지마의 미·일 양국군 무기

1945년 2월 16일(미군 상륙은 19일)부터 3월 26일까지 전개된 이오지마 공방전은 사상자 수가 일본군 2만 993명, 미군 2만 8686명으로, 태평양 전쟁에서 미군의 인명피해가 일본군을 넘어섰던 유일한 싸움이다. 이 사상자 규모와 미군이 당초 5일로 예정한 작은 섬의 점령에 27일이나 소요되었다는 사실은 일본군 수비대의 지휘관, 구리바야시 다다미치 육군 중장의 작전 구상이 합리적이었음을 입증하고 있다. 이 전투는 미군의 본토침공을 지체시킴과 동시에 미국 측에 일본 본토 상륙 시 발생할 피해를 상기시켜 본토 직접 상륙을 기피하게 만드는 하나의 요인이 되었다.

지원 화포

미군은 고전 끝에 일본군의 주요 일선 진지들을 돌파하면서 비행장을 제압했지만, 오지의 2선 진지들은 다중 복곽진지였다. 전차의 엄호를 받을 수 없는 지형이 이어지면서 보병의 힘만으로 일본군의 지하 동굴 거점을 하나하나 일소하게 되자 미 해병대에 상당한 출혈을 각오해야 했다.

M1 155mm 야포

M1 81mm 박격포

화염 방사 전차
신형 장비로, 8대가 투입되었다.
● 최대 사거리 : 73m

M1A1 105mm 야포

다연장 로켓
● 사거리 : 1,000m

도저 전차

75mm 팩 하위처

75mm M3 GMC (자주포)
보병의 직접화력지원을 담당했다.

M4셔먼
해병 사단에 각 1개 대대. 56대씩 배치.
지형을 교묘히 이용한 일본군의 동굴 진지로 인해 전차들은 제대로 전진하지 못했고, 이는 미국군이 고전하는 주요 원인이 되었다.

암벽을 밀어붙이며 통로를 개척한다.

LVTA4
LVTA4 암트랙은 상륙 차량이지만 일본군의 빈약한 대전차 화력 덕에 전차를 대신해 지상전에도 투입되었다.

화염 방사기 팀과 폭탄 팀

바주카·팀과 대전차포 팀

일본군의 전차에 대비한 부대지만 토치카를 직접 사격하면서 돌격 부대를 지원했다.

소총병들이 포착한 일본군 토치카에 화염을 퍼붓는다, 이어 가방에 넣은 폭탄을 던진 뒤 돌격 분대를 투입한다. 지하에 틀어박힌 일본군 수비대를 소탕하는 방법은 이것뿐이었다.

지하 진지에서 출격해 미군의 측면이나 배후를 공격하여 전차와 보병을 분리시키고 대전차 육박 공격대가 전차로 돌격하는 전술을 사용했다.

연락호

역습구 총좌

연락호

서식부

12cm 유탄포

75mm야포
일본군 야포는 모두 엄폐 진지에 배치했다.

25mm 연장 고사 기관포

97식 중형전차 치하 개

일본의 전차는 전차 제26연대 소속의 중형/경전차 도합 23대가 1932년 로스엔젤레스 올림픽의 승마 장애물 경기에서 금메달을 차지하며 '바론 니시'라는 별명으로 유명해진 유명한 니시 타케이치 중좌 휘하에 배치되었다.

전차는 대부분 참호에 배치하고 토치카로 사용했다.

88식 7cm 대공포
대전차포로 활용했다.

이오지마의 일본군은 대전차전투에 나름대로 분투하여 전투 기간 중에 약 270대의 미군 전차에 피해를 입혔다.

폭탄낭을 든 병사의 육박 공격

1식 기동 47mm 속사포
일본군의 대표적인 대전차포.
M4 셔먼을 상대하기에는 위력 부족이라고 여겨졌지만, 근거리에서의 측면 공격으로 다수의 셔먼을 격파했다.

90식 75mm 야포

M4 셔먼에 대항할 수 있는 대전차포였지만 8문에 불과했다.

99식 경기관총

92식 중기관총

94식 90mm 박격포

박격포는 진지전에서 유효한 무기였다.

미군들이 경계한 일본군의 분진포. (로켓포)
명중률은 낮았지만 폭발력이 매우 강해 미 해병대에 큰 피해를 입혔다.

98식 특수 구포
●사거리 : 1,200m

4식 40밀(cm) 분진포
●작약 : 29.2kg
●사거리 : 2,700m

4식 20밀(cm) 분진포
●작약 : 16.5kg
●사거리 : 2,400m

일본 해군 200mm 로켓포
순양함의 8인치 포탄에 로켓을 장착한 것.
●사거리 : 1,800m

해군 3식 로켓탄 2형
350kg 폭탄을 로켓으로 발사
● 사거리 : 5,500m

87 세계 최초의 항공모함 기동 부대

일본은 1941년 12월 8일, 하와이 진주만의 미국 해군 태평양함대에 대한 일본 해군 항공대의 기습 공격으로 2차 세계대전에 참전했다. 이 하와이 작전(진주만 공격)에 앞서 일본 해군은 그동안 전함을 중심으로 편성된 각 함대에 1~2척씩 분산배치하고 있던 항공모함들을 단일 함대로 묶어 제1항공함대(항공모함 '아카기' '카가' '소류' '히류')를 편성했다. 항공 전력을 더욱 증강시키기 위해, 여기에 최신예 항공모함 '쇼카쿠' '즈이카쿠'를 더해 세계 최초의 항공모함 기동부대를 완성하고 약 500대의 함재기(0식 함상전투기, 97식 함상 공격기, 99식 함상 폭격기)를 동원해 진주만으로 출격했다. 이 장에서는 진주만 공격 때의 항공모함 6척의 각각 특징과 함재기 식별 마크를 소개한다.

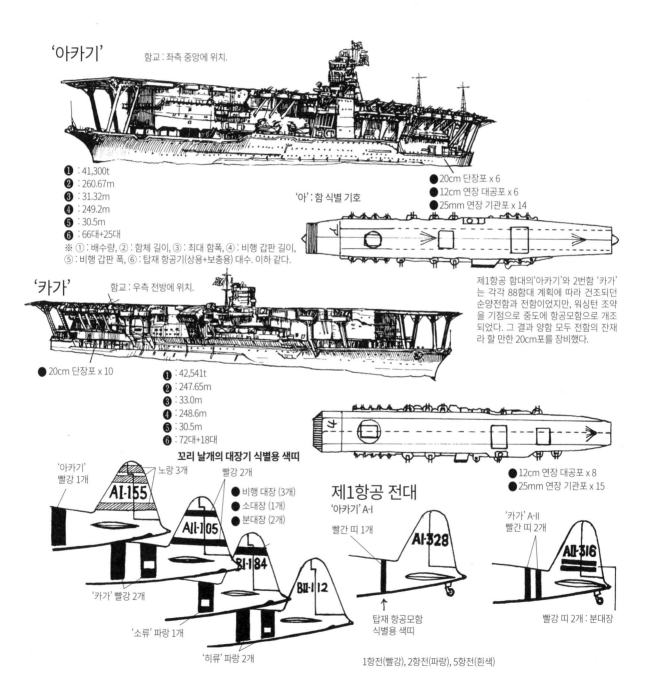

'아카기'
함교 : 좌측 중앙에 위치.

❶ : 41,300t
❷ : 260.67m
❸ : 31.32m
❹ : 249.2m
❺ : 30.5m
❻ : 66대+25대

※ ① : 배수량, ② : 함체 길이, ③ : 최대 함폭, ④ : 비행 갑판 길이, ⑤ : 비행 갑판 폭, ⑥ : 탑재 항공기(상용+보충용) 대수. 이하 같다.

'아' : 함 식별 기호

● 20cm 단장포 x 6
● 12cm 연장 대공포 x 6
● 25mm 연장 기관포 x 14

제1항공 함대의 '아카기'와 2번함 '카가'는 각각 88함대 계획에 따라 건조되던 순양전함과 전함이었지만, 워싱턴 조약을 기점으로 중도에 항공모함으로 개조되었다. 그 결과 양함 모두 전함의 잔재라 할 만한 20cm포를 장비했다.

'카가'
함교 : 우측 전방에 위치.

● 20cm 단장포 x 10

❶ : 42,541t
❷ : 247.65m
❸ : 33.0m
❹ : 248.6m
❺ : 30.5m
❻ : 72대+18대

● 12cm 연장 대공포 x 8
● 25mm 연장 기관포 x 15

꼬리 날개의 대장기 식별용 색띠

'아카기' 빨강 1개
노랑 3개
빨강 2개

AI·155
AII·105
BI·184
BII·12

'카가' 빨강 2개
'소류' 파랑 1개
'히류' 파랑 2개

● 비행 대장 (3개)
● 소대장 (1개)
● 분대장 (2개)

제1항공 전대
'아카기' A-I

빨간 띠 1개

AI·328

탑재 항공모함 식별용 색띠

1항전(빨강), 2항전(파랑), 5항전(흰색)

'카가' A-II
빨간 띠 2개

AII·316

빨강 띠 2개 : 분대장

178

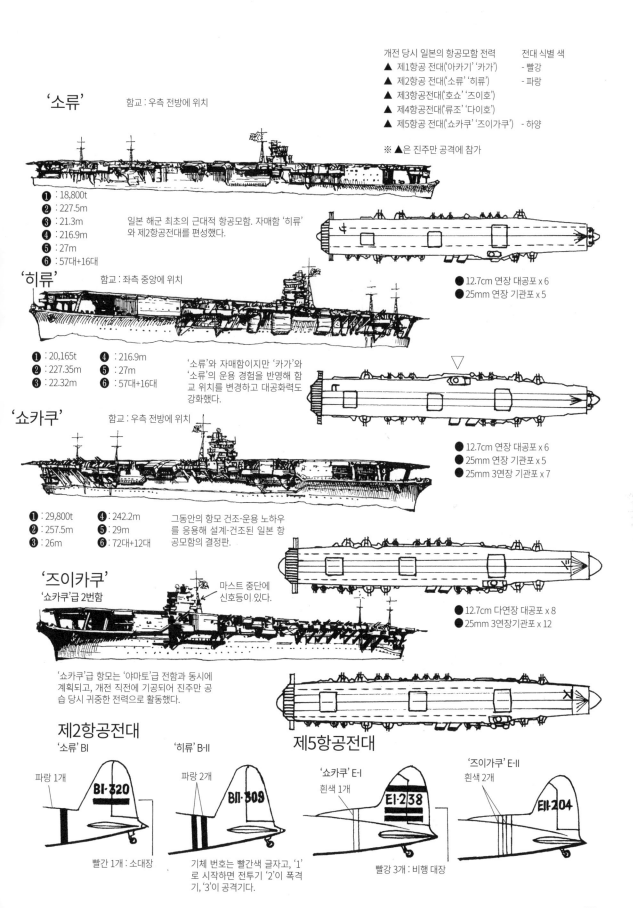

전대 식별 색

▲ 제1항공 전대('아카기' '카가') - 빨강

▲ 제2항공 전대('소류' '히류') - 파랑

▲ 제3항공전대('호쇼' '즈이호')

▲ 제4항공전대('류조' '다이호')

▲ 제5항공 전대('쇼카쿠' '즈이가쿠') - 하양

※ ▲은 진주만 공격에 참가

'소류'

함교 : 우측 전방에 위치

❶ : 18,800t
❷ : 227.5m
❸ : 21.3m
❹ : 216.9m
❺ : 27m
❻ : 57대+16대

일본 해군 최초의 근대적 항공모함. 자매함 '히류'와 제2항공전대를 편성했다.

● 12.7cm 연장 대공포 x 6
● 25mm 연장 기관포 x 5

'히류'

함교 : 좌측 중앙에 위치

❶ : 20,165t
❷ : 227.35m
❸ : 22.32m
❹ : 216.9m
❺ : 27m
❻ : 57대+16대

'소류'와 자매함이지만 '카가'와 '소류'의 운용 경험을 반영해 함교 위치를 변경하고 대공화력도 강화했다.

● 12.7cm 연장 대공포 x 6
● 25mm 연장 기관포 x 5
● 25mm 3연장 기관포 x 7

'쇼카쿠'

함교 : 우측 전방에 위치

❶ : 29,800t
❷ : 257.5m
❸ : 26m
❹ : 242.2m
❺ : 29m
❻ : 72대+12대

그동안의 항모 건조-운용 노하우를 응용해 설계-건조된 일본 항공모함의 결정판.

● 12.7cm 다연장 대공포 x 8
● 25mm 3연장기관포 x 12

'즈이카쿠'

'쇼카쿠'급 2번함

마스트 중단에 신호등이 있다.

'쇼카쿠'급 항모는 '야마토'급 전함과 동시에 계획되고, 개전 직전에 기공되어 진주만 공습 당시 귀중한 전력으로 활동했다.

제2항공전대

'소류' BⅠ

파랑 1개

BⅠ·320

빨간 1개 : 소대장

'히류' B-Ⅱ

파랑 2개

BⅡ·309

기체 번호는 빨간색 글자고, '1'로 시작하면 전투기 '2'이 폭격기, '3'이 공격기다.

제5항공전대

'쇼카쿠' E-Ⅰ

흰색 1개

EⅠ·238

빨강 3개 : 비행 대장

'즈이가쿠' E-Ⅱ

흰색 2개

EⅡ·204

88 종전시 일본 해군 잔존 함정들

1945년 8월 15일, 2차 세계대전 종전 당시 살아남은 일본 해군 함정은 여기에 그린 것 이외의 소형 함정을 포함해 총 535척이며, 이중 건재한 함정은 407척이었다. 연합함대가 보유하고 있던 637척의 함정들 중 3년 8개월에 걸친 전쟁 끝에 살아남은 함정은 168척으로 이 가운데 즉각 작전이 가능한 함선은 경항공모함 1척, 순양함 3척, 특무함 2, 구축함 28, 잠수함 9등 도합 43척에 불과해서 이미 함대로서 조직적인 작전을 수행할 능력은 사라진 상태였다. 해군성이 설치된 1872년 이후, 73년에 걸친 일본 해군의 숨이 여기서 끊어졌다.

■ 전함 4척

'나가토', '이세'
'휴가', '하루나'

이중 항해 가능한 함은 반쯤 부서진 '나가토' 뿐, 타 함정은 사실상 격침상태였다.

일본 해군의 상징이기도 했던 '나가토'는 원폭실험의 표적함이 되어 1946년 7월 25일의 실험 후 동월 30일에 침몰했다.

■ 항공 모함 6척

'호쇼'만은 상처없이 건재하여 복원 수송에 사용되었다. 일본 최초의 항공모함이 끝까지 남은 셈이다.

전후, 생존 함정들 가운데 일부는 무장을 철거하고 특별수송함으로 지정되어 외지에 남아있던 일본군의 귀환 수송과 소해 임무에 사용되었으나, 마침내 연합국에 접수되어 해몰·해체 처분되는 운명을 걸었다.

'호쇼'

'아마기'(전복·침몰)
'카이요'(대파)

'류호' (전손)

'준요'(중파)

'카츠라기' (중파, 비행 갑판 파구)

■ 순양함

대형 함정은 연료 부족으로 대부분 정박지에 위장 계류된 해상포대 상태였다.

수리 후 복원수송 임무 종사

'사카와'
(소파, 항해 가능)

복원 수송 임무 수행 후, 원폭 실험의 표적이 되었다.

'키타카미'는 전후 복원수송함을 정비하는 공작함으로 사용되었다.

'키타카미'
(중파, 추진축 파손)

'아오바''토네''오요도''이즈모''이와테' 격침

'카시마'
(건재)

'야쿠모' (건재)
러일전쟁 당시의 순양함으로 2차세계대전 종전 무렵에는 훈련함으로 사용되고 있었다.

훈련 순양함으로 전투 능력은 거의 없었다. 전후 복원수송함으로 사용되었다.

전후 복원수송에 사용되는 등, 현역 기간이 45년에 달하는 장수함이다.

2차 세계대전 종전 당시 일본 국외에도 다수의 일본해군함정이 전개중이었다. 순양함 '묘코'와 '타카오'의 경우 싱가폴에 정박중이었다. 두 척의 함정은 전후 격침 처분을 받았다.

'묘코'(대파)
미국 잠수함의 뇌격으로 함미가 절단되었다.

'타카오'(대파)
군항 내에서 영국 잠수함 'XE-3'의 공격으로 함저를 폭파당해 대파, 착저된 상태로 자침했다.

■구축함 41척

'유키카제'
2차대전동안 상처 없이 살아남은 유일한 일본 해군 함정으로 유명하다. 전후 복원수송함으로 사용되었고 해당 임무를 마친 뒤에는 전후 배상함으로 중화민국(타이완)에 양도되었다.

'유키카제'는 '단양'으로 재명명되어 중화민국 구축함으로 운용 후 1966년에 폐함되었다.

'카게로'형
일본 해군의 주력으로 활동한 함대형 구축함이다.

'아키츠키'급
함대방공용 대형 구축함. '하루츠키'(소련), '요이츠키'(중화민국), '나츠츠키'(영국) '카즈키'(미국)가 복원 수송 임무를 수행한 후, 승전국들에게 전후 배상함으로 인도되었다.

'마츠'급
전쟁 말기에 구축함의 주력이 된 전시 급조형 구축함.

해방함 100척
함종은 해안경비함이지만 전력 부족으로 구축함의 임무를 떠맡아야 했다. '제2호'는 75일만에 완성되어 2차세계대전 당시 전투함 건조 최단시간 기록을 세웠다.

소형 쾌속정 28척
연안용 대잠정이지만 선단 호위 등 구축함의 임무도 대신했다.

- ○ 포함 14척
- ○ 어뢰정 3척
- ○ 소해정 11척
- ○ 초계정 6척
- ○ 부설정 6척

구잠특무정 146척

초계전투정 21척
2종의 특무정은 전후에도 소해 업무의 주력으로 활약했다.

■잠수함 58척

이하 3척의 잠수함은 울리티 환초 공격 작전 중 종전을 맞아 귀환 중에 포획되었다.

'이 400'

'이 401'

'이 14'

특공 무기
'갑표적' 100척
(미완성이 약 500척)

- ○ 수상기모함 1척('노토로')
- ○ 잠수모함 2척('초게이' '코마하시')
- ○ 부설함 3척
- ○ 수송함 16척
- ○ 특무함 14척

'카이류' 224대
(미완성 약 200대)

'카이텐'
약 420대

'신요' 약 6,200대

본토 방어용 자살 특공대가 각지에서 편성되었다.

특별수송함 '소야'
전후 복원수송 임무를 마친 뒤에 남극 관측선으로 활동했다.

89 당시 일본의 역량을 결집한 '야마토'

일본 해군이 세계 최대의 전함을 목표로 건조한 '야마토'급 전함은 1934년에 설계를 시작하여 1937년 11월 1번함 '야마토'가, 1938년 3월에 2번함 '무사시'가 기공되었으며, 1941년 12월에 '야마토'가 1942년, 8월에 '무사시'가 준공되었다. '야마토'급 전함의 설계, 구조상 가장 큰 특징은 46cm 주포를 중심으로 한 강력한 무장과 방어력이다. 특히 방어력은 함 중앙부인 제1주포부터 제3주포에 걸친 함내 주요구획에 상면 20cm, 측면 41cm, 전후면 30cm의 장갑판을 둘러, 폭탄과 어뢰가 명중해도 견딜 수 있는 구조였다. 그 외의 부분은 1147개로 나뉜 방수 구획을 만들고, 현측으로는 20mm 장갑판 벌지(현측의 확장 부분)를 마련했으며, 벌지 내부도 작은 구획으로 나눠 어뢰의 파괴력을 흡수하는 구조물을 설치하는 등 다양한 '불침' 대책이 적용되었다. 그러나 이 최강의 전함도 1943년 레이테 해전에서 '무사시'(폭탄 십여 발 직격, 어뢰 십 수 발 명중)가, 1944년 오키나와로 자폭성 출격에 나섰던 '야마토'(폭탄 6발 직격, 어뢰 10발 명중)가 격침되면서 각각 짧은 생애를 마쳤다.

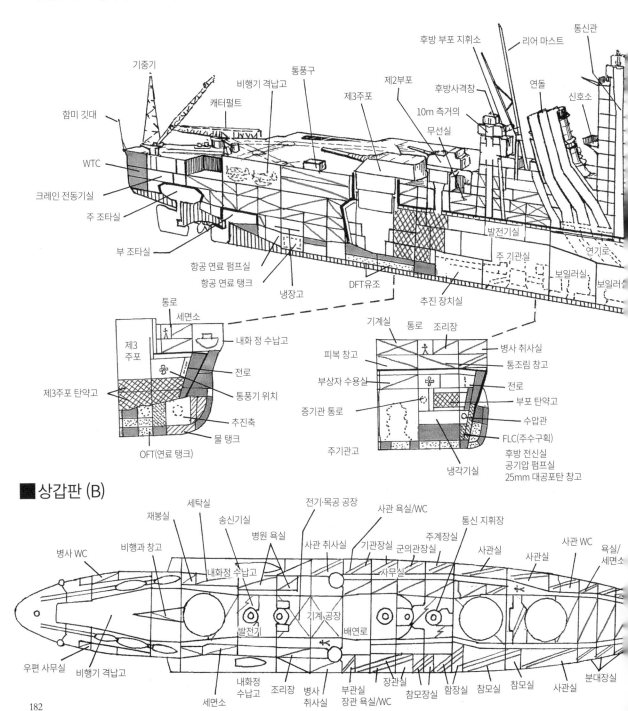

■ 상갑판 (B)

■세계 최대의 주포

94식 45구경 46cm포

'야마토'의 주포는 중량이 2,760t으로, 구축함 1척의
중량에 필적한다. 최대사거리 포격시 앙각을 45도로
올리며, 발사된 탄은 최대 고도 11,900m까지 상승하
고 90초만에 42,000m 떨어진 착탄지점에 도달한다.

전함의 심장인 기관부와 약점인 탄약고는
방어 강판으로 엄중하게 덮여 있다.

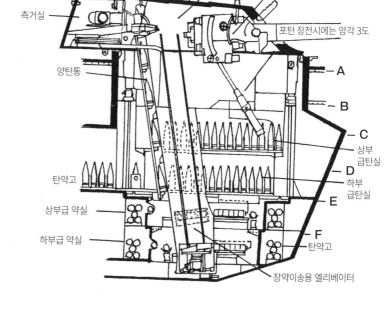

포대장용 관측경
장전기
포실
포안
측거실
포탄 장전시에는 앙각 3도
A
양탄통
B
C
상부
급탄실
D
하부
급탄실
탄약고
E
상부급 약실
F
하부급 약실
탄약고
장약이송용 엘리베이터

포탄은 급탄실에서 양탄통으로 포실까지 들어올려져, 장전
기에서 포강 안에 밀려들어간다. 이어 장약이 양약궤(장약
이송용 엘리베이터)로 급약실에서 상승하여 약실 내에 장
전되고 포미폐쇄기를 닫으면 발사 준비가 완료된다. 이 과
정은 수압 동력에 의한 자동 조작으로 이뤄진다.

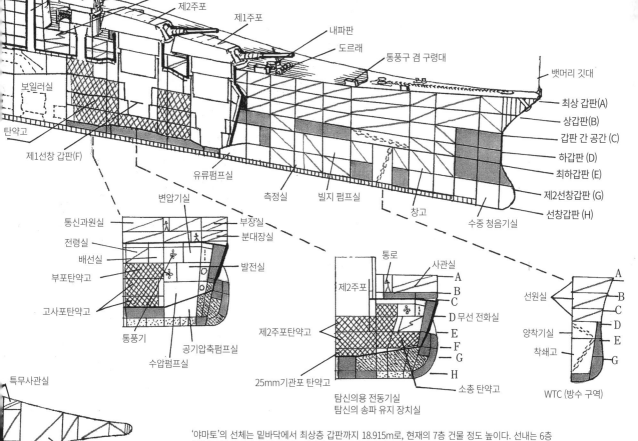

주포 사격지휘실
측거실
15m 측거의
방공 지휘소
제1함교
작전실
감시소
제2함교
제2해도실
사령실
통신관
제1부포
통신 지휘실
제2주포
제1주포
내파판
도르래
통풍구 겸 구령대
뱃머리 깃대
최상 갑판(A)
상갑판(B)
갑판 간 공간 (C)
하갑판 (D)
최하갑판 (E)
제2선창갑판 (G)
선창갑판 (H)
보일러실
탄약고
제1선창 갑판(F)
유류펌프실
측정실
빌지 펌프실
창고
수중 청음기실
수압펌프실

통신과원실
변압기실
부장실
분대장실
전령실
배선실
발전실
부포탄약고
고사포탄약고
통풍기
공기압축펌프실
수압펌프실

통로
사관실
A
B
C
D 무선 전화실
제2주포
E
F
G
H
제2주포탄약고
25mm기관포 탄약고
소총 탄약고
탐신의용 전동기실
탐신의 송파 유지 장치실

A
B
선원실
C
D
양착기실
E
착쇄고
G
WTC (방수 구역)

특무사관실
선원실

'야마토'의 선체는 밑바닥에서 최상층 갑판까지 18.915m로, 현재의 7층 건물 정도 높이이다. 선내는 6층
(일부 7층) 구성이며, 중앙부는 장갑판으로 구성되어 있다. 거주공간은 하갑판까지 설치되었고, 사관실
은 우현 상갑판에 집중되었으므로 위와 같은 배치가 되었다.

추모 전 그린베레 일본계 미국인 중사

미시마 미즈호 씨는 일본계 미국인으로 미 육군에 입대, 특수 부대 그린베레 대원으로 베트남 전쟁에 참가했던, 필자의 경애하는 친구들 중 한 사람이었지만 2007년 7월에 타계하셨다. (향년 68세) 만나면 항상 힘찬 악수로 응원해 주시던 미시마 씨의 얼굴을 다시 보지 못하게 되어 유감이다. 그의 명복을 기원하는 동시에, 미시마 씨의 약력을 다시 수록한다. 1938년 가고시마 출생. 1948년 어머니가 미군 군속과 재혼하여 오키나와로 넘어갔다. 1958년 오키나와 현립 나하 부고 아메리칸·하이 스쿨 졸업. 그 해, 가족과 함께 도미해 1959년 미국 육군에 자원입대했다. 1960~1965년 특수 부대 A팀(파괴 작업 담당) 중사로 베트남의 제5특전단 및 오키나와에 있던 제1특전단에 복무. 1965~1972년 장거리 수색중대 대장으로 대 게릴라전에 종사. 1972~1974년 주일 미군 연락관 및 통역 주임. 1974~1976년 특수부대 정보·작전 주임. 1976~1980년 특전단 잠수팀 지휘관. 1980년 퇴역.

생전, 미시마 씨의 초상화를 그렸던 적이 있다. 그 때는 "나는 이 모습이 좋은데…"라며 넘겨준 사진이 필자가 생각하는 이미지와 맞지 않아서 전투시에 풀 장비한 모습의 그림을 완성하여 증정했지만 여기서는 당시에 미시마 씨가 좋다고 하셨던 포즈로 그려봤다.

이것이 미시마 중사의 출격 스타일이다!

개인 장비

함께 출격하는 팀은 전원 같은 곳에 장비를 수납한다. 이렇게 하면 어둠에서도 부상당하거나 전사한 동료의 장비와 휴대품을 쉽게 회수할 수 있다. 중요한 장비는 배낭을 분실할 경우에 대비해 주머니에 넣는다.

총탄 600발
30발 탄창은 귀중품이었다.

라이플/1자루
슬링은 파라코드를 사용했다.

최루가스 수류탄

파편 수류탄
4발

연소 수류탄
2발

2발

부니 햇

유니폼
어떤 패치도 붙이지 않는다.

퍼스트 에이드 키트

하네스와 권총 벨트

세정제가 붙어있는 수통 4개

정글 스웨터

정글 부츠

시계

양말

주머니 칼

장갑

판초와 판초라이너

배낭

탄창

식량

수납 순서

• 수통
• 클레이모어
• 발연통
• 양식
• 양말
• 소총탄
• 스웨터
• 판초 라이너
• 판초
• 영현낭

임무에 따라서 카메라, 쌍안경, C4폭약, M72 등이 추가된다.

부니햇
뒤에 주황색 식별 패널이 꿰메져 붙어 있다.

스냅 링크

판초라이너

인디지 배낭

가슴 주머니에는 랜턴과 나침반을 넣는다

수통

펴면 1.6m 정도 되는 안테나.

머플러는 삼각건
왼쪽 가슴 주머니에는 통신 규정서, 암호, 지도, 메모장, 반사경을 지참한다.

M18 연막 수류탄

건전지 8개를 사용하므로 무거운 편이다.

HT-1 통신기

CAR-15
탄창 2개를 상하로 테이핑한다. 탄걸림을 막기 위해 탄은 최대 용량보다 2, 3발 덜 넣어 탄창 스프링에 여유를 준다.

식별 패널

M1956 범용 소화기 탄약 파우치
M26A1수류탄

모르핀과 마취제 세트

RT-10통신기

벌레 물림 예방약

100발들이 범용 탄약 파우치
(서바이벌 키트 케이스)
미시마 중사는 작전시 포로가 될 때를 감안해 왼쪽 파우치에 청산가리 알약을 두고 있었다.

정글 부츠
잘 때는 모기약 때문에 옷자락을 부츠 속에 넣기도 했다.

식량 3일분

삼각 건 2개

나침반

정글도

방수 매치

총기청소키트

스트로보 라이트와 예비 배터리 1개

반사경

식별 패널

서바이벌 키트

메모장

스냅 링크 2개

6피트 (약 1.8m) 나일론 끈

모래주머니, 2장

통신 규정서, 암호 작성서, 군용 지도 (5만분의 1)

통신용 발연통
색상 별 1발

펜 플레어

RT-10 비상 통신기

야영지의 쓰레기나 압수품을 넣을 비닐 봉투 2장

185

추모 역사고증 화가의 파이오니어

나카니시 타츠토시 선생은 역사적 고증을 철저하게 추구하던 화가다. 1950년대부터 학습지와 도감 등의 권두나 삽화를 비롯, 전기, 밀리터리에 이르기까지 이런 저런 분야에 일러스트를 그리셨던, 코마츠자키 시게루 선생, 타카니 요시유키 선생과 함께 필자가 존경하는 세 거장의 한 분이다. 나카니시 선생께 많은 것을 배웠기에 오랫동안 활약하시길 바랐는데 아쉽다. 선생의 명복을 빌며, 그 업적의 일부를 소개한다. 2009년 1월 11일 영면. 향년 74세.

우주의 특공병
(보이즈 라이프)
당시의 미래 병사가 멋있어서 나도 이 병사의 장비를 변형하여 많이 그렸다.

전진 442전투대
(소년)
1963년

천하의 나카니시 선생도 당시의 자료로는 타이거 전차를 이렇게 그리실 수밖에 없었다.

1960년

테이핑한 예비 탄창은 이 그림에서 처음 봤다. 마크 등도 잘 참고했다.

MP40/11
이 슈마이저에는 깜짝 놀랐다.

잘 보면 주인공이 나카니시 선생님 본인과 비슷했다.

원자 로켓탄

명화 프라모 교실
(소년)
1966년
'프라모로 보는 세계의 날개'
독일군이 도버 해협에 설치한 조종사의 구명용 부이.

IL2슈토르모빅에 쫓기는 독일 병사. 오버코트에 MG34라는 조합이 인상적이었다.

이런 물건이 있는 것을 여기서 처음 알았다.

장렬! 독일 기갑 군단
(립푸쇼보)
1975년
이제 전설이 된 립푸쇼보의 재규어 백스에서 출판된 본서는 당시 밀리터리 팬들에게 엄청나게 인기가 있었다.

1990년 이후 잡지나 모형 등의 밀리터리의 세계가 독일군 일색이었을 때 나카니시 선생은 '일본인이 일본의 물건을 하지 않으면 안 된다!'시며 일본군에 관한 것들을 정력적으로 그리셨다. '일본의 군장'을 마무리짓고 나아가 메이지, 다이쇼의 군장을 연구하여 작품화한 것이다. 이 작품들은 필자는 물론 다른 일러스트레이터, 만화가, 애니메이터, 또 텔레비전이나 영화 등의 고증 자료로 많은 혜택을 남겼다.

조슈 번 대장

일본의 군장-막부 말기부터 러일 전쟁까지
(대일본회화)

아이즈 번병
에도 막부 말기의
소총 쏘는 법.

일본의 군장
(대일본 회화)

전차병 대위

대장 정장

일본의 보병 화기
(대일본회화)
보병 화기의 조작, 분대의 편성, 특히 기관총과 보병 포등의 병력 배치애 대해 잘 정리하고 있다.

일본 갑주사 1~2
(대일본회화)
야요이 시대부터 전국 시대의 무구와 싸우는 방법 등의 도해. 군선과 성곽은 물론, 에도 시대 일반인들의 삶에서 오오쿠 -당시 일본 막부 쇼군의 처첩, 생모, 자녀 및 그를 따르는 시녀들이 거처하던 곳 – 까지 모두 그렸다. 그야 말로 역사 복원 화가의 면모를 유감없이 과시한 것이다.

역사물도 많이 출판하셨지만 세계 문화사에서 발간된 '타케다 신겐'과 '사이고 다카모리'같은 전국에서 에도 막부 말기의 자료는 최고이다. 전국 사대 관련으로는 고단샤 KK문고의 '오다 노부나가', '도요토미 히데요시' '도쿠가와 이에야스'의 3권이 있으면 완벽하다.

이 옛날의 생생한 갑옷에는 감탄했다.

나카니시 선생님, 미남자로 그려드렸습니다.
명복을 빕니다.

이 외에 '도해 일본 육군 보병'(가로수 책방)가 있으며 이 1권으로 일본 육군 보병은 거의 완전히 재현되고 있다.

90 육상자위대의 전투복

현재 육상자위대의 전신인 경찰 예비대가 창설된 시기는 1950년이다. 당시 조직 편성과 부대 운영상의 여러 제도를 하나로 하여 복제(제복과 복장에 관한 규칙)가 정해졌다. 당초 복장은 미군의 제도를 참고하여 개방식 목깃에 긴 소매를 조합한 여름 제복과, '아이크 재킷'형 겨울 제복을 조합했으며, 전투복도 미군 전투복을 본뜬 필드 재킷(야전복)타입의 '작업복'으로 확정되었다. 이후 보안대를 거쳐 육상자위대가 출범하는 되는 동안 제식복장도 수차례 개정을 거쳤다. 전투복은 점차 육상자위대의 독자사양으로 개정되어 1965년 제식화된 65식 작업복, 1970년에 채용된 얼룩무늬 위장복에 이어, 1991년부터는 현행 전투복(위장 2형)을 채용했으며, 전투복과 함께 착용하는 각종 전투 비품들도 갱신했다.

경찰 예비대, 보안대
1950년 7월 1952년 8월
주요 장비는 미군의 공여품이지만 제복 등은 준비 부족으로 1950년 겨울까지, 카키색 하복(일본제)뿐이었다.

비둘기를 디자인한 경찰 예비대 기장, 계급장은 가슴 아래 붙었다.

M1 카빈

M1개런드 소총

초기

작업모

모장
욱일에 비둘기

복장 등은 일본제지만 디자인은 미군용을 참조하여 제작되었다.

2버클식 부츠

전투 훈련장비
작업복(M1951형)
이후 일본 상황에 맞게 개량되어 작업복으로 오랜 기간 동안 사용되었다.

자위대는 군대가 아니라는 이유로 '전투복'이라는 명칭을 사용하지 않았다.

자위대(보안청에서 방위청이라고 개칭된 이후) 1954년 8월~
자위대용 제복이 정해지고 자위대 독자 제식장비가 채택되었다.

아이크 재킷형 동계복.

모장
벚꽃

작업모
1955년 하반기부터 채용되었다.

OD작업복
자위대원의 기본 복장으로, 야외 작업부터 사무 업무까지 모두 이 복장이 기본이다.

64식 소총의 제식화로 총검이나 탄입대도 신형이 채용되었다.

64식 소총

반장화식 평상화

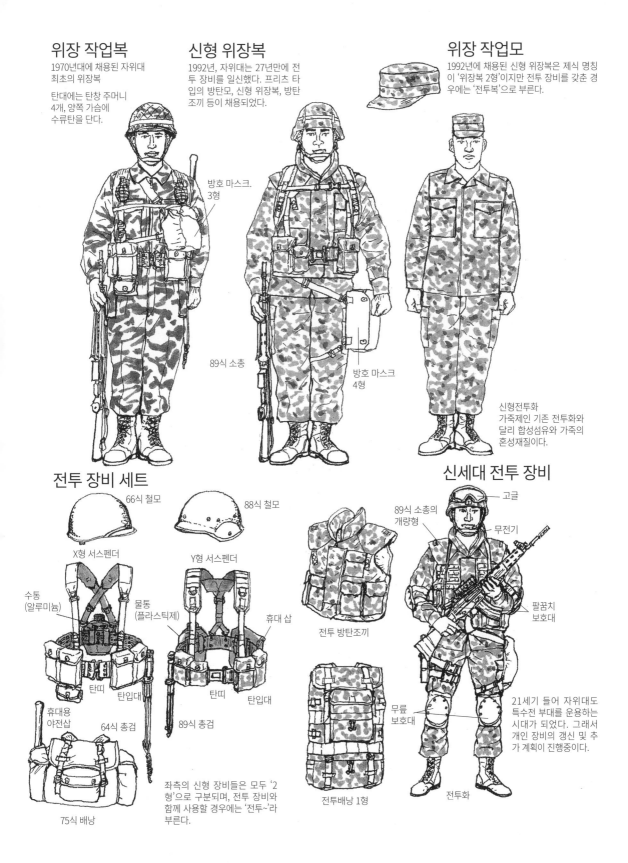

위장 작업복

1970년대에 채용된 자위대 최초의 위장복

탄대에는 탄창 주머니 4개, 양쪽 가슴에 수류탄을 단다.

신형 위장복

1992년, 자위대는 27년만에 전투 장비를 일신했다. 프리츠 타입의 방탄모, 신형 위장복, 방탄조끼 등이 채용되었다.

방호 마스크. 3형

89식 소총

방호 마스크 4형

위장 작업모

1992년에 채용된 신형 위장복은 제식 명칭이 '위장복 2형'이지만 전투 장비를 갖춘 경우에는 '전투복'으로 부른다.

신형전투화
가죽제인 기존 전투화와 달리 합성섬유와 가죽의 혼성재질이다.

전투 장비 세트

66식 철모

88식 철모

X형 서스펜더

Y형 서스펜더

수통 (알루미늄)

물통 (플라스틱제)

휴대 삽

탄띠

탄입대

탄띠

탄입대

64식 총검

89식 총검

휴대용 야전삽

75식 배낭

좌측의 신형 장비들은 모두 '2형'으로 구분되며, 전투 장비와 함께 사용할 경우에는 '전투~'라 부른다.

신세대 전투 장비

고글

89식 소총의 개량형

무전기

팔꿈치 보호대

전투 방탄조끼

무릎 보호대

전투배낭 1형

전투화

21세기 들어 자위대도 특수전 부대를 운용하는 시대가 되었다. 그래서 개인 장비의 갱신 및 추가 계획이 진행중이다.

91 육상자위대의 소총

경찰 예비대, 보안대는 미군이 공여해준 M1 소총과 M1 카빈 등의 소화기를 사용했다. 자위대의 출범(1954년)이후 무기 자체개발이 시작되면서 62식 기관총, 64식 소총(모두 7.62mm구경)등의 소화기가 완성되었고 이후 세계적인 소총 소구경화의 흐름에 맞춰 현용 89식 소총(5.56mm구경)으로 발전했다.

■ 64식 7.62mm소총

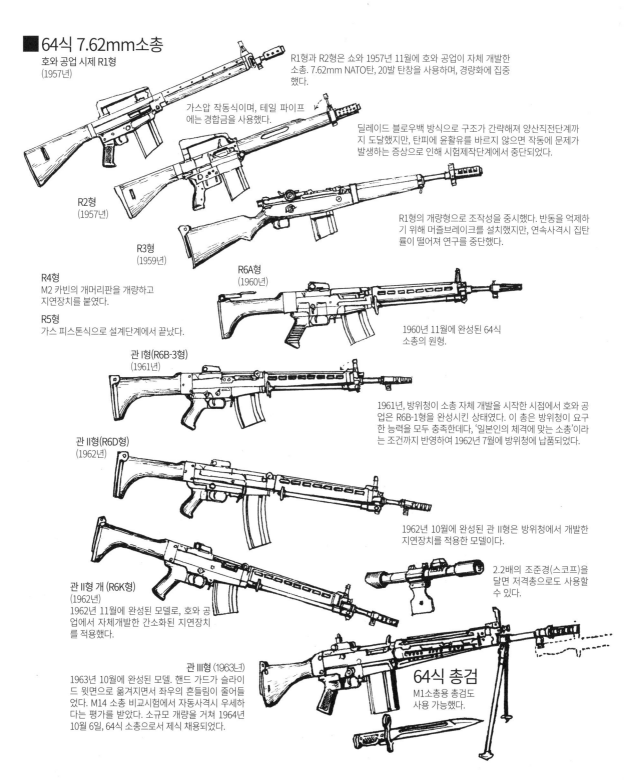

호와 공업 시제 R1형
(1957년)

R1형과 R2형은 쇼와 1957년 11월에 호와 공업이 자체 개발한 소총. 7.62mm NATO탄, 20발 탄창을 사용하며, 경량화에 집중했다.

가스압 작동식이며, 테일 파이프에는 경합금을 사용했다.

딜레이드 블로우백 방식으로 구조가 간략해져 양산직전단계까지 도달했지만, 탄피에 윤활유를 바르지 않으면 작동에 문제가 발생하는 증상으로 인해 시험제작단계에서 중단되었다.

R2형
(1957년)

R1형의 개량형으로 조작성을 중시했다. 반동을 억제하기 위해 머즐브레이크를 설치했지만, 연속사격시 집탄률이 떨어져 연구를 중단했다.

R3형
(1959년)

R4형
M2 카빈의 개머리판을 개량하고 지연장치를 붙였다.

R5형
가스 피스톤식으로 설계단계에서 끝났다.

R6A형
(1960년)

1960년 11월에 완성된 64식 소총의 원형.

관 I형(R6B-3형)
(1961년)

1961년, 방위청이 소총 자체 개발을 시작한 시점에서 호와 공업은 R6B-1형을 완성시킨 상태였다. 이 총은 방위청이 요구한 능력을 모두 충족한데다, '일본인의 체격에 맞는 소총'이라는 조건까지 반영하여 1962년 7월에 방위청에 납품되었다.

관 II형(R6D형)
(1962년)

1962년 10월에 완성된 관 II형은 방위청에서 개발한 지연장치를 적용한 모델이다.

2.2배의 조준경(스코프)을 달면 저격총으로도 사용할 수 있다.

관 II형 개 (R6K형)
(1962년)
1962년 11월에 완성된 모델로, 호와 공업에서 자체개발한 간소화된 지연장치를 적용했다.

관 III형 (1963년)
1963년 10월에 완성된 모델. 핸드 가드가 슬라이드 윗면으로 옮겨지면서 좌우의 흔들림이 줄어들었다. M14 소총 비교시험에서 자동사격시 우세하다는 평가를 받았다. 소규모 개량을 거쳐 1964년 10월 6일, 64식 소총으로서 제식 채용되었다.

64식 총검
M1소총용 총검도 사용 가능했다.

■89식 5.56mm소총

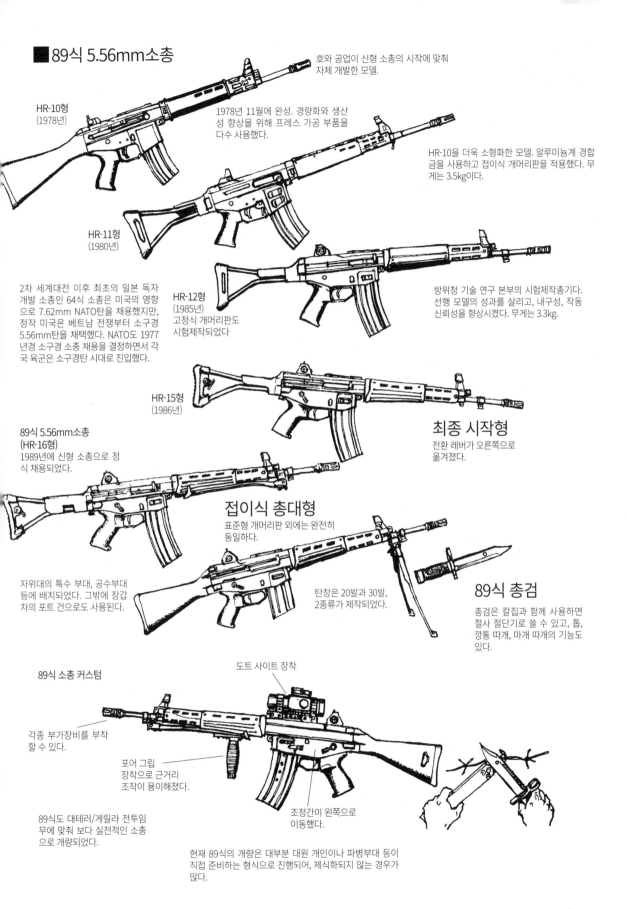

호와 공업이 신형 소총의 시작에 맞춰 자체 개발한 모델.

HR-10형
(1978년)

1978년 11월에 완성. 경량화와 생산성 향상을 위해 프레스 가공 부품을 다수 사용했다.

HR-10을 더욱 소형화한 모델. 알루미늄계 경합금을 사용하고 접이식 개머리판을 적용했다. 무게는 3.5kg이다.

HR-11형
(1980년)

2차 세계대전 이후 최초의 일본 독자 개발 소총인 64식 소총은 미국의 영향으로 7.62mm NATO탄을 채용했지만, 정작 미국은 베트남 전쟁부터 소구경 5.56mm탄을 채택했다. NATO도 1977년경 소구경 소총 채용을 결정하면서 각국 육군은 소구경탄 시대로 진입했다.

HR-12형
(1985년)
고정식 개머리판도
시험제작되었다

방위청 기술 연구 본부의 시험제작총기다. 선행 모델의 성과를 살리고, 내구성, 작동 신뢰성을 향상시켰다. 무게는 3.3kg.

HR-15형
(1986년)

최종 시작형
전환 레버가 오른쪽으로 옮겨졌다.

89식 5.56mm소총
(HR-16형)
1989년에 신형 소총으로 정식 채용되었다.

접이식 총대형
표준형 개머리판 외에는 완전히 동일하다.

자위대의 특수 부대, 공수부대 등에 배치되었다. 그밖에 장갑차의 포트 건으로도 사용된다.

탄창은 20발과 30발, 2종류가 제작되었다.

89식 총검
총검은 칼집과 함께 사용하면 철사 절단기로 쓸 수 있고, 톱, 깡통 따개, 마개 따개의 기능도 있다.

89식 소총 커스텀

도트 사이트 장착

각종 부가장비를 부착할 수 있다.

포어 그립 장착으로 근거리 조작이 용이해졌다.

조정간이 왼쪽으로 이동했다.

89식도 대테러/게릴라 전투임무에 맞춰 보다 실전적인 소총으로 개량되었다.

현재 89식의 개량은 대부분 대원 개인이나 파병부대 등이 직접 준비하는 형식으로 진행되어, 제식화되지 않는 경우가 많다.

92 육상자위대의 소화기

보통과(보병)는 대원 개인의 전투 능력과 단거리 화력을 무기로 근접 전투를 수행하며, 적 부대를 직접 포착, 격파하거나 필요한 지역을 점령, 확보하고 전투를 마무리짓는 주요 병과다. 과거의 보병은 기동수단도 이름 그대로 오직 도보에 의존했고 화력도 소총과 기관총 뿐이었으나, 현재 육상자위대의 보통과 부대는 장갑차를 포함한 차량이나 헬리콥터로 이동하며, 화력도 소총과 기관총 외에 각종 휴대형 대전차 화기, 지대공 유도탄 등을 장비하면서 전투 효율, 반응 속도가 크게 향상되었다. 여기서는 육상자위대의 개인 휴대용 소화기를 소개한다.

■9mm 권총

스위스 SIG사의 P220을 면허 생산하여 1982년부터 배치했다. 중대장 이상의 지휘관이나 대전차화기 사수, 전차 승무원 등이 사용한다.

● 장탄량 : 9발

도트 사이트와 포어 그립 등이 추가 장비된 89식 소총.

■9mm 기관권총

일본 자체 개발 기관단총. 공수부대 지휘관과 중화기병 등의 자위용으로 1999년에 채용되었다.

● 장탄량 : 25발

■이라크 파견부대 보통과 대원

국내와 달리 실전용 특별 장비가 지급되었다.

마이크로폰
무전기
방탄복
선량계
탄입대
권총 홀스터

■64식 7.62mm소총

1964년에 제식화.

● 장탄량 : 20발

■89식 5.56mm소총

64식 소총의 후계.

● 탄창 : 20/30발

■5.56mm기관총 MINIMI

1993년, 62식 기관총의 속장비로 벨기에제 FN M249를 채택해 일본에서 라이센스생산했다. 89식 소총과 탄약을 공용하며, 전용 탄창을 사용한 사격도 가능하다.

200발이 장전된 상자형 탄통과 탄띠를 조합하면 750~1000발/분 내외의 발사속도를 발휘한다.

■62식 7.62mm기관총

1962년에 제식화된 일본산 주력 경기관총. 현재 MINIMI로 대체중이다.

● 탄띠급탄식으로, 최대발사속도는 분당 650발이다.

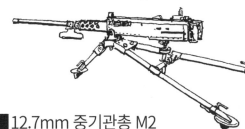

■12.7mm 중기관총 M2

주로 차량에 탑재해 운용한다, 원형은 1933년 미군이 채용한 이래 세계 각지에서 꾸준히 사용되고 있다. 일본에서는 1985년부터 국내 생산을 시작했다.

■96식 40mm 자동유탄총

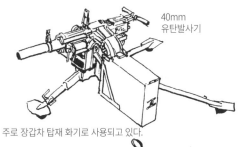

40mm
유탄발사기

주로 장갑차 탑재 화기로 사용되고 있다.

레밍턴 M24 SWS
(Sniper Weapon Sytstem)
을 직수입했다.

■ 대인저격총

64식 저격총의 후속 장비로, 2002년부터 도입되었다.

■91식 휴대 지대공 유도탄

스팅어를 대체하기 위해 개발된 휴대용 지대공 미사일. 1991년부터 배치되었고, 특과나 전차 부대의 자위용으로 사용한다.

가시광 이미지 및 열영상 복합 유도체계를 채택하여 적기 정면을 공격하거나, 급속 발사를 시도하거나, 기만수단을 무시하는 기능이 구형 스팅어에 비해 향상되었다.

■74식 차량용 7.62mm기관총

탱크, 장갑차 등에 탑재되는 기관총이지만, 필요에 따라 삼각대를 장착해 보병화기로도 운용한다.

● 62식 기관총의 파생형이다.
발사속도는 분당 700~1,000발로 우수한 편이다.

■84mm 무반동포(칼 구스타프)

1979년부터 채택되고, 1981년 이후로는 일본에서 라이센스 생산된 보통과부대의 주력 대전차 화기다.

● 유효사거리 : 700m

칼 구스타프에 비해 2배 이상의 두터운 장갑을 관통할수 있다.

● 유효사거리 : 400~600m

■110mm 개인휴대대전차탄
(판저파우스트 III)

칼 구스타프의 후속무기체계로 2001년부터 제식화되었다. 발사 후 유도할 필요가 없는 F&F 유도체계를 갖춘 대전차 미사일이다.

■01식 경 대전차 유도탄(ATM-5, 경 MAT)
■87식 대전차 유도탄(ATM-3, 중 MAT)

보통과 연대가 장비하는 중거리용 대전차 미사일.

● 유효사거리 : 약 2km

세미 액티브 레이저 유도방식의 대전차미사일. 소형 경량이어서 견착 사격도 가능하다.

최신 10식 전차와 일본 자체 개발 전차

육상자위대의 전차는 61식 전차(1961년 제식화)를 시작으로 74식 전차(1974년), 90식 전차(1990년)로 발전했다. 2010년에는 제4세대 전차인 10식 전차를 완성했다. 각각의 전차는 전차포와 조준기구, 장갑, 동력계를 중심으로 꾸준히 현대화, 첨단화 과정을 거쳤다.

제4세대 전차 10식 전차
C4I(지휘·통제·통신·정보)기능을 통한 전차 상호간 정보 교환이 가능하다.

방위청이 공표한 상상도

시작 2호차
2008년 2월 처음 공개했다.

차장용 12.7mm 중기관총과 74식 7.62mm 동축기관총을 장한다.

라인메탈이 개발한 주포를 사용한 90식과 달리 독자개발 120mm 44구경장 활강포를 탑재한다.

외장식 모듈 장갑
포탑 전면 양 측면에는 연막탄 발사기가 있다.

74식과 마찬가지로 5축 모두 유기압식 서스펜션.

복합 장갑
● 중량 : 44t
● 승무원 : 3명
● 최고 속도 : 70km/h

시작 3호차
도저가 장비되어 있다. 3호차량과 동형이 그대로 양산되었다.

엔진은 소형·경량이면서 1,200마력을 발휘한다. HMT(무단변속기)를 장착해 기동성이 우수하다.

74식 전차의 후계로 개발된 10식 전차는 중량이 90식에 비해 훨씬 가볍고 규모도 74식에 가까운 소형이다. 향후 육상자위대는 전차는 90식과 10식의 두 가지 전차를 병용할 예정이다.

레이저 탐지기
YAG 레이저

신형 야시장비

신형 포탑

레이저 거리측정장치

사이드 스커트

써멀재킷을 장착한 새 포신

무한궤도 이탈 방지 장치

1992년에 검토한 74식 개량형
예산 제약으로 인해 4대만 실험적인 개수를 받았다.

현존 개수형

무한궤도 이탈 방지 장치

시제전차부터 양산전차까지

STA-1

61식 전차의 시제1호 차로, 전후 최초의 일본제 전차다. 1956년 12월에 완성했다.

시작 4호차 STA-4 (1960년)를 거쳐 61식으로 완성되었다.

차체가 낮고 전륜을 7개 채택해 독일의 레오파드 1을 닮았다.

61식 전차

전후 첫 자체 개발 전차. 1961년 제식화.

- 무장 : 90mm 52구경장 전차포
- 승무원 : 4명
- 최고 속도 : 45km/h
- 장갑 두께 : 15~124mm
- 중량 : 35t

1962년부터 생산되어 총 500대를 배치했다.

STB-1

1969년 6월에 완성한 74식의 시작 1호 차.

리모트 컨트롤 기관총

74식 전차

STB-6(1972년)를 기점으로 양산된 2세대 전차. 1974년에 제식화되었다.

- 무장 : 105mm 51구경장 강선포
- 승무원 : 4명
- 최고 속도 : 54km/h
- 장갑 : 25~195mm
- 중량 : 38t

1974년부터 1980년까지 873대 생산

TK-X

90식의 프로토타입. (1982~83년)

당시 완성 예상도를 의뢰받아 120mm포와 복합장갑을 갖춘, 미국의 XM-1에 가까운 차량을 그렸는데, 정작 등장한 실차는 예상과 다른 부분이 많았다.

90식 전차

3세대 전차. 1990년에 제식화

- 중량 : 50t
- 승무원 : 3명
- 최고 속도 : 70km/h
- 장갑 : 복합장갑

(2010년까지 총 341대 생산)

가상 적국의 주력 전차

T-55 (1958년~)

100mm 강선포

- 중량 : 37.5t
- 승무원 : 4명
- 최고 속도 : 50km/h
- 장갑 두께 : 20~243mm

- 중량 : 36.5t
- 승무원 : 4명
- 최고 속도 : 48km/h
- 장갑 두께 : 20~200mm

T62 (1961년~)

115mm 활강포

T72 (1973년~)

125mm 활강포

- 중량 : 41.5t
- 승무원 : 3명
- 최고 속도 : 60km/h
- 장갑 : 복합장갑 및 반응장갑

T80 (1983년~)

125mm 활강포

- 중량 : 46t
- 승무원 : 3명
- 최고 속도 : 70km/h
- 장갑 : 복합장갑 및 반응장갑

참고 자료 : 'PANZER'(아르고노트) '전후 일본 전차'(카마드)

94 해상자위대의 수송함

해상자위대 수송함의 주 임무는 육상자위대의 작전 지원을 위해 부대와 장비를 운반하고 필요한 장소에 상륙시키는 것이다. 평시 낙도에 대한 물자 수송, 재해 파견시의 수송·구원, 국제적 구호활동을 위한 수송 등에도 활용되고 있다. 해상자위대 내에서도 가장 직접적으로 체감 가능한 임무에서 활약하고 있는 함정들이다.

■ '미우라'급

'오오스미'가 등장하기 전까지는 가장 큰 수송함이었다.
- ●배수량 : 2,000t
- ●전장 : 98m
- ●속력 : 14kt
- ●탑재함정 : LCMx 2척/LCVPx 2척
- ●전차 : 10량
- ●병력 : 약 200명 내외
- ●무장 : 50구경(3인치) 연장포 x 1/ 40mm 연장 기관포 x 1

■ '아츠미'급

미 해군의 구형 LST를 모델로 설계된 함정이다. 낙도 등 격오지역에 대한 보급이나 수송을 주 임무로 하고 있다.

필요에 따라 LCM을 1척 탑재할 수 있다.

- ●배수량 : 1,480~1,550t
- ●전장 : 89m
- ●탑재정 : LCVP x 2
- ●속력 : 14kt
- ●전차 5대, 병력 130명 수용
- ●무장 : 40mm 연장 기관포 x 2

■ '유라'급

소규모 도서지역에 대응하기 위한 소형 수송함.
- ●배수량 : 590t
- ●전장 : 58m
- ●탑재정 : 6m 급 상륙정 x 1
- ●속력 : 12kt
- ●병력 70명 수용이 가능하다.

■ 수송선 '1호'

'유라'형 수송함을 보다 소형화한 수송선
- ●배수량 : 420t
- ●전장 : 52m
- ●탑재정 : 고무보트 x 1
- ●속력 : 12kt
- ●무장 : 20mm기관포 x 1

■ 수송함 탑재 상륙정

LCM과 LCVP는 인원, 차량, 화물의 양륙용으로 쓰이지만, 모함을 대신해 단속 작업에 투입되기도 한다. 6m급 상륙정은 주로 소규모 병력 이동과 해안 조사 등에 사용된다.

LCM
- ●전장 : 17m
- ●화물 약 30t, 혹은 병력120명

LCVP
- ●전장 : 10.5m
- ●화물 약 4t, 또는 병력 40명

6미터 내화정
- ●약 20명

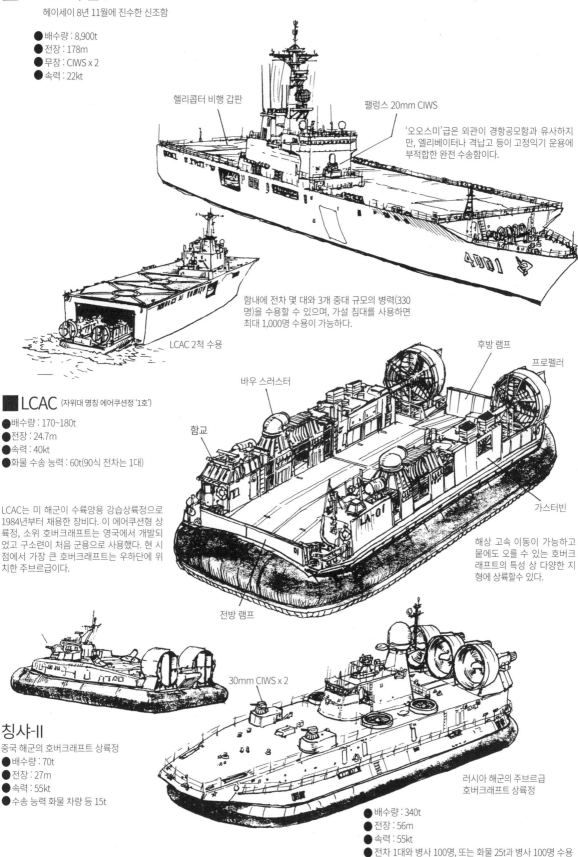

■'오오스미'급

헤이세이 8년 11월에 진수한 신조함

- ●배수량 : 8,900t
- ●전장 : 178m
- ●무장 : CIWS x 2
- ●속력 : 22kt

헬리콥터 비행 갑판

팰렁스 20mm CIWS

'오오스미'급은 외관이 경항공모함과 유사하지만, 엘리베이터나 격납고 등이 고정익기 운용에 부적합한 완전 수송함이다.

함내에 전차 몇 대와 3개 중대 규모의 병력(330명)을 수용할 수 있으며, 가설 침대를 사용하면 최대 1,000명 수용이 가능하다.

LCAC 2척 수용

■LCAC (자위대 명칭 에어쿠션정 '1호')

- ●배수량 : 170~180t
- ●전장 : 24.7m
- ●속력 : 40kt
- ●화물 수송 능력 : 60t(90식 전차는 1대)

LCAC는 미 해군이 수륙양용 강습상륙정으로 1984년부터 채용한 장비다. 이 에어쿠션형 상륙정, 소위 호버크래프트는 영국에서 개발되었고 구소련이 처음 군용으로 사용했다. 현 시점에서 가장 큰 호버크래프트는 우하단에 위치한 주브르급이다.

후방 램프

프로펠러

바우 스러스터

함교

가스터빈

해상 고속 이동이 가능하고 뭍에도 오를 수 있는 호버크래프트의 특성 상 다양한 지형에 상륙할수 있다.

전방 램프

30mm CIWS x 2

칭샤-II

중국 해군의 호버크래프트 상륙정

- ●배수량 : 70t
- ●전장 : 27m
- ●속력 : 55kt
- ●수송 능력 화물 차량 등 15t

러시아 해군의 주브르급 호버크래프트 상륙정

- ●배수량 : 340t
- ●전장 : 56m
- ●속력 : 55kt
- ●전차 1대와 병사 100명, 또는 화물 25t과 병사 100명 수용

95 해상자위대의 잠수함

해상자위대의 잠수함은 제1호 '쿠로시오(초대)'를 제외하면 모두 일본 기술로 개발, 건조되어 왔다. 특히 1970년대 등장한 '우즈시오'급부터 재래식 잠수함가운데 세계 최고 수준의 성능을 발휘하게 되었고, 이후 건조되는 신형함들도 꾸준히 신기술을 적용해 성능을 향상시키고 있다.

'쿠로시오'SS-501
(1970년 8월 제적)
전신은 미국제 '가토'급 잠수함 '밍고'
1955년 8월에 대여되어 '오야시오'가
완성될때까지 해상자위대 유일의 잠수
함으로 활동했다.

127mm
단장포

● 배수량 : 1,526t
● 전장 : 95.0m
● 정원 : 80명
● 기관 : 디젤 4기/2축
● 속력 : 21kt(수상)/10kt(수중)
● 병기 : 533mm어뢰 발사관 x 10문, 127mm 함포 x 1

'오야시오'SS-511
(1966년 6월~1976년 9월)
전후 첫 자체 건조 잠수함. 잠
수함 승무원의 교육과 대잠
훈련 목적으로 운용했다.

● 배수량 : 1,100t
● 전장 : 78.8m
● 정원 : 65명
● 기관 : 디젤엔진 2대/2축
● 속력 : 13kt(수상)/19kt(수중)
● 병기 : 55식 533mm어뢰 발사관 x4문

'나츠시오'급

'나츠시오'SS-523
(1963년 6월~1978년 3월)
'후유시오'SS-524
(1963년 9월~1980년 6월)

대잠 훈련용으로 건조된 소형함. '하야시오'급
역시 교육 훈련용으로 성능도 거의 같다.

공격용 소나

탐색용 소나

● 배수량 : 790t
● 전장 : 61m   ● 정원 : 40명
● 기관 : 디젤엔진 2대/2축
● 속력 : 11kt(수상)/15kt(수중)
● 병기 : 533mm어뢰 발사관 x 3

'하야시오'급

● 배수량 : 750t   ● 전장 : 59m   ● 정원 : 40명
● 기관 : 디젤엔진 2대/2축
● 속력 : 11kt(수상)/14kt(수중)
● 병기 : 533mm어뢰 발사관 x 3

'하야시오'SS-521
(1962년 6월~1977년 7월)
'와카시오,'SS-522
(1962년 8월~1979년 3월)

'오오시오'SS-561
(1965년 3월~1981년 8월)
'하야시오'급을 확대건조한
'쿠로시오'의 후속함이다.

'아사시오'급

'오오시오'의 개량형, 전후 최초의 일본 독자건조 실전용 잠수함이다.

● 배수량 : 1650t ● 전장 : 88m ● 정원 : 80명
● 기관 : 디젤엔진 2대/2축
● 속력 : 14kt(수상) 18kt(수중)
● 병기 : 54식 533mm어뢰 발사관 x 6문,
  HU-201320mm어뢰 발사관 x 2문

4척(1966년~1969년)
'아사시오' SS-562
'하루시오'SS-563
'미치시오'SS-564
'아라시오'SS-565

탐색용 소나

● 배수량 : 1600t
● 전장 : 88m   ● 정원 : 80명
● 기관 : 디젤엔진 2대/2축
● 속력 : 14kt(수상)/18kt(수중)
● 병기 : 54식 3형 533mm어뢰 발사관 x 4문,
  HU-201 320mm어뢰 발사관 x 2문

중국 해군의 잠수함

'상'급 원자력잠수함
5척

중국의 최신 원자력 잠수함. 중국은 상
급 잠수함과 그 개량형을 건조중이며,
같은 시기에 개발된 진급 전략원자력잠
수함도 4척 이상 건조했다.

● 배수량 : 6,000t
● 전장 : 107m
● 병기 : 어뢰 발사관 x 6

'킬로'급
12척

러시아에서 수입한 잠수함.

● 배수량 : 2,325t
● 속력 : 17kt(수상)
  /20kt(수중)
● 병기 : 어뢰 발사관 x 6

'유안'급
2척

● 배수량 : 3,000t
● 병기 : 어뢰 발사관 x 6문

'송'급
13척

중국 자체 설계
재래식 잠수함

● 배수량 : 1,700t
● 전장 : 8.4m
● 속력 : 15kt(수상)
  /22kt(수중)
● 병기 : 어뢰 발사관 x 6문

그밖에 러시아제 로미오급 잠
수함을 자체건조한 밍급 잠수
함을 57척가량 건조했으나, 지
금은 15척만이 남았고 점차 퇴
역중이다.

'우즈시오'급
7척(1971년~78년)

'우즈시오' SS-566
'마키시오' SS-567
'이소시오' SS-568
'나루시오' SS-569
'쿠로시오' SS-570
'타카시오' SS-571
'야에시오' SS-572

- 배수량 : 1850t
- 전장 : 72m
- 정원 : 80명('타카시오''야에시오'는 75명)
- 기관 : 디젤엔진 2대/1축
- 속력 : 12kt(수상)/20kt(수중)
- 병기 : 533mm수압식 어뢰 발사관 x 6

해상자위대 최초의 눈물방울(티어드롭)형 잠수함

'유우시오'급
10척 (1980년~89년)
'우즈시오'급의 발전형으로, 하푼 발사가 가능하다.

'유우시오' SS-573
'모치시오' SS-574
'세토시오' SS-575
'오키시오' SS-576
'나다시오' SS-577
'하마시오' SS-578
'아키시오' SS-579

'타케시오' SS-580
'유키시오' SS-581
'사치시오' SS-582

- 배수량 : 2,200t
- 전장 : 76m
- 정원 : 80명
- 기관 : 디젤엔진 2대/1축
- 속력 : 12kt(수상)/20kt(수중)
- 병기 : 533mm 어뢰 발사관 x 6

7척(1990년~95년)
'하루시오' SS-583
'나츠시오' SS-584
'하야시오' SS-585 *
'아라시오' SS-586
'와카시오' SS-587
'휴우시오' SS-588 *
'아사시오' SS-589 *

'하루시오'급
'유우시오'급의 발전형.

- 배수량 : 2,450t
- 전장 : 77m
- 정원 : 75명
- 기관 : 디젤엔진 2대/1축
- 속력 : 12kt(수상)/20kt(수중)
- 병기 : 533mm수압식 어뢰 발사관 x 6

구형 프로펠러

하이 스큐드 프로펠러

다엽 스큐드 프로펠러는 노이즈를 크게 억제한다. 해상자위대는 '하루시오'급부터 이 기술을 채용했다.

'오야시오'SS-590
'미치시오'SS-591
'우즈시오'SS-592
'마키시오'SS-593
'이소시오'SS-594
'나루시오'SS-595

'쿠로시오'SS-596
'타카시오'SS-597
'야에시오'SS-598
'세토시오'SS-599
'모치시오'SS-600

* 표시된 함정은 퇴역 후 훈련 잠수함으로 용도가 변경되었다.

'오야시오'급
11척(1998년~2008년)

무반향 타일 등의 스텔스 기술을 채택하여 성능을 향상시켰다.

타국의 신형 잠수함을 참조하여 선체 단면을 티어드롭형에서 궐련형으로 변경했다. 수중 탐지 능력이 크게 향상되었다.

- 배수량 : 2,750t
- 전장 : 82m
- 정원 : 70명
- 기관 : 디젤엔진 2대/1축
- 속력 : 12kt(수상)/20kt(수중)
- 병기 : 553mm어뢰 발사관 x 6

'소류'급

'소류' SS-501
'운류' SS-502
'하쿠류' SS-503
'켄류' SS-504

'즈이류' SS-505
'코쿠류' SS-506
'진류' SS-507
'세키류' SS-508
'세이류' SS-509
'쇼류' SS-509

어뢰 발사관은 함수에 집중 배치된다.

무반향 타일

X타

AIP잠수함 '소류'

세일

무반향 타일 (고무 타일)

조종실

기관실

주전동기

역탐지 소나

어뢰실

액체산소탱크

측면 배열·소나

축전지

식당

거주 구역

533mm 어뢰 발사관

바우·소나

- 배수량 : 2,950t
- 전장 : 84m
- 정원 : 65명
- 기관 : 디젤엔진 2대+ 스털링 기관 /1축추진
- 속력 : 13kt(수상)/ 20kt(수중)
- 병기 : 553mm 발사관 x 6

외기

디젤 기관 → 발전기 → 주 모터

축전지

종래의 디젤 기관을 구동하기 위해서는 수면 위의 대기를 공급해야 했다.

연료 탱크 / 산소 탱크 → 스털링 기관 → 발전기 → 주 모터

축전지

축전지를 충전하기 위해 부상해야 하는 상황이 줄어든다.

AIP잠수함은 원자력 잠수함과 같은 무제한적인 기동은 불가능하지만, 수중작전시간을 대폭 연장할 수 있다.

AIP(공기 불요 추진)기관
'소류'의 스털링 기관은 외연기관으로, 폐회로 디젤기관(내연기관)과 같이 대량의 공기를 사용하지 않는다.

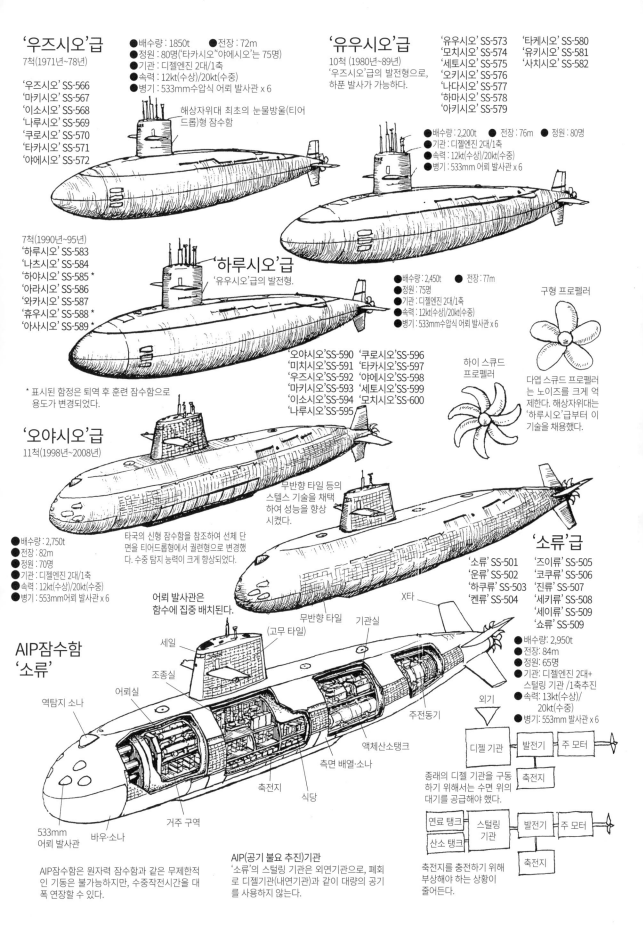

96 해상보안청의 순시선들

해상보안청은 해상 경비, 감시, 교통의 안전 확보, 범죄 단속, 구난·구조 활동 등의 주요 임무를 수행한다. 해상보안청은 이런 임무에 맞춰 일본 영해를 11개 담당 구역으로 나누어 각 관할 (제1~11)구역에 해상 보안 본부를 설치하고 400척(특수경비구난정을 포함한 수치)의 순시선과 항공기 73대(고정익기 27대, 회전익기 46대)를 운용중이다. 최근 해상보안청의 임무에서 중시되는 요소는 감시 및 경계 임무다. 1999년의 동해 해역에서, 2003년 규슈 남서쪽 해역에서 각각 발생한 북한 공작선(괴선박) 사건을 계기로 이와 같은 사태에 대처하기 위해 순시선의 건조·정비, 훈련 및 순찰 등의 활동을 강화하게 되었다.

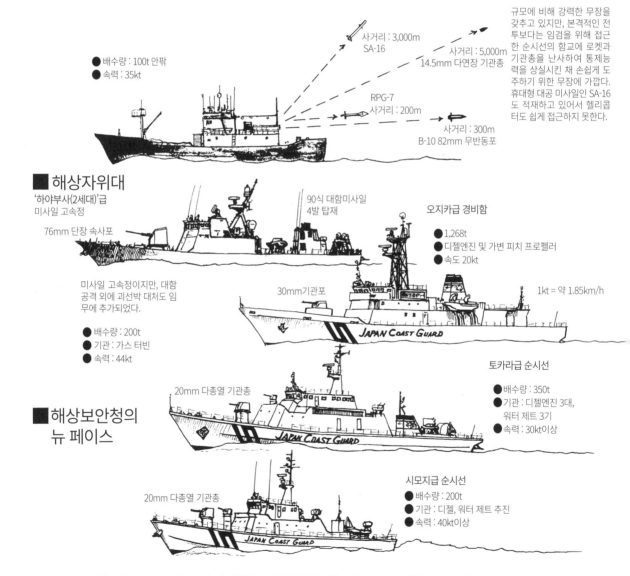

■북한 공작선

● 배수량 : 100t 안팎
● 속력 : 35kt

사거리 : 3,000m
SA-16

사거리 : 5,000m
14.5mm 다연장 기관총

RPG-7
사거리 : 200m

사거리 : 300m
B-10 82mm 무반동포

규모에 비해 강력한 무장을 갖추고 있지만, 본격적인 전투보다는 임검을 위해 접근한 순시선의 함교에 로켓과 기관총을 난사하여 통제능력을 상실시킨 채 손쉽게 도주하기 위한 무장에 가깝다. 휴대형 대공 미사일인 SA-16도 적재하고 있어서 헬리콥터도 쉽게 접근하지 못한다.

■해상자위대

'하야부사(2세대)'급
미사일 고속정

76mm 단장 속사포

90식 대함미사일
4발 탑재

오지카급 경비함

● 1,268t
● 디젤엔진 및 가변 피치 프로펠러
● 속도 20kt

30mm기관포

1kt = 약 1.85km/h

미사일 고속정이지만, 대함 공격 외에 괴선박 대처도 임무에 추가되었다.

● 배수량 : 200t
● 기관 : 가스 터빈
● 속력 : 44kt

토카라급 순시선

● 배수량 : 350t
● 기관 : 디젤엔진 3대,
워터 제트 3기
● 속력 : 30kt이상

20mm 다총열 기관총

■해상보안청의
뉴 페이스

시모지급 순시선

● 배수량 : 200t
● 기관 : 디젤, 워터 제트 추진
● 속력 : 40kt이상

20mm 다총열 기관총

기획 당시 180톤급 PS, 혹은 규제능력 강화형 순시선이라 불리던 신형 순시선. 2014년부터 건조가 시작되었고, 2016년부터 일선에서 운용중이다. 알루미늄 합금 대신 고장력강 소재를 사용하고 방호 플레이트를 선체 측면에 둘렀다.

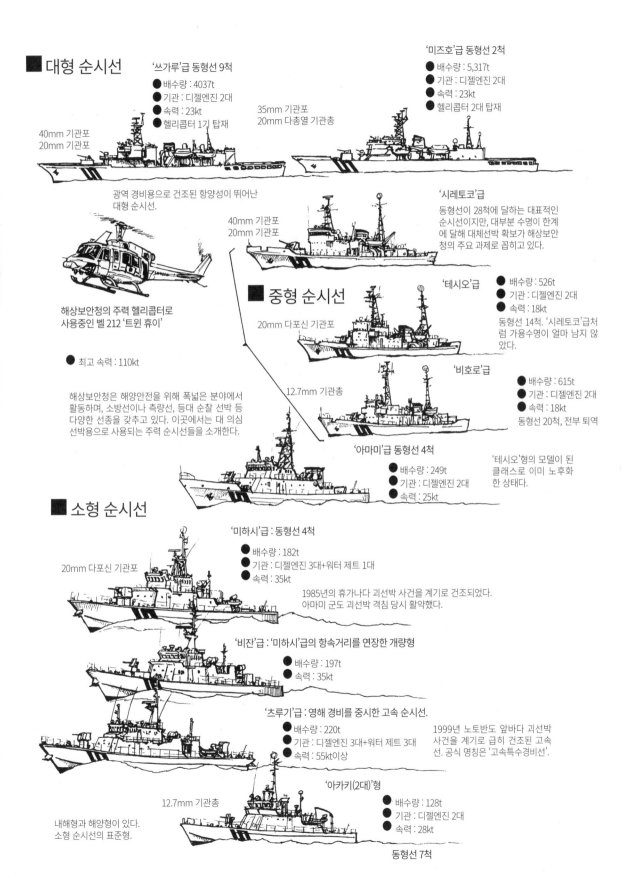

■ 대형 순시선

'쓰가루'급 동형선 9척
- 배수량 : 4037t
- 기관 : 디젤엔진 2대
- 속력 : 23kt
- 헬리콥터 1기 탑재

40mm 기관포
20mm 기관포

35mm 기관포
20mm 다총열 기관총

'미즈호'급 동형선 2척
- 배수량 : 5,317t
- 기관 : 디젤엔진 2대
- 속력 : 23kt
- 헬리콥터 2대 탑재

광역 경비용으로 건조된 항양성이 뛰어난 대형 순시선.

40mm 기관포
20mm 기관포

'시레토코'급

동형선이 28척에 달하는 대표적인 순시선이지만, 대부분 수명이 한계에 달해 대체선박 확보가 해상보안청의 주요 과제로 꼽히고 있다.

해상보안청의 주력 헬리콥터로 사용중인 벨 212 '트윈 휴이'

- 최고 속력 : 110kt

■ 중형 순시선

20mm 다포신 기관포

'테시오'급
- 배수량 : 526t
- 기관 : 디젤엔진 2대
- 속력 : 18kt

동형선 14척. '시레토코'급처럼 가용수명이 얼마 남지 않았다.

12.7mm 기관총

'비호로'급
- 배수량 : 615t
- 기관 : 디젤엔진 2대
- 속력 : 18kt

동형선 20척, 전부 퇴역

해상보안청은 해양안전을 위해 폭넓은 분야에서 활동하며, 소방선이나 측량선, 등대 순찰 선박 등 다양한 선종을 갖추고 있다. 이곳에서는 대 의심 선박용으로 사용되는 주력 순시선들을 소개한다.

'아마미'급 동형선 4척
- 배수량 : 249t
- 기관 : 디젤엔진 2대
- 속력 : 25kt

'테시오'형의 모델이 된 클래스로 이미 노후화한 상태다.

■ 소형 순시선

20mm 다포신 기관포

'미하시'급 : 동형선 4척
- 배수량 : 182t
- 기관 : 디젤엔진 3대+워터 제트 1대
- 속력 : 35kt

1985년의 휴가나다 괴선박 사건을 계기로 건조되었다. 아마미 군도 괴선박 격침 당시 활약했다.

'비잔'급 : '미하시'급의 항속거리를 연장한 개량형
- 배수량 : 197t
- 속력 : 35kt

'츠루기'급 : 영해 경비를 중시한 고속 순시선.
- 배수량 : 220t
- 기관 : 디젤엔진 3대+워터 제트 3대
- 속력 : 55kt이상

1999년 노토반도 앞바다 괴선박 사건을 계기로 급히 건조된 고속선. 공식 명칭은 '고속특수경비선'.

12.7mm 기관총

'아카키(2대)'형
- 배수량 : 128t
- 기관 : 디젤엔진 2대
- 속력 : 28kt

내해형과 해양형이 있다. 소형 순시선의 표준형.

동형선 7척

97 항공자위대의 주력 전투기

항공자위대는 1954년, 방위청 및 자위대의 출범 과정에서 방공 임무를 담당하는 부대로 탄생했다. 주일 미 공군은 항공자위대의 창설 과정에서 조직과 장비, 시설을 지원하고 근대 공군의 전력 발휘에 필요한 운용교 육도 실시했다. 그 결과 항공자위대는 단기간에 실제 임무를 수행할 수 있는 수준의 능력을 갖췄고, 1958년 부터 자력으로 영공 침범 대응 조치를 실시할 수 있는 수준까지 성장했다. 항공자위대의 전투기는 당초 미국 에서 공여된 기체들이었으며,현재까지 7개 기종을 운용했다. 이중 일본제 F-1지원 전투기와 미-일 공동 개발 인 F-2 전투기를 제외하면 모든 기체가 미국제(일부 라이센스 생산)다. 2000년대 들어 차기 주력 전투기 도입 계획이 진행되었고, 몇 가지 우여곡절(F-22 생산 중단 등)을 거쳐 F-35A로 결정되었다.

항공자위대 주력 전투기

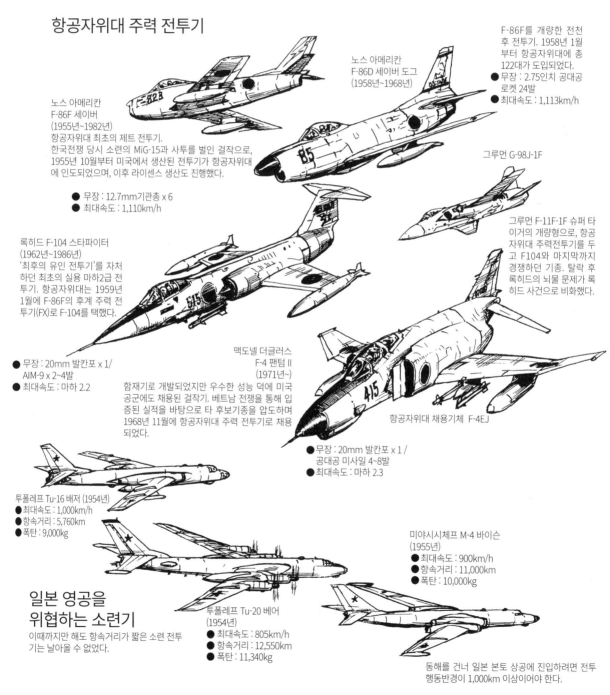

노스 아메리칸
F-86D 세이버 도그
(1958년~1968년)

F-86F를 개량한 전천 후 전투기. 1958년 1월 부터 항공자위대에 총 122대가 도입되었다.
● 무장 : 2.75인치 공대공 로켓 24발
● 최대속도 : 1,113km/h

노스 아메리칸
F-86F 세이버
(1955년~1982년)
항공자위대 최초의 제트 전투기.
한국전쟁 당시 소련의 MiG-15와 사투를 벌인 걸작으로,
1955년 10월부터 미국에서 생산된 전투기가 항공자위대
에 인도되었으며, 이후 라이센스 생산도 진행했다.

● 무장 : 12.7mm기관총 x 6
● 최대속도 : 1,110km/h

그루먼 G-98J-1F

그루먼 F-11F-1F 슈퍼 타 이거의 개량형으로, 항공 자위대 주력전투기를 두 고 F104와 마지막까지 경쟁하던 기종. 탈락과 록히드의 뇌물 문제가 록 히드 사건으로 비화했다.

록히드 F-104 스타파이터
(1962년~1986년)
'최후의 유인 전투기'를 자처 하던 최초의 실용 마하2급 전 투기. 항공자위대는 1959년 1월에 F-86F의 후계 주력 전 투기(FX)로 F-104를 택했다.

● 무장 : 20mm 발칸포 x 1/
AIM-9 x 2~4발
● 최대속도 : 마하 2.2

맥도넬 더글러스
F-4 팬텀 II
(1971년~)
함재기로 개발되었지만 우수한 성능 덕에 미국 공군에도 채용된 걸작기. 베트남 전쟁을 통해 입 증된 실적을 바탕으로 타 후보기종을 압도하며 1968년 11월에 항공자위대 주력 전투기로 채용 되었다.

항공자위대 채용기체 F-4EJ

● 무장 : 20mm 발칸포 x 1 /
공대공 미사일 4~8발
● 최대속도 : 마하 2.3

투폴레프 Tu-16 배저 (1954년)
● 최대속도 : 1,000km/h
● 항속거리 : 5,760km
● 폭탄 : 9,000kg

미야시시체프 M-4 바이슨
(1955년)
● 최대속도 : 900km/h
● 항속거리 : 11,000km
● 폭탄 : 10,000kg

일본 영공을
위협하는 소련기
이때까지만 해도 항속거리가 짧은 소련 전투 기는 날아올 수 없었다.

투폴레프 Tu-20 베어
(1954년)
● 최대속도 : 805km/h
● 항속거리 : 12,550km
● 폭탄 : 11,340kg

동해를 건너 일본 본토 상공에 진입하려면 전투 행동반경이 1,000km 이상이어야 한다.

차기 전투기의 후보로 거론된 전투기들

그간의 흐름으로 볼 때 미국제 기체가 선정될 가능성이 높다.

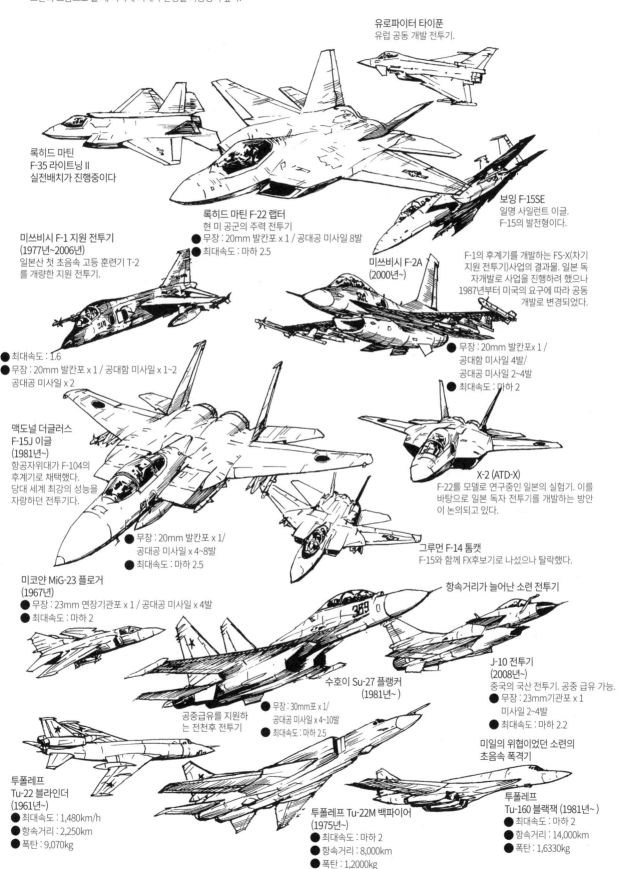

유로파이터 타이푼
유럽 공동 개발 전투기.

록히드 마틴
F-35 라이트닝 II
실전배치가 진행중이다

록히드 마틴 F-22 랩터
현 미 공군의 주력 전투기
● 무장 : 20mm 발칸포 x 1 / 공대공 미사일 8발
● 최대속도 : 마하 2.5

보잉 F-15SE
일명 사일런트 이글.
F-15의 발전형이다.

미쓰비시 F-1 지원 전투기
(1977년~2006년)
일본산 첫 초음속 고등 훈련기 T-2
를 개량한 지원 전투기.

미쓰비시 F-2A
(2000년~)

F-1의 후계기를 개발하는 FS-X(차기
지원 전투기)사업의 결과물. 일본 독
자개발로 사업을 진행하려 했으나
1987년부터 미국의 요구에 따라 공동
개발로 변경되었다.

● 최대속도 : 1.6
● 무장 : 20mm 발칸포 x 1 / 공대함 미사일 x 1~2
공대공 미사일 x 2

● 무장 : 20mm 발칸포 x 1 /
공대함 미사일 4발/
공대공 미사일 2~4발
● 최대속도 : 마하 2

맥도널 더글러스
F-15J 이글
(1981년~)
항공자위대가 F-104의
후계기로 채택했다.
당대 세계 최강의 성능을
자랑하던 전투기다.

X-2 (ATD-X)
F-22를 모델로 연구중인 일본의 실험기. 이를
바탕으로 일본 독자 전투기를 개발하는 방안
이 논의되고 있다.

● 무장 : 20mm 발칸포 x 1/
공대공 미사일 x 4~8발
● 최대속도 : 마하 2.5

그루먼 F-14 톰캣
F-15와 함께 FX후보기로 나섰으나 탈락했다.

미코얀 MiG-23 플로거
(1967년)
● 무장 : 23mm 연장기관포 x 1 / 공대공 미사일 x 4발
● 최대속도 : 마하 2

항속거리가 늘어난 소련 전투기

J-10 전투기
(2008년~)
중국의 국산 전투기. 공중 급유 가능.
● 무장 : 23mm기관포 x 1
미사일 2~4발
● 최대속도 : 마하 2.2

공중급유를 지원하
는 전천후 전투기

수호이 Su-27 플랭커
(1981년~)
● 무장 : 30mm포 x 1/
공대공 미사일 x 4~10발
● 최대속도 : 마하 2.5

미일의 위협이었던 소련의
초음속 폭격기

투폴레프
Tu-22 블라인더
(1961년~)
● 최대속도 : 1,480km/h
● 항속거리 : 2,250km
● 폭탄 : 9,070kg

투폴레프 Tu-22M 백파이어
(1975년~)
● 최대속도 : 마하 2
● 항속거리 : 8,000km
● 폭탄 : 1,2000kg

투폴레프
Tu-160 블랙잭 (1981년~)
● 최대속도 : 마하 2
● 항속거리 : 14,000km
● 폭탄 : 1,6330kg

저자 우에다 신 (上田信)

1949년생. 아오모리 현 출신. 쇼와 1950~60년대 코마츠자키 시게루(小松崎茂) 씨에게 사사받고, 1966년 '월간 소년 북'으로 데뷔했다. 이후 잡지나 단행본, 타미야와 반다이 등의 '프라모델 박스 아트'등에서 폭넓게 활약중이다. 세계 각국의 군복이나 장비를 수집하거나 미국과 유럽의 군사 박물관 순례와 밀리터리 이벤트에도 참가중이며, 사격과 모의전 경험과 취미를 살린 무기와 전투 장면의 정밀 묘사로 정평이 나 있다. 'WW2 독일군 무기집'(월드 포트 프레스), '세계의 병기 대도해'(그린 애로우 출판사), '컴뱃 바이블'(일본 출판사), 'US마린스 더 레저넥'(대일본회화), '전차메커니즘도감'(그랑프리 출판), '도해 독일장갑사단', '도해 소련전차군단'(모두 가로수 책방)등 다수의 저서가 있으며, 한국이나 대만에서도 번역 출판되고 있다.

저자 우보형

1970년 서울 출생. 한양대학교 화학과 및 동대학원 졸업. 제2차세계대전을 시작으로 군사사와 병기 및 병기사에 관심을 가지고 있으며 주요 번역서로 '보급전의 역사 Supplying War'(2010), '패튼'(2017)등이 있다.

저 자	우에다 신(上田 信)
번 역	우보형
편 집	정경찬, 정성학, 비주얼
표 지	김일철
주 간	박관형
마 케 팅	김정훈
발 행 인	원종우
발 행	이미지프레임

주소 [13814] 경기도 과천시 뒷골1로 6, 3층 (경기도 과천시 과천동 365-9)

전화 02-3667-2654 팩스 02-3667-3655

메일 edit01@imageframe.kr 웹 imageframe.kr

책 값	18,000원
I S B N	979-116085-396-4 03390